U0245081

国家出版基金项目
NATIONAL PUBLICATION FOUNDATION

A Genealogy of Industrial Design in China: Electronic Product

工业设计中国之路
电子与信息产品卷

沈 榆　葛斐尔　编著

大连理工大学出版社

图书在版编目(CIP)数据

工业设计中国之路. 电子与信息产品卷 / 沈榆, 葛
斐尔编著. — 大连：大连理工大学出版社, 2017.6
　　ISBN 978-7-5685-0744-8

　　Ⅰ. ①工… Ⅱ. ①沈… ②葛… Ⅲ. ①工业设计—中
国②电子产品—工业设计—中国 Ⅳ. ①TB47②TN602

　　中国版本图书馆CIP数据核字（2017）第052379号

出版发行：大连理工大学出版社
　　　　　　（地址：大连市软件园路80号　邮编：116023）
印　　　刷：上海利丰雅高印刷有限公司
幅面尺寸：185mm×260mm
印　　张：24
插　　页：4
字　　数：554千字
出版时间：2017年6月第1版
印刷时间：2017年6月第1次印刷
策　　划：袁　斌
编辑统筹：初　蕾
责任编辑：孔泳滔
责任校对：仲　仁
封面设计：温广强

ISBN 978-7-5685-0744-8
定　　价：380.00元

电　话：0411-84708842
传　真：0411-84701466
邮　购：0411-84708943
E-mail：jzkf@dutp.cn
URL：http://dutp.dlut.edu.cn

本书如有印装质量问题，请与我社发行部联系更换。

编
委
会

"工业设计中国之路" 编委会

主　　编：魏劭农

学术顾问：（按姓氏笔画排序）

王受之　　方晓风　　许　平　　李立新　　何人可

张福昌　　郑时龄　　柳冠中　　娄永琪　　钱旭红

编　　委：（按姓氏笔画排序）

马春东　　王庆斌　　王海宁　　井春英　　石振宇

叶振华　　老柏强　　刘小康　　汤重熹　　杨向东

肖　宁　　吴　翔　　吴新尧　　吴静芳　　何晓佑

余隋怀　　宋慰祖　　张　展　　张国新　　张凌浩

陈　江　　陈冬亮　　范凯熹　　周宁昌　　冼　燃

宗明明　　赵卫国　　姜　慧　　桂元龙　　顾传熙

黄海滔　　梁　永　　梁志亮　　韩冬梅　　鲁晓波

童慧明　　廖志文　　潘鲁生　　瞿　上

总序

面对西方工业设计史研究已经取得的丰硕成果，中国学者有两种选择：其一是通过不同层次的诠释，使其成为我们理解其工业设计知识体系的启发性手段，毋庸置疑，近年中国学者对西方工业设计史的研究倾注了大量的精力，出版了许多有价值的著作，取得了令人鼓舞的成果；其二是借鉴西方工业设计史研究的方法，建构中国自己的工业设计史研究学术框架，通过交叉对比发现两者的相互关系以及差异。这方面研究的进展不容乐观，虽然也有不少论文、著作涉及这方面的内容，但总体来看仍然在中国工业设计史的边缘徘徊。或许是原始文献资料欠缺的原因，或许是工业设计涉及的影响因素太多，以研究者现有的知识尚不能够有效把握的原因，总之，关于中国工业设计史的研究长期以来一直处于缺位状态。这种状态与当代高速发展的中国工业设计的现实需求严重不符。

历经漫长的等待，"工业设计中国之路"丛书终于问世，从此中国工业设计拥有了相对比较完整的历史文献资料。丛书基于中国百年现代化发展的背景，叙述工业设计在中国萌芽、发生、发展的历程以及在各个历史阶段回应时代需求的特征。其框架构想宏大且具有很强的现实感，内容涉及中国工业设计发展概论、轻工业产品、交通工具产品、重工业装备产品、电子与信息产品、工业设计理论探索等，共计9卷，其意图是在由研究者构建的宏观整体框架内，通过对各行业代表性的工业产品及其相关体系进行深入细致的梳理，勾勒出中国工业设计整体发展的清晰轮廓。

要完成这样的工作，研究者的难点首先在于要掌握大量的一手的原始文献，但是中国工业设计的文献资料长期以来疏于整理，基本上处于碎片化状态，要形成完整的史料，就必须经历艰苦的史料收集、整理和比对的过程。丛书的作者们历经十余年的积累，在各个行业的资料收集、整理以及相关当事人口述历史方面展开了扎实的工作，其工作状态一如历史学家傅斯年所述："上穷碧落下黄泉，动手动脚找东西。"他们义无反顾、凤凰涅槃的执着精神实在令人敬佩。然而，除了鲜活的史料以外，中国工业设计史写作一定是需要研究者的观念作为支撑的，否则非常容易沦为中国工业设计人物、事件的"点名簿"，这不是中国工业设计历史研究的终极目标。丛书的作者们以发现影响中国工业设计发展的各种要素以及相互关系为逻辑起点并且将其贯穿研究与写作的始终，从理论和实践两个方面来考察中国应用工业设计的能力，发掘了大量曾经被湮没的设计事实，贯通了工程技术与工业设计、经济发展与意识形态、设计师观念与社会需求等诸多领域，不将彼此视作非此即彼的对立，而是视为有差异的统一。

在具体的研究方法上，丛书的作者们避免了在狭隘的技术领域和个别精英思想方面做纯粹考据的做法，而是采用"谱系"的方法，关注各种微观的事实，并努力使之形成因果关系，因而发现了许多令人惊异的新的知识点。这在避免中国工业设计史宏大叙事的同时形成了有价值的研究范式，这种成果的产生不是一种由学术生产的客观知识，而是对中国工业设计的深刻反思，保持了清醒的理论意识和强烈的现实关怀。为此，作者们一直不间断地阅读建筑学、社会学、历史学、技术史、工程哲学乃至科学哲学方面的著作，与各方面的专家也保持着密切的交流和互动。研究范式的改变决定了"工业设计中国之路"丛书不是单纯意义上的历史资料汇编，而是一部独具历史文化价值的珍贵文献，也是在中国工业设计研究的漫长道路上一部里程碑式的著作。

工业设计诞生于工业社会的萌发和进程中，是在社会大分工、大生产机制下对资源、技术、市场、环境、价值、社会、文化等要素进行整合、协调、修正的活动，并可以通过协调各分支领域、产业链以及各利益集团的诉求形成解决方案。

伴随着中国工业化的起步，设计的理论、实践、机制和知识也应该作为中国设计发展的见证，更何况任何社会现象的产生、发展都不是孤立的。这个世界是一个整体，一个牵一丝动全局的系统。研究历史当然要从不同角度、不同专业入手，而当这些时空（上下、左右、前后）的研究成果融合在一起时，自然会让人类这种不仅有五官、体感，而且有大脑、良知的灵魂觉悟，这个社会发展的动力还带有本质的观念显现。这也可以证明意识对存在的能动力，时常还是巨大的。所以，解析历史不能仅从某一支流溯源，还要梳理历史长河流经的峡谷、高原、险滩、沼泽、三角洲乃至大海海床的沉积物和地层剖面……

近年来，随着新的工业技术、科学思想、市场经济等要素的进一步完善，工业设计已经被提升到知识和资源整合、产业创新、社会管理创新乃至探索人类未来生活方式的高度。

2015 年 5 月 8 日，国务院发布了《中国制造 2025》文件，全面部署推进由"中国制造"到"中国创造"的战略任务，在中国经济结构转型升级、供给侧改革、提升电子生活质量的过程中，工业设计面临着新的机遇。中国工业设计的实践将根据中国制造战略的具体内容，以工业设计为中国"发展质量好、产业链国际主导地位突出的制造业"的支撑要素，伴随着工业化、信息化"两化融合"的指导方针，秉承绿色发展的理念，为在 2025 年中国迈入世界制造强国的行列而努力。中国工业设计史研究正是基于这种需求而变得更加具有现实意义，未来中国工业设计的发展不仅需要国际前沿知识的支撑，也需要来自自身历史深处知识的支持。

我们被允许探索，却不应苟同浮躁现实，而应坚持用灵魂深处的责任、热情，以崭新的平台，构筑中国的工业设计观念、理论、机制，建设、净化、凝练"产业创新"的分享型服务生态系统，升华中国工业设计之路，以助力实现中华民族复兴的梦想。

理想如海，担当作舟，方知海之宽阔；理想如山，使命为径，循径登山，方知山之高大！

柳冠中

2016 年 12 月

电子与信息产品与人们的日常生活密切相关，其产品品质决定着人们的生活品质，为此，这一类产品的设计历来被视作充满挑战的工作。电子与信息产品的分类口径不尽相同，本卷涉及的产品大致是从以下各大类中选择的：音响产品类，包括收音机、录音机、电视机、音响中心等；视频产品类，包括电视机、录像机等；制冷产品类，主要是指电冰箱、冷饮机、制冰机等；清洁产品类，主要是指洗衣机、干衣机、淋浴器、抽油烟机、吸尘器等；空气调节类产品，主要是指电风扇、空调、空气清洁器等；信息类产品，早期是个人用的微型计算机（又称为电脑），随着互联网技术和智能化技术的发展，笔记本电脑、平板电脑、手机等个人移动终端也迅速加入其中，除了具有信息交流功能外，还涵盖了娱乐、游戏、医疗保健等内容。近几年，信息化功能已经全面渗透到各类电子产品中，使之具备了智能化的特征，两者已经密不可分。甚至是各种小型电子产品，包括熨烫产品中的电熨斗、熨衣机等，整容产品中的电吹风、电动剃须刀、烘发器等，厨房产品中的电饭锅、电烤箱、微波炉、洗碗机等，保健产品中的按摩器、电子手环、空气负离子发生器等，取暖产品中的加热器、电热毯等，照明产品中的照明、装饰灯具等也都或多或少地具备了信息的特征。

本卷选择了有代表性的产品进行梳理和分析，试图以此反映中国工业设计在电子与信息产品方面做出的杰出贡献。因此，在篇章结构的构思安排上，我们没有平铺直叙，而是沿着中国工业技术及社会发展的脉络，将产品工业设计的成果与之匹配，特别是关注了各个时代的代表性产品的设计，章节内容的递进实质上凸显了中国工业技术的蜕变、国民经济和社会的发展以及人们物质追求的迁移，这才是电子与信息产品工业设计相关观念、方法变化的根本原因所在。

纵观全书，所有列举的产品都是各个时代的"弄潮儿"，但如何能够让读者有序地了解其工业设计的发展线索呢？作者将每一章设计的产品和品种通过精心筛选，分别以"开拓型""普及型""转型型""崛起型"为潜在的线索展开介绍。

所谓"开拓性"产品，是指制造中国未曾有过的电子与信息产品，这一类产品主要是基于技术移植而产生的，其工业设计的工作基点是表达技术的特性，如无线电收音机中的熊猫牌605型，电视机中的北京牌101型、牡丹牌2241型，长城电脑等。

所谓"普及型"产品，主要指基于成熟的工艺技术，通过设计成为大众喜爱的产品乃至商品。中国普及型产品往往由行业的政府主管部门用"统一设计"的方法来解决，即以某一个品牌的成熟产品为基础，调集行业的精英工程师协同攻关，形成一个统一的"机芯"和零部件标准，然后由各个生产厂家自行按此标准生产，造型设计可各自发挥，形成各自的品牌，在各自的渠道上销售。中国小型的简易半导体收音机大多属于这一类。又如以飞跃牌9英寸系列黑白电视机为基础统一设计的结果催生了无数同类产品和品牌。在收音机、电视机章节中的"其他品牌"一节中介绍的产品大多属于这一类。

所谓"转型型"，一种是指将某一产品制造相关产业链上的小型、微型企业联合起来，组成新的专业工厂，从事新的电子产品的生产；另一种是指原来从事军工产品生产的企业，在军用产品转民用产品过程中根据其技术和特长，选择性地生产电子产品。例如，长虹集团的前身是我国在第一个五年计划期间投资的生产火炮瞄准器的企业，以后转而生产电视机。这类企业都要经历一个身份转型的过程，由于前者以前大多是零部件生产或产品的修理厂，后者则习惯于按指令生产，所以两者都需要对具有消费特征的电子与信息产品从头开始摸索。

所谓"崛起型"，是指20世纪80年代初基于中国经济政策的重大调整，在重新确立了优先发展轻工业、电子工业的思路的指导下崛起的企业、品牌和产品，这些企业大多引进了日本的生产流水线生产收音机、录音机、放音机乃至音响中心、电视机、洗衣机、电冰箱等产品，在很短的时间内推出了能够满足市场需要的家用电子产品，产品线不断丰富，市场推广手段也十分有效。反观这些引进的日本产品，它们在日本被称作改变日本人生活质量的"神器"，造就了日本的经济奇迹。历经电子技术革命的洗礼，日本的电子产品除了技术上的突飞猛进外，其工业设计的理念也发生了巨大的变化，其具有强烈时代特征的产品语言不断激起消费者的购买欲望，所谓的设计创造消费已然成为一个事实。因此"崛起型"企业推出的家用电子产品天然具有当时先进的工业设计理念，历经多年的市场磨炼，逐步理解了中国消费者的偏爱与生活形态。巨大的市场需求及生产规模吸引着国际著名设计企业的加入，海尔集团与日本 GK 设计集团在 1994 年共同组建的青岛海高工业设计公司就是典型一例。其实此时的中国工业设计与国际的工业设计已经相互融合，不分彼此，海尔电视机、洗衣机、电冰箱迅速崛起，而且其中中国工业设计师的话语越来越重要。在以电脑为代表的信息产品设计中更是在起步阶段就融入了国际先进技术，在高速的发展中很快完成了技术集成的学习过程，并通过各种并购迅速在国际市场上占有一席之地。

进入 21 世纪，电子与信息产品的设计也越来越呈现出多元化合作的趋势，在互联网时代，智能、绿色、节能、互动成为产品设计的目标，加快智能变频技术、节能环保、新材料、新能源的应用成为重要的工作，功能、设计、品质、服务的融合发展成为必然趋势。由此可以预见，注重消费者的情感需求，唤起消费者的感动和共鸣，关注体验与交互成为当下中国电子与信息产品设计的关键。感性价值、用户体验、情感设计、体验经济等相关知识的充分融合，实现设计知识运用和更广范围的知识创新，才能为未来的电子与信息产品设计提供有帮助的和可操作的理论及方法参考。

本书的作者通过具体而细致的考证，为读者展示了一幅中国家用电子与信息产品设计发展的恢宏历史长卷。特别可贵的是，本书没有简单地写成产品的"点名簿"，没有写成宏观叙事的产业发展史，而是于细微之处展现工业设计的魅力，尤其是对技术文件的读解，对印证工业设计在各个历史阶段、各种电子与信息产品类型中发挥的作用具有更强的实证意义，这与两位作者创办中国工业设计博物馆以及长期营运、管理该馆并能够钻研大量文献所形成的优势有关。诚然，其他的研究者也可以发挥自己的特长展开研究，但是本书的研究方法无疑具有开拓性，同时具有示范性。

张凌浩

2016 年 10 月

目录

第一章 收音机、录音机、电唱机

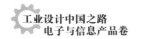
第一节　熊猫牌收音机

一、历史背景

据《江苏省志·电子工业志》记载，中国在20世纪30年代尚未形成广播收音机工业，在江苏仅有的一家企业于1938年2月迁至湖南，更名为湖南电器制造厂。1939年1月，迁至广西桂林，更名为国民政府资源委员会中央无线电器材厂，并分别在昆明、重庆建立两个分厂。1946年8月，昆明分厂迁建于南京板桥镇，更名为国民政府资源委员会中央无线电器材有限公司南京厂。1948年，该厂以进口整套散件方式组装生产过美国飞歌牌806型五灯收音机3 180台。1949年12月，该厂定名为国营南京无线电厂（熊猫集团前身）并开始装配环球牌五灯收音机，开创了中国无线电制造业的历史先河。

1952年，第二机械部第十局向南京电工厂、南京无线电厂下达了研制收讯放大管和广播收音机的任务。1952年11月20日，试制成功6SA7、6SK7、6SQ7、6V6、5Y3全套五灯收音机用的国产化收讯电子管，并且利用美国飞歌牌收音机的余料装配了一批红星牌501型五灯收音机。1953年3月25日，试制成功国内第一批全

图 1-1　飞歌牌 806 型收音机

图 1-2　1952 年南京电工厂研制生产的第一套国　　图 1-3　红星牌 502 型收音机
　　　　产收音机电子管

部国产化五灯中短波广播收音机，定名为红星牌 502 型，并在当年批量生产五千多台投放市场，从此结束了依靠进口散件装配收音机的历史。

　　1956年1月11日，在国务院副总理陈毅、谭震林、公安部部长罗瑞卿等的陪同下，毛泽东主席视察南京无线电厂，参观了收音机生产线，看到了国产收音机，十分高兴并鼓励大家再攀技术高峰。同年，"熊猫"商标诞生并在国际注册，成为中国电子工业第一个国际注册商标。由此，熊猫牌短波收音机畅销全国，并率先进入国际市场。

　　1956年4月30日，南京无线电厂试制成功全国产化熊猫牌601型六灯三波段收音机。1957年，首批四万多台熊猫牌601型收音机率先进入我国港澳地区以及东南亚和南美市场。随后601-1、601-3G、601-4A等型号相继问世。

　　1978年，熊猫牌黑白电视机风靡市场。1984年，南京无线电厂荣获国家质量管理奖，该厂产品获国家质量金质奖3枚、银质奖16枚、全国质量评比一等奖24个，质量管理达到国内先进水平。1985年，该厂引进日本技术，大量生产熊猫牌18英寸彩色电视机。1987年，南京无线电厂作为核心企业，联合全国150多家企事业单位、高校、研究所，成立熊猫电子集团。1988年，熊猫牌电视机年产量突破180万台，收录机年产量达到55万台。全国拥有"熊猫"电子产品的用户达1 500万户，规模经营得到了大发展。

　　1990年，中国研制成功第一部国产化自动插件机。1992年，在南京无线电厂建立中国第一条自行设计的录像机生产线，后与日立、松下等公司合作，形成录像机规模生产。1992年，对南京无线电厂的主体部分进行改组，成立南京熊猫电子股份有限公司。1993年，熊猫牌彩电年产量突破100万台。1995年，南京无线电厂正式更名为熊猫电子集团公司，"PANDA"荣获中国电子工业第一个"中国驰名商标"称号。1996年，熊猫电子集团公司H股、A股分别在香港联交所、上海证交所挂牌上市。 熊猫牌彩电获得国家质量技术监督局颁发的首批"中国名牌"产品证书，熊猫电子集团公司是当时江苏省电子行业唯一获此殊荣的企业。

2002年9月26日，熊猫电子集团公司成立熊猫工程技术研究院，通过整合研发资源，推动企业技术创新工作取得更加丰硕的成果。 2004年，熊猫集团积极抢抓市场机遇，推进产业升级，高起点进军高端彩电领域。 2004年7月，首批熊猫牌LCD彩电出口海外市场。

2006 年，熊猫集团重大科技项目"基于多网融合技术的 TD-SCDMA 多模终端的研制及产业化"和南京华显高科有限公司"荫罩式 PDP 技术产业化"项目，被列为江苏省科技成果转化重大项目，获江苏省政府专项资金支持。其中该公司项目获资 1 300 万元，是该公司当时在科技开发方面获得的最大一笔政府支持资金；由熊猫等 4 家单位出资组建的南京华显高科有限公司获得 3 000 万元资金，该公司等离子显示屏（PDP）项目产业化基地一期工程于同年 9 月 19 日在南京高新技术开发区开工建设，11 月 30 日正式签约引进海外实验生产线，并于翌年生产出国内第一台拥有完全自主知识产权的 42 英寸荫罩式高清 PDP 产品。

2007 年，熊猫集团积极推动科技创新，成果显著，PDP 产业化等项目参加江苏省首届产学研合作成果展受到广泛关注。熊猫集团积极参与承建新一代农村卫星电视接收系统，受到信息产业部领导充分肯定。南京地铁票务清算管理中心 ACC 和南京地铁一号线 AFC 系统改扩建项目成功签约。金融税控收款机及 29 英寸数字、模拟一体彩色电视接收机等 9 项新产品通过省级技术鉴定。

2008 年，熊猫机顶盒公司成功中标"直播卫星电视安全接收系统的研发、产业化及标准制定"项目，连续三年获得国家电子信息产业发展基金项目支持，15 款熊猫牌彩电产品中标"家电下乡"项目，熊猫电视产业迎来了新的发展契机。2009 年，熊猫圆满地完成了新中国成立60周年阅兵等重大活动通信保障任务，显示了熊猫集团在通信领域强大的技术实力。2010年，熊猫电子装备、智能电子产业积极抢抓"六代线"液晶项目发展机遇，抢占配套项目商机，推动产业转型升级，实现跨越式发展。

2011年，熊猫电子装备产业整合优势资源，抓机遇，调结构，促转型，发展势头强劲。高世代液晶面板生产线自动传输系统、电动车换电站、包装袋自动成形设备、环保设备制造及服务等新项目、新产品已发展成为主要的产业支撑点。随着中电熊猫电子装备产业园的开工兴建，熊猫电子装备产业得以飞跃式发展。熊猫电子制造产业"一站式"服务优势突显，发展驶入快车道。熊猫电子制造公司强力打造采购、研发、自动贴装、基板组装、整机装配、注塑、模具、喷涂、包装完整的EMS体系制造基地，现已具备为国内外客户提供完整解决方案的能力，并发展成为国际化的电子信息产品专业制造商。中电熊猫液晶面板生产线建成并量产，为熊猫家电产业的发展创造了有利条件。

2013年，熊猫电子制造公司营业收入超过75亿元，利润近4亿元，实现历史性突破，为后续发展奠定了坚实的基础。2014年，通信产业保持高速增长，技术引领能力显著增强，在装备产业转型方面迈进了一大步。信息产业随着省内外多条地铁线开通运营，其通信装备大显身手。在中国工业企业品牌竞争力评价中，熊猫电子制造公司位列百强，排名第81位。在第13届中国软件业务收入前百家企业排名中，熊猫电子制造公司排名第13位。

二、经典设计

1955年至1956年间，南京无线电厂攻克了大面积注塑、喷涂等工艺难关，使得产品的造型能够更好地传达其产品的先进性。由于在已经完成的产品设计中积累了经验，所以对于新产品的设计显得更为游刃有余，得心应手。从整体来看，熊猫牌601型收音机外形为上窄下宽的梯形，外轮廓拐角以圆形过渡，新的注塑工艺的运用使产品具有一体化的流畅特点。

以中间镀铬的装饰线为分界，上、下两部分的尺寸分隔接近黄金比例（80 毫米/190 毫米），舒适匀称。上半部分形成向里倾斜的造型，下半部分则形成向外倾斜的造型。这既是美观的需要，也有人机械工艺学的思考。下半部分面板如果垂直于水平面，就难以舒适地看到面板上的信息。下方两个大旋钮与中间的品牌标志相呼应，令人产生了憨厚可爱的感觉，颇有大熊猫的仪态。扬声器周围的装饰线条应用强调了"有声"的特点。面板上的控制机构有两组套式旋钮：左边外套大旋钮用于音调控制，中心小旋钮为音量控制及电源开关；右边外套大旋钮为波段转换开关，中心小旋钮用于电台调谐。打开左边的旋钮即打开了收音机，此时右上角的绿色指示灯和下方面板上的红色指示灯慢慢变亮，再扭转右边的调谐旋钮将指示灯绿光调至最强，收音机便能发出悠扬的旋律了，一红一绿的熊猫更加惹人喜爱。熊猫牌 601 型收音机为三波段超外差收音机，可供收听国内外中短波调幅广播电台节目之用。另外还备有扩音器插孔，可外接电唱机播放唱片。

熊猫牌 601 型收音机不仅可满足国内广大消费者的需求，而且是一款出口产品，因此除了造型之外，其色彩、肌理材料设计也非常重要。其主体颜色基本为同一色系，外壳为自然胶木色（深褐色），内壳为米色，一深一浅的搭配和熊猫的颜色极为相似。上方扬声器的部分为浅棕色，下方面板以深褐色为底搭配金色的数字刻度和文字。光滑的胶木外壳与扬声器部分的织料及面板上精致的刻度印刷字迹都体现出产品的高档感。熊猫牌 601 型收音机的中央以一只正在玩耍的小熊猫图案为品牌标志形象，

图 1-4　熊猫牌 601-1 型收音机

图 1-5　熊猫牌收音机品牌标志

图 1-6 熊猫牌 601 型系列产品设计各个阶段的统一"脸谱"

可爱的小熊猫与产品整体外形相得益彰，让人忍不住想拥有一台这么可爱的收音机。

南京无线电厂在研制出熊猫牌 601 型收音机后，又设计生产了后继系列产品，例如 601-1、601-1A1、601-1A2、601-3G、601-4G、601-4A 和 601-6 等型号。这些型号基本沿用了 601 型的外形设计，既保持了 601 型的整体风格，又满足了不同消费者的需求。

20 世纪 60 年代，熊猫尝试设计高端组合音响，在各种技术相对成熟的情况下，综合设计变得十分重要。在没有太多参考资料的情况下，设计师哈崇南根据自己多年来考察、使用国外无线电器材的体会，结合其积累的无线电收音机设计经验，通

图1-7　熊猫牌落地式组合收、放音机

过想象设计了一套大型落地式组合收音、放音机。

根据设计师回忆，当时设计碰到的困惑首先是如何将不同系统的终端产品组合成为一件新产品，使其能够实现技术目标；其次是设计如何找到一种表现其特征的形态"语言"，特别是表现产品的高档感。在整体设计方面，设计师采用"隐藏"设计，其"外壳"像一件高档的家具，其目的是与当时室内以红木、柚木为代表的高档家具及室内设计风格相一致。将放音、收音、功放、扬声等系统全部收入其中，当要使用某一个功能时，可以打开相对应区域的"窗口"。对于经常使用的收音功能的"窗口"，设计师设计了一个折叠式移动"窗口"。它处于整个产品上端，用设计师的话来说这是产品的视觉中心，因此这样的设计是十分贴切的。这个设计灵感来自于南京无线电厂食堂的餐具收藏柜。而磁带播放部位则设计在整个产品的顶部左上侧，因此在水平面设计了一块向上的翻板。唱机被完整收入抽屉中，可以方便地将唱片水平放入其中使用。产品底部设计的"立脚"既可满足消除扬声器引起的地面振动的需要，也是当时高档家具的流行风格。

该产品主要应用于人民大会堂等国家公共活动场合，也作为国礼赠送给国外贵宾，还提供给宋庆龄、朱德等德高望重的知名人士使用。由此可见，这不是批量生产的产品，而是高端定制的产品，其制造过程大量依靠手工制作，倾注了制作者常年积累的工艺灵性，在设计师的统筹、平衡、激发下得到了充分的发挥。这一产品的设计不仅在南京无线电厂设计历史上具有浓墨重彩的一笔，在中国设计史上也是一件非常重要的事件。中国工业设计协会原秘书长评价，正是这种设计经验的积累，使得无线电收音机产品行业首先确立了"电路设计、材料设计、造型设计"分工合作模式。在20世纪70年代末，哈崇南等长期从事无线电收音机造型设计的专业人员最早倡议成立全国性的工业美术协会，以促进中国设计事业的发育与发展。这个倡议受到国家领导人的高度重视，最终得以实施。中国工业美术协会是中国工业设计协会的前身，为后者在中国工业设计领域展开一系列的推进工作奠定了坚实的基础。

三、工艺技术

熊猫牌601-1型交流六灯超外差式收音机，是南京无线电厂的优秀产品之一，在1961年第三届全国广播接收机评比中荣获一等奖。601-1型是在504型和505型基础上改进的，外观更加美观大方，性能更加优良。

该机的设计是按三级收音机的最高指标考虑的，额定输出功率为1瓦。每批产品都经过设计、工艺、车间、检验等有关部门检查，所以出厂收音机的质量都合格可靠。在检验中，转动可变电容器、波段开关、电位器各10 000次，波段开关在经过湿度试验后，机械及电气性能仍符合整机要求。拉线改用塑料线后，试验50 000次仍无

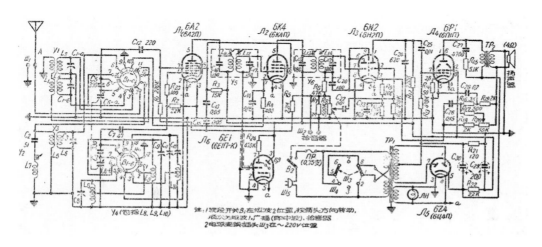

图1-8　熊猫牌601-1型收音机电路

故障。由于提高了电声性能和元件的可靠性，消除了用户维修收音机的麻烦，所以用户对音质、音量都比较满意。

该机采用国产小型电子管。变频用 6A2（6A2Π），中放用 6K4（6K4Π），检波及低频电压放大用 6N2（6H2Π），功率放大用 6P1（6n1Π），整流用 6Z4（6u4Π），调谐指示用 6E1（6E1Π-k）。

在输出变压器初级加了一个由 C27R15 组成的平衡网络，改善音频在高音时的失真度，消除不必要的噪声。在 6N2 阴极电阻上的旁路电容器，选用 50 微法电解质电容器，对降低交流声也起作用。为了防止机振，可变电容器在安装时加装了避振橡皮垫。音调控制采用负反馈电路，这样既改善了失真度，又能调节高、低音。在音调调节方面，对 100 赫能变化 3 分贝以上，对 4 000 赫能变化 6 分贝以上，对 400 赫能保持不变。在放唱片时可把波段开关扳到拾音器挡，切断 6A2 及 6K4 的阴极电路，这样既可提高音频放大部分的工作电压，又可隔断高频部分产生的噪声。

中频变压器用铁淦氧铁芯，为调节杆式，提高了线圈 Q 值，使中频选择性和频率响应更符合理想要求。6N2 与 6P1 的耦合电容器 C25，选用了耐高压、绝缘好的纸质电容器，电源滤波电器改用了铝壳的电解电容器，工作更可靠。扬声器选用直径为 168 毫米的，在额定输出功率时其声响和失真度仍能符合设计要求。机内装有铝箔天线，有一部分产品机内还装有磁性天线，使用时一般无须再装天线。

本机适用于 110 伏及 220 伏交流电源。机盘背面有电源变换插头，插头上箭头应指在符合所用交流电源的电压数值。根据用户要求，有一部分产品可适用四种电源电压，即 110 伏、127 伏、220 伏、250 伏。

机盘前面有两组旋钮。左边一组的中心小旋钮为电源开关及音量控制旋钮，外套大旋钮为音调控制旋钮，右旋使高音调突出。右边一组的中心小旋钮用于调电台，外套大旋钮为波段开关，有四挡，即短波2、短波1、广播（中波）、拾音器。在放唱片时，波段开关应置于拾音器位置。其中，中波为520～1 600千赫，短波为3.8～16兆赫。

四、品牌记忆

1961 年 9 月 30 日，《人民日报》上的一篇文章详细叙述了"熊猫"的来历："五年前，我们厂试制了一批样式新颖、性能良好的收音机。为了给它取一个众人喜爱的名字，厂部把这批收音机陈列在工厂礼堂里展览了三天，让职工们来观看试听，共同出主意，为它想一个好名字。三天过去了，职工们提了不少宝贵的意见，可取的名字却没有一个是大家满意的。""后来，工程师张元林想出了'熊猫'这个名字，立刻被大家接受了。这个说'熊猫是中国最名贵的动物，一看熊猫就知道是中国产品'，那个说'熊猫脸上一对乌黑的眼睛，一看就逗人喜欢'。在场的吴师傅也兴奋地说，'没有比这个名字再好的了，熊猫性格驯良，很能代表我们收音机的性能'。于是，一只可爱的'熊猫'图案就印在了第一批收音机上。"

当时工厂设备比较陈旧，特别是金属加工设备缺乏。南京无线电厂将一台旧压铸机改装成能够压铸铝合金的设备，使加工铝合金零件的工序由原来的十几道简化成两道。使用新的压铸机加工的铝合金零件，全厂全年可节约工时 15 万个以上。不仅如此，南京无线电厂还采用"流水线"作业方式装配熊猫牌收音机，大大提高了生产率。每一台收音机在出厂之前都经过严格的质量检查，由于熊猫牌收音机质量好，

图 1-9 检查零件质量

图 1-10 流水线装配作业

所以在国内外的用户中享有很高的声誉。

熊猫牌601型系列收音机在20世纪60年代无疑是行业优秀设计的代表，曾荣获多个设计大奖：熊猫牌601型于1959年荣获全国广播接收机观摩评比特级收音机二等奖，熊猫牌601-1型于1961年荣获全国广播接收机观摩评比一等奖，熊猫牌601-3G型于1964年荣获全国广播接收机观摩评比外观一等奖。造型精致典雅的熊猫牌601型电子管收音机深受消费者喜爱。作为新中国无线电事业的先锋，党和国家领导人非常重视，它也是面向国际宣传新中国工业成就的窗口。

五、系列产品

继熊猫牌601型系列收音机之后，南京无线电厂又生产了多种熊猫牌产品，民用产品除了电子管收音机之外，还有半导体收音机、电视机、录音机、音响中心等产品，形成了一个庞大的系列。它们都遵循同一个设计理念，秉持了熊猫品牌的一贯设计风格，因而使得熊猫的各类产品远销世界四十多个国家和地区，荣获国内多个产品金、银奖和著名商标称号。熊猫产品常作为赠送给外国友人的礼物。熊猫品牌不仅为中国人所熟悉，在国际上也是一个叫得响的品牌。与此同时，南京无线电厂在不

图1-11　熊猫品牌系列部分产品

同的历史阶段还承担了大量的电子元器件的研发设计、专业电子产品的设计与制造、军用产品的研发与设计任务。

第二节　红灯牌收音机、收录机

一、历史背景

1923 年 1 月，美商奥斯邦与华商曾君合作，在上海广东路大来洋行屋顶建立了一座 50 瓦的无线电广播电台，并成立中国无线电公司销售接收机（后改名为收音机）。1924 年 1 月 23 日 20 时，该电台开播，轰动上海，几天内售出无线电接收机约 500 台。这是中国第一家广播电台和第一家销售无线电接收机的公司。之后，随着广播电台的不断建立，收音机在上海地区逐渐兴起。当时有两类产品，一类是矿石收音机，另一类是电子管收音机，但均为舶来品，其中美国的产品最多见，市民们比较偏爱矿石收音机。

1924 年 10 月，苏祖国等 7 人在上海开设了第一家民族资本的无线电工厂——亚美无线电股份有限公司，生产 1001 型矿石收音机和国内第一台自行设计、制造的亚美牌 1651 型五灯中波超外差式收音机。此后，中雍无线电机厂等单位相继生产一至五灯的电子管收音机。

1949 年以后，为了使更多的人民群众能听到党和政府的声音，国家大力提倡发展无线电事业。1952 年 7 月，新中国创立的第一家国营无线电整机骨干企业——华东人民广播器材厂——建立，翌年改名为上海人民广播器材厂，重点发展电子管收音机、扩音机、电视机等产品。1960 年 7 月，上海人民广播器材厂从轻工业、纺织工业系统划给仪表电讯系统的 10 家大厂中选择相关企业，结合调整部分无线电器材工厂，组建了包括上海无线电二厂在内的 12 家骨干大厂，其中上海无线电二厂由上海申新第二棉纺织厂、利闻无线电机厂、万利电机厂、上海高频电炉厂、王松记电

图 1-12　20 世纪 70 年代典型的工人家庭生活景象

镀厂合并组成。随即，上海无线电二厂推出了含多种型号的飞乐牌收音机。

　　"三转一响"是二十世纪六七十年代的流行词，其中的"一响"指的便是收音机（或半导体），又称"四大件"。"三转一响"是那个时代的普通百姓所能拥有的最大财富，同时也是年轻人结婚配置的高档生活用品，可见能拥有一台收音机是当时家庭生活富裕的标杆。

二、经典设计

　　红灯牌 711-2 型收音机采用箱式造型，所有线条都为直线，显得有棱有角，整体感觉稳重凝练。在红灯牌 711 型系列收音机面世之前，国产电子管收音机的外形大多在黄金分割的木制机箱中间加一根金属装饰条，上部分装喇叭，下部分是度盘。控制面板左面一只音量、音调套筒旋钮，右面一只调谐、波段套筒旋钮。这种四平八稳、千篇一律的造型，少有新鲜感。

　　红灯牌 711-2 型收音机则打破了这一惯例。首先，产品采用不对称的形式布局。

控制面板左下角装有音量控制、高音调节、低音调节三只小旋钮，这三只小旋钮的数量平衡了右侧大旋钮的体积，于不对称中求得平衡。其中突出了两个高、低音调节旋钮，这是上海牌131型等高级收音机才有的独立高、低音调节功能。其次，喇叭布右上角的猫眼和左下角的红灯标志一大一小，遥相呼应，平衡中显现出动感。

按照无线电收音机传统的设计材料应用的思路是用原木制作外壳，这种选择虽然外观美观，但材料成本及加工成本较高。红灯牌711型系列收音机产品外壳采用合成板材制成，便于标准化、大批量生产，外表裱贴木皮，喷漆后抛光，能够体现出较高的美观度。喇叭布以缎纹为底，有红色、金色等多种选择，搭配深色硬朗的机身外壳以及面板中间、下沿的高亮度金属装饰条，显得柔中带刚，古朴典雅。

红灯牌711型系列收音机的"猫眼"有两类，分别是6E1和6E2，采用6E2的711-2型是711系列中产量最大的产品。接通电源，打开红灯牌711-2型收音机的开关，右上角的方形"猫眼"便会发出蓝绿色的光芒，面板的下方也会透出红色的光，犹如一盏红灯笼照亮中央面板的波段刻度。面板左下角的三只小旋钮分别可以调节音量、高音、低音，面板右上角的大旋钮是调谐旋钮，当电台频道调谐准后，"猫眼"处的绿光就变成一条竖直线，因为像中午时分猫的眼睛，所以被称为"猫眼"。"猫眼"的设计不仅在功能上方便了使用者，而且增添了设计的趣味性。

红灯牌711-2型收音机的一大设计亮点就是在保持价格低廉的同时并没有放弃对品质的追求，想方设法在喇叭布的图案设计选择上突破。其喇叭布以金银线构图，

图1-13　红灯牌711-2型收音机

图 1-14　正在广播的红灯牌 711-2 型收音机及其"猫眼"

有花草、烟火、几何图形、海浪等多种类型可供选择，极大地丰富了产品线，不仅显现出设计的精致，充分体现了中国传统的古典美，而且满足了不同消费者的喜好。

红灯牌 711-2 型收音机的品牌标志由三个元素组合而成，分别是"红灯""Red Lantern"和灯笼图案。正面喇叭布左下角处饰以汉字"红灯"商标，颜色上选用了传统的中国红，由于喇叭布的颜色与字的颜色比较接近，因此用白色描边勾勒出字的轮廓，使得标志更为醒目且更有立体感。两个汉字均用金属压膜做成，长期不会变形，从某种意义上说增加了品牌和收藏的双重价值。正面喇叭布与面板的交界处以及收音机的背面是灯笼图案和"Red Lantern"的组合。灯笼图案也以红、白两色相搭配，正面和背面的英文字体略有不同，正面是大写英文字母，而背面仅将首字母大写且字体更富变化。这样的组合搭配充满了中西合璧的韵味，也充分体现出红灯牌收音机的国际化形象。

红灯牌 711 型系列收音机的造型一直保留到晶体管产品红灯牌 711-2B 型，作为前者的替代品，它增加了音乐、语言、戏曲三挡音色选择开关，这种功能过去一般只在高端产品中设置，同时采用了飞乐总厂的高质量扬声器和相关的优质元器件，因而在 1981 年国家广播电视工业总局举办的全国晶体管台式收音机主观试听中获得最高分。

红灯牌 753 型晶体管收音机的设计目标是小型化、便携式，所以设计使用直流电源，方便边疆、农村、牧区、哨所等地方使用。当时的中国没有通电的地方还很多，

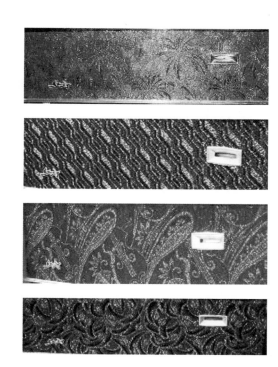

图 1-15　喇叭布的设计基于中国传统纹样而展开，只是根据织造工艺进行了改良，增加了产品的高级感

它结构设计简单、性能可靠、价格低廉，其产品独特的形象不仅受到上述地区人们的欢迎，大城市的居民也争相购买。

　　从红灯牌产品谱系来看，这是从电子管向晶体管过渡的产品，但设计并没有停留在原来的观念上进行小修小改，而是抓住晶体管收音机的特点进行全新的设计。产品立面设计高与宽之比接近 3∶1，基本上是整数比，而不是黄金比，从整体形象上给人以崭新的视觉冲击。底部品牌标志部位向机体内部收缩，形成了"负空间"形态，这种设计首先使整个立面具有了强烈的节奏感，使用的不锈钢材料与机体上两条装饰线条的材料一致，在黑色的机体上闪耀着寒光，这种对比一定会刺激购买者的感官。

　　从细部的设计来看，扬声器部位也同样采用"负空间"设计，除了强调与整体设计的逻辑一致以外，更是用其造型实现了更好的扬声功能。产品面板塑料仿皮质肌理，增加了产品的高级感。在其体积不大的产品上，设计了三处品牌信息，最显

图 1-16 红灯牌 711 型系列收音机品牌标志（正面）

眼的是产品底部的设计，其次是扬声器部位的灯笼图案，这是整个设计的点睛之笔，大面积的黑色底面上，红、白相间的标志图形显得格外耀眼。最后，在调谐面板上出现的英文品牌名称，精致而不张扬，衬托了面板上的主要信息。

根据《上海地方志·专业志·电子工业志》第五编"整机产品"记载：（20世纪）70年代末期，上海市机电行业从日本进口了一些录音机机芯，开始组装录音机。此举无疑是为自行研发设计做铺垫，当时日本的电子产业已经逐步成为其国民经济的支柱产业，体现出领先于世界的势头，无论是对技术的研究还是民用产品的产业化都有其独到的实践，尤其是几大电子企业强化设计并取得商业化的成功经验引起了中国特别是上海科技情报部门和产业战略发展研究部门的重视。部分进口的收录机价格虽然昂贵，但依然供不应求。而上海的制造企业也渴望更新换代老产品，设计制造出能够引领消费需求的新产品。

1979年，通过研究日本的同类产品，具有设计制造红灯牌系列产品经验的设计团队树立了开发设计大型台式多功能收录机的目标，并于1982年大批量生产出风靡市场的红灯牌 2L-1400 型收录机。运用新技术满足了调频、调音收音、录音、磁带放音、

图 1-17 红灯牌 711 型系列收音机品牌标志（背面）

图 1-18　红灯牌 753 型晶体管收音机

扩音的需求，实现了立体声播放。作为一代革命性的产品，它为消费者带来了高质量的全新听觉享受；同时由于大部分零部件已经国产化，所以可以以大家能够承受的价格进行销售，特别受到筹备婚事的年轻人的喜爱，因为机体尺寸如此之大的台式机在那个时代面积不大的居室中一定会引人注目。

除此之外的另一个原因是，红灯牌 2L-1400 型收录机的设计理念已经完全不同于电子管、晶体管收音机的时代。首先，是由于产品功能的增多，各种操作按钮、触点复杂化，与使用者形成了复杂的"看"的界面。设计必须通过视知觉，帮助使用者简化各种现象中存在的混乱状态，并察觉其中包含的意义和内容。这种简化不只是简短化，更恰当地说，它是在特定的视觉主题下获悉一种经过压缩或综合的意义或内容。被置入黑盒的、自动的、对话式的器具与人的接触点就是被强化的面。正是通过这种分界面，使得这些按钮、触点的用途、意义及价值作为可交换的内容被表达出来。

其次，红灯牌 2L-1400 型收录机的面板设计表示出了产品的复杂特性。同时，它表达了专业设计人员的严谨和规范。至于音乐爱好者，则只能在其强迫控制的尺寸、比例细节中使用这种设备。它还要求可作为时代前卫象征的材料和综合的形状。这种在经过浓缩、简化外形的单独的界面中包含了多层次意义或内容的形式，就是日本在电子产品时代经常倡导的"综合产品的简化设计"。

再者，在电子革命时代，电子设备发生着日新月异的变革。从产品的操作方面看，

图 1-19　红灯牌 2L-1400 型收录机

一方面是规范化。另一方面，更进一步表达设计主题应强调新奇的变化。个人电子产品的发展正处于激烈的变革中，往往在一个产品投放市场之时，下个阶段的追求尽善尽美的研究工作就已在进行之中。即便是诸如传感器一类的用于高科技领域的电子产品，在不断发展的过程中，为确保其精确度，对界面设计规范化也必然有着强烈的要求，从而使黑匣的整体形状成为表达意义的设计主题。虽然不能认为红灯牌 2L-1400 型收录机的设计理念全部来自原创，但不可否认设计师已经深切地体会到历经电子技术革命以后产品设计的真谛，这也是该产品能够在很长一段时间内具有生命力的原因。

　　基于产品积累的技术和市场的渴望，也是企业进一步拓展市场的作为，具有便

图 1-20　红灯牌 2L-1420 型收录机

图 1-21　新设计的品牌标志出现在产品的面板上

携特征的红灯牌 2L-1420 型收录机设计迅速完成，这一类产品被消费者称为"两喇叭"，以区别于上述"四喇叭"产品，一般是售价更加低廉但基本的功能都有，而且音质不错，能满足初级音乐爱好者的需求，同时也特别适合老年戏剧爱好者的需求。面板上所有功能按钮一目了然，排列有序，努力将误操作的可能性降到了最低限度。但是整个产品的"科技感"并没有因此而降低，特别是新设计的品牌标志图形，结合高光切削工艺处理，为产品增添了风采。

三、工艺技术

红灯牌 711 型是电子管台式六灯二波段广播收音机，式样新颖，性能良好，音质优美、放音洪亮。装有调谐指示器及分别连续可调的高、低音音调控制器，便于正确调谐和满足音质要求。它还装有拾音器插口，供放送唱片之用。接收频率范围：中波，525 ~ 1605 千赫；短波，6 ~ 18 兆赫。

为消除由变频管 6A2 的灯丝交流热源及其布线所引起的在短波 18 兆赫附近出现的严重调制交流声，在本机变频级电路中加接了瓷介电容器 C_8（300 微法），它与布线的分布电感组成吸收回路，并选接在 6A2 管丝极的 3 脚上，从而大大降低了调制交流声电平，取得良好效果。

为了消除短波 18 兆赫由强信号注入时引起的频率漂移，以提高变频管 6A2 在 18 兆赫工作的稳定性，在变频管的帘栅电路中加接了一个 10 微法的旁路电容器 C_{11}。

为了提高中频放大级 $6K_4$ 管的稳定放大量，采用阴极直接接地电路，并特地选配 312-3、312-4 型中频变压器，使中放级增益超过 100 倍，即大于 40 分贝。

在满足整机必需的总增益和压缩电子管管数的前提下，采用晶体二极管 $2AP_{16}$ 进行检波。因为 $2AP_{16}$ 管的正向能承受较大的电流，而反向耐压较高，所以将它装在铁底板内，虽受周围热空气影响，但其工作却较 $2AP_9$ 稳定，特别表现在整机非线性失真这一主要性能较好。检波效率可达到 60%，接近于电子管水平。

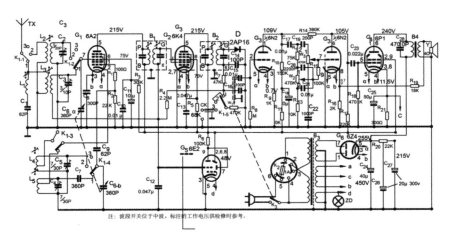

图 1-22　红灯牌 711 型收音机电路

为了有效地改善音质，采用了双音调控制的阻容分压式电路，但从适合于广播接收机放声要求出发，对原始的阻容分压式典型电路，在所用元件的数值上做了一些调整，适当改变了转折频率点。这样调整后，对 100 赫的低音提升量可达到 10 分贝左右，作用范围为 18 ~ 20 分贝；对 5 000 赫的作用范围在 12 分贝左右。音调控制器的作用原理分析如下：

低音调控制器 W_2 的作用：当 W_2 位于"1"位置时，此时 C_{20} 被短路，音频信号通过 C_{17}、R_{12}、R_{15} 送至电压放大管 6N2 的信号栅极（7 脚），由于 C_{21}、R_{13} 对高音频旁路的分路作用显著，所以起到了低音提升作用。当 W_2 位于"2"位置时，C_{21} 被短路，音频信号则通过 C_{17}、R_{12}、C_{20}、R_{15} 送至 6N2 信号栅极，由于 C_{17}、C_{20} 相互串联，对低音频的容抗增大，所以起到了低音衰减作用。

高音调制器 W_3 的作用：当 W_3 位于"1"位置时，音频信号通过 C_{17}、C_{19} 串联电容后送至 6N2 信号栅极，由于 C_{19} 对低音频呈现的容抗远比高音频大，因此起到了提升高音的作用。当 W_3 位于"2"位置时，音频信号则经过 C_{17}、R_{12}、C_{20}、R15 送至 6N2 的信号栅极，此时由于 C_{22} 接在信号栅极，对高音频起衰减作用，在一堆高音频的分路作用明显，所以起到了高音衰减作用。

上述只是几个起主要作用的电容器在音调控制电路中的作用叙述，在这个电路

里还有 R_{12}、R_{13}、R_{15} 等元件同时参与工作。它们的作用只限于改变转折频率，平衡中音域电平，以及对音调控制器变化进行控制。所以在一般分析时，为了能够清楚地阐明主要元件的作用，对这些线性元件的作用通常不进行详细分析。

R_{14} 主要用来消除接收过程中由于低音提升所引起的自激现象，即"噗、噗、噗"的汽船声。本机也采用了终端负回授电路，回授量为 6 分贝，由 R_{16} 及 R_{19} 组成，从而改善了非线性失真，提高了不失真输出功率，改善了音质，并对交流的"嗡"声也起到了一定程度的抑制作用。

为了有效地抑制交流"嗡"声，本机采用了二级 Ⅱ 形滤波电路，使高压直流电源 100 赫的纹波系数降到较小的程度；同时在灯丝热源电路中采用了中心抽头的灯丝绕组，并加接由功放管 6P1 阴极电路所建立的 11 伏左右直流电压，借此来平衡由电子管灯丝和阴极之间绝缘的不良等因素所夹入的极其微量的 50 赫热源交流电压，以减小由此引起的交流声。这种交流声电压对前置电压放大级影响极大。其次，在工艺上还采用了绞合灯丝连接线，严格规定导线走向等布线工艺措施。同时，为了提高抗干扰性能，部分产品的中波段采用磁性天线接收，如 711–3 型等。有关产品的主要操作功能如下：

1. 右方小旋钮用于波段转换和收音拾音器转换，注意玻璃刻度盘上的标记，不能够错用，以免误认为是收音机的故障。

2. 按顺时针方向旋足音调控制器的两个电位旋钮时，高、低音均达到最大衰减。收听时可根据需要分别调节到合适的位置。

3. 本机大部分产品只适用于 220 伏电源，其电源变压器初级线圈只有一个绕组。为了适应 220 伏和 110 伏不同电源需要，本机部分产品加有电源变换插头，其电源变压器初级线圈有两个绕组，当用于 220 伏电源时，两个绕组串联；当用于 110 伏电源时，两个绕组并联（图 1–23 中变换成 1、2 相接，3、4 相接，1、6 通过保险管相接）。使用时只要将电源变换插头按电压标志插在合适的位置，即可适用于不同电源电压。

红灯 753 型晶体管收音机是一种较受欢迎的小型台式机，不少顾客买了这种机

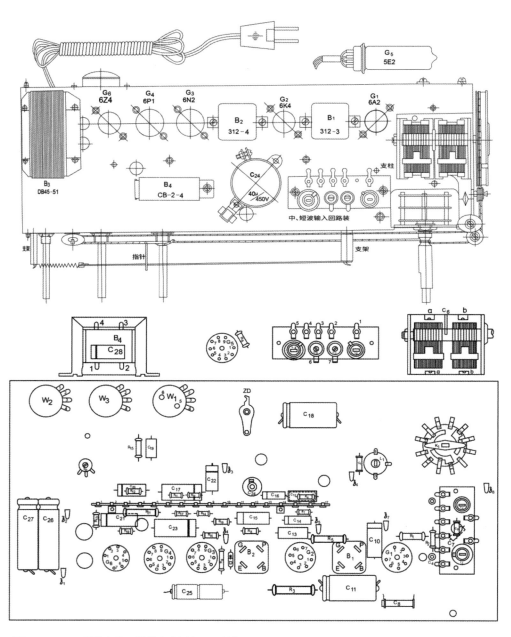

图 1-23　711 型收音机元器件在底板上、下的位置

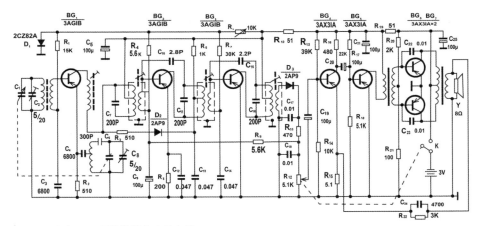

图 1-24　红灯 753 型晶体管收音机电路

器。其电路特点如下：使用两节一号干电池供电，因电源电压较低，故为了保证整机的性能，在电路设计时采取了如下措施：

供电电路使用两级 Ⅱ 型滤波器。功放级 BG$_6$、BG$_7$ 与前置级 BG$_4$、激励级 BG$_5$ 之间的直流供电电路由 C$_{25}$、R$_{19}$、C$_{21}$ 组成的 Ⅱ 型滤波器隔开。检波前各级和检波后各级的直流供电由 C$_{21}$、R$_{10}$、C$_5$ 组成的 Ⅱ 型滤波器隔开。这就防止了由于公共电源内阻产生寄生反馈而引起的寄生振荡，从而提高了整机的稳定性。

变频级和中放级的基极采用稳压措施。如图 1-24 中 D$_1$ 选用 2CZ82A 硅二极管，接成正向偏置，由 R$_9$ 限流。二极管导通时，管子两端的电压基本不变，即使电源电压有很大的跌落，D$_1$ 两端的电压也始终保持在 0.6 伏左右。所以本振（变频）和中放级的直流工作点是稳定的。

从电路图中可见，BG$_3$、BG$_5$、BG$_6$、BG$_7$ 的发射极直接接地。这样二中放、激励级及功放级的增益提高了，并且线性放大范围，减轻了信号的失真。

采用初级阻抗较低的音频变压器，提高了激励级和功放级集电极直流工作电压，获得较大的不失真输出功率。此外，电路还采用了 MX-400-Φ10 mm×160 mm 磁棒，天线线圈分四段绕制，增加了回路 Q 值，从而提高了选择性。本机采用两级中放。低频部分有前置和激励级，因此整机有足够的总增益。另外，本机设有由 R$_3$、D$_2$、

R_6 和 C_{13} 组成的二次自动增益控制电路，有效地防止了接收强信号电台时产生的阻塞失真。

四、品牌记忆

上海无线电二厂设计红灯牌 711-5 型收音机时，在面板设计上对其进行了改进，使得接通电源后的 711-5 型比 711-2 型拥有了更加迷人的夜景，从而吸引了更多的消费者。面板中央的红光变成了和猫眼一样的蓝色，这时的灯光不仅是用来照明面板上的刻度、文字的，而且具备了装饰的功能，使得产品整体更加具有魅力。红、白两色的灯笼图案在灯光的透射下犹如一盏红灯笼在夜幕的衬托下熠熠生辉，显得格外耀眼，这种设计的改进使得产品本身和品牌名称更加贴切。红灯牌 711-5 型美丽的夜景是设计师努力延长产品生命线的尝试，实践证明这种尝试是十分成功的，基于原来的产品增加一些成本不高的小设计，却能够巩固产品的定位。据说当年许多新婚夫妻夜晚在自己狭小的房间里，关掉电灯，在收听并不丰富的广播节目的同时，就可以在红灯夜景的陪伴下憧憬着未来的生活，给自己的心灵一丝安慰。无怪乎红灯产品是当年市场的宠物。

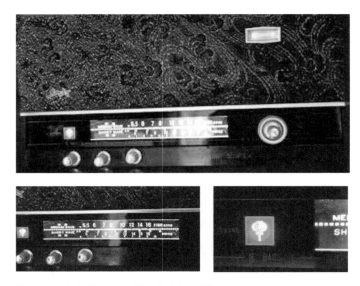

图 1-25　红灯牌 711-5 型产品"夜景图"

五、系列产品

从 20 世纪 70 年代开始，全国各地收音机需求日增，促进了上海地区收音机生产的进一步发展。1972 年 6 月，上海无线电二厂设计生产了红灯牌 711 型六灯两波段大台式电子管收音机，随后又相继推出了红灯 711-2、711-3、711-4、711-5 等型号产品。

红灯 711 型系列收音机的整体外观设计和机芯构造大致相同，在机箱、天线、喇叭、度盘、猫眼、电源变压器等少量细节上略有差异。红灯 711 型系列收音机以音色丰富、质量可靠、外形美观而风靡市场，甚至一度出现了供不应求的局面，其中红灯 711-2 型收音机在当时已经是非常成熟的产品。

图 1-26　红灯牌 711 型系列收音机

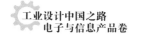

第三节　飞乐牌收音机

一、历史背景

1945 年抗日战争胜利后，上海民族无线电制造业重新得到恢复。利闻无线电行于 1948 年 11 月更名为利闻无线电机厂，1949 年后逐步成为生产扬声器的专业厂，1959 年 7 月并入东方电工厂。1960 年 8 月，该厂扬声器车间转并为上海无线电十一厂，收音机、扩大机部分转并为上海无线电二厂。上海无线电二厂主要生产飞乐、红灯两大品牌收音机，前者在很长的时间内主要针对低端消费需求。

1960 年秋，上海收音机制造业开展以产品质量为中心的企业整顿工作。上海无线电二厂生产的飞乐牌 261-A 型六灯两波段收音机，因质量问题在《解放日报》上受到批评，企业经过半年严格整顿，使该产品由三类产品跃为一类产品，而且首次编制了成套设计文件和工艺文件，并在第三届全国收音机评比中获一等奖。通过整顿，上海地区收音机质量有所提高。同年，全市收音机产量已由新中国成立之初的几千台上升到 70.95 万台。其后，产量逐年递增，销量却上不去。通过一再降低价格，刺激了消费，又出现供不应求现象，实行凭购货券购买。1961 年 10 月，在第三届全国广播接收机观摩评比中，评选出的 7 种质量最好的收音机，上海产品占 5 种，上海无线电二厂的飞乐牌 261-A 型名列其中。

1962 年 8 月，国家商业主管部门根据中央相关部署调高六灯以下收音机价格，上海共 59 个规格型号调整价格。1962 年 1 月，全国销售电子管收音机 20 万台，调销售价后的 9 月仅销售 2 万台。之前上海五灯收音机 1957 年零售价为 134 元，1958 年降至 105 元，1962 年调至 134 元，1963 年又一次实行降价政策，6 月降至 108 元，

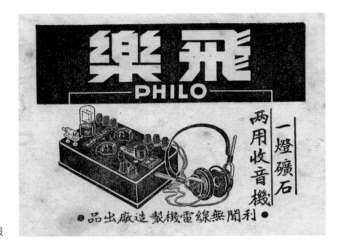

图 1-27　早期飞乐牌收音机海报

同年 11 月再降为 94 元。1964 年，一部分老型号削价至 75 元。多次普遍降价，上海交电站经营电子管收音机亏损额达 1 933 万元。北京、天津、南京等大城市工厂相继停产，上海生产亦大大萎缩。1968 年，全国生产的电子管收音机有 55 个品种，其中上海有 45 种。1974 年，只剩上海生产的 10 种。六灯收音机，原来上海生产供应的有 31 种，到 1974 年只剩 7 种。收唱两用机原来上海有 3 种，全部停产。上海无线电二厂生产的七灯一级机飞乐 272 型、上海无线电三厂生产的九灯二级机春雷 101 型产量很少，供应外宾及涉外单位尚不能保证。

1963 年，上海市晶体管收音机产量仅占收音机总产量的 3.3%。1963 年 12 月 1 日，国家对晶体管收音机生产实行定期免税和对装配晶体管收音机用的小型元件及半导体器件实行免税一年，并决定降价 21%，从而刺激了消费，促进了生产。1965 年晶体管收音机的产量上升为 59.7%，首次超过了电子管收音机产量，从单一品种发展到 13 种之多，其中就包括上海无线电二厂的飞乐 2J4 型中短波高灵敏度半导体收音机。半导体收音机生产达到西方发达国家 20 世纪 50 年代后期水平。1968 年，上海开始出口半导体收音机赚取外汇。

1966 年 5 月开始的破"四旧"以及批判"封、资、修"等政治运动冲击了商业经营，飞乐等品牌的收音机都不得不改名才能出售。这期间在全国范围内掀起了一个大办电子工业的浪潮，上海各行各业纷纷办起了很多生产电子产品的厂点，收音机是重点生产产品，很多工厂都放弃了本行，改做组装收音机，为广大人民群众聆听党和政府的声音服务。电子工业的产值、产量虽然有所回升，但产品质量却始终徘徊在低水平上。

二、经典设计

上海无线电二厂生产的飞乐牌 261-A 型交流六灯三波段超外差式调幅收音机，小巧玲珑，外形美观。由于不是大型的台式机，所以为产品机箱造型设计的想象留出了充分的空间。飞乐产品由于技术上已经有充分的积累，所以在技术与工艺上的改进是有把握的，但在造型设计方面并没有太大的积累和明显的产品语言特征，这次 261-A 型的设计事实上是飞乐产品形象突破的契机。基于该产品是小型机的定位和一定会大批量生产的判断，推出了湖蓝、粉红、粉绿、棕色等多种颜色机体的设计，以适合用户的不同喜好。湖蓝、粉红、粉绿与白色相间，打破了以前收音机产品以棕色、米色为主的设计思路，配合整体上倒置的梯形设计，使得产品给人留下了深刻的印象。值得注意的是 261-A 型设计保持了产品品牌标志在机体上的位置没有改变，说明当时的设计思考中具有品牌的意识。这一突破性的设计表现，加之该机各项零件与整机性能都经过严格的测试和检验，因此其结构牢固，电性能稳定，在 1961 年 10 月第三届全国广播接收机评比中荣获一等奖。

飞乐 2J1 型台式六管晶体管收音机是上海无线电二厂 1963 年的新产品，它具有以下特点：使用低压直流做电源，不受使用场所电源供给情况的限制，在农村、渔场、林区及户外使用最为适宜。电性能及电声指标，绝大部分均能达到交流三级电子管收音机标准，仅输出功率与平均声压稍有不及。产品放音洪亮、音质优美，为一般便携式、袖珍式晶体管收音机所不及。产品用电极省，消耗功率约 0.5 瓦，相当于一般交流五管收音机的 1/70。机内装用小型干电池，机体后备有外接电源插座，可以换接大型干电池，亦可使用交流电源变换器，供交流电源地区使用。能经受高温 40 ℃、低温—40 ℃、相对湿度 95% 以及振动、冲击等气候及机械试验的考验。使用寿命长，

图 1-28　飞乐牌 261-A 型收音机　　　　　　　　图 1-29　飞乐牌 2J1 型收音机

在出厂前经一定时间的老化处理，性能稳定可靠。

2J1 型收音机的外轮廓为长方体，各边没有采用倒角处理，给人一种强烈的激进之感，这是当时全国人民努力进取、开拓创新精神风貌的体现。前脸主要分为上、下两部分，上部为扬声区，下部为调控区，中间采用与外边框同材质、同色彩的细木进行分割，上下比例接近黄金比例。

上部的扬声区只设计了一个扬声器，采用横向切割方式，即使如此，扬声器的有效口径仍较大，给人一种较为强烈的音频震撼之感。同时横向栅栏网状蒙板呈倒直角梯形，毫无倒角处理的边缘与机箱的外边缘保持一致，是一种激情向上精神的体现。蒙板下部的品牌说明横向间隔排列，既是实用的表现，又有装饰的效果。调控区设计了两个大型旋钮，方便使用者调频。而向后微倾斜的黑色面板则基于人机工程学方面的考虑，最终根据使用者使用时眼睛的观察角度进行设计。它向里收缩，突破了平面的乏味之感，让产品前脸有了层次感。

整体外壳采用棕色，体现一种厚重之感，这从侧面体现了产品成熟的技术。前脸主要采用黄色，给厚重之感加以适当的活泼之色，但是却又非纯色，这也说明了整体最终想表达的是产品的成熟技术。上部的横向栅栏网格中，上、下各有一条银色的线条，数量虽少却加得恰到好处，让产品具有一种高端大气的特点。底部采用四条腿支撑主体的设计方式而非全平面触地，这样可以让收音机适应多种类型的摆放环境，而且较全平面触地摆放而言，四腿设计可以让主体更加稳定。左方中心小旋钮是带电源开关的音量控制器；外套大旋钮为音调控制器，向右转时为高音调，

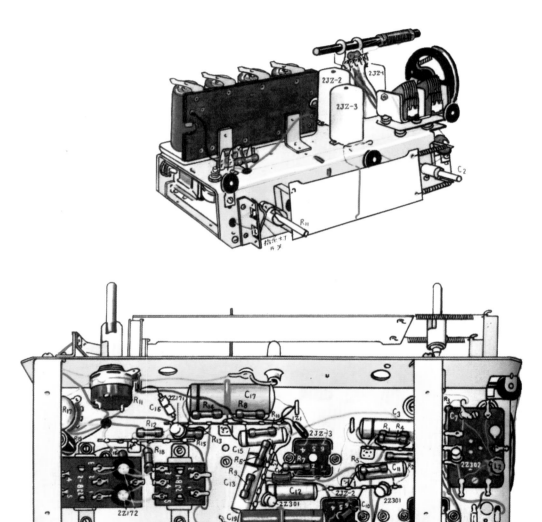

图 1–30　飞乐牌 2J1 型晶体管收音机内部电路与元器件

向左转时可消减高音而突出低音。右方中心小旋钮用于调谐电台；外套大旋钮为波段开关，在该旋钮旁边注有三点标志：上点为中波，中点为短波 1，下点为短波 2。

　　20 世纪 60 年代至 70 年代末，飞乐曾经提供多款以平直表面设计的系列产品，大部分都在提升技术水平上做过大量努力，其中 265-8 型是具有里程碑意义的设计。它采用了性能较高的各种元器件，使得收音质量得到大幅度改善，外观设计上中音扬声器左置的设计格外醒目。由于这个产品作为飞乐产品系列中的高端产品而出现，所以受到行业关注。这种设计在飞乐小型产品上也能够看到。飞乐这种产品样式影响了后一代晶体管收音机设计风格的形成。

图 1-31　飞乐牌 265-8 型收音机

图 1-32　平直表面设计的飞乐牌小型收音机

三、工艺技术

　　飞乐牌 261-A 型交流六灯三波段超外差式调幅收音机采用超外差式电路。波段为：中波，515 ～ 1 700 千赫；短波 1，2.2 ～ 7.2 兆赫；短波 2，6 ～ 20 兆赫。电力消耗为 36 瓦左右。

　　振荡部分每个波段均采用三点统调。用 6A2П 电子管做变频；6K4П 做中放，6F2П-K 做检波、自动增益控制及音频电压放大；61П 做功率放大；6μ4П 做电源整流；6E1-П11 做调谐指示器。音调控制采用连续式高音频削减方式。本机采用 110 伏或 220 伏、50 ～ 60 赫单相交流电源。

　　在电性能方面均超过局标三级机标准，能经受高温、低温、潮湿、振动、冲击等环境考验。在天线输入电路中接有串联式陷波器，以增加中频波道衰减，阻止中频频率的干扰进入收音机。

　　高频部分的接线和一些容易受振动的元件都妥善地加以固定或用胶水固着于底板上，因此有效地防止了高频机振。在 6A2П 和 6K4П 的帘极接入 10 微法和 0.01 微法退交连电容器，大大稳定了帘栅极电压，显著地降低了调幅交流电噪声。在输出极阴极电路中还采用了电流负回授，以改善音质。

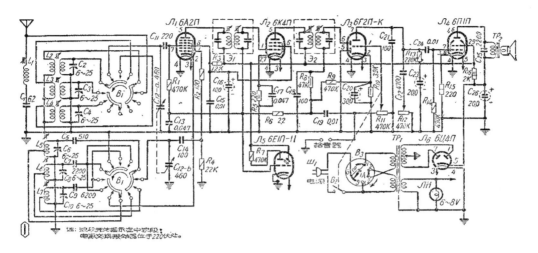

图 1-33　飞乐牌 261-A 型收音机电路

在元件安排方面做到尽量缩短接线长度，以减小分布电容，节约铜线和附加零件。为了增加牢固度，0.05 微法以上的电容器都加装有固定夹。

本机采用飞乐 4P6 型 100 毫米 ×160 毫米高效率椭圆形扬声器（1 瓦、3.5 欧），不但提高了音质，而且使体积大为缩小。电源部分采用内藏保险丝（1 安）的新式电源电压变换插子，确保了安全和使用方便。更换保险丝时，可用铝币转动胶木顶盖，保险丝管即能在缺口处跳出，更换后可将顶盖转回到需要的电压指标位置上。

收音机灵敏度调整：中波，低频端调 L_2 的铁芯，高频端调 C_2；短波 1，低频端调 L_3 的铁芯，高频端调 C_3；短波 2，低频端调 L_4 的铁芯，高频端调 C_4。

四、品牌记忆

上海无线电二厂在主要生产中低档产品的过程中依然有制造高端产品的潜质，只是当时受限于计划经济的体制，没有什么太多的自主作为。但追求全系列的高质量产品是其一直的理想，当然这种追求还是建立在技术自信的基础上的。从客观需求的角度来看，这种高端产品在市场上是没有购买需求的，但当时一些接待国外来宾的宾馆确实需要这种产品，尤其是随着我国实施对外开放的外交政策，世界上不同意识形态国家的政府要员、新闻媒体人、民间人士来我国访问的大量增加，优秀的工业产品无疑能够体现中国社会主义工业建设的成就，所以，上海无线电二厂还进行了272型大型台式七灯四波段电子管收音机的开发和设计，并以飞乐牌命名而不是以红灯牌命名，进一步弱化了意识形态的特征。

在试制272型收音机的过程中，先后经过多次的展览和试用，受到各有关方面的重视。该机外形美观大方，音质优美逼真，音量洪亮，使用方便，全部性能符合国家一级广播收音机的要求。它的生产将进一步满足国内外对高级收音机的需要。与一般收音机相比，它有许多优点。首先，它具有优越的实用性指标。如有高的灵敏度，好的选择性，很宽的接收频率范围，足够大的输出功率（为一般收音机的2～3倍）。尤其在改善音质方面，采用L-C终端分频电路和由高、中、低音三只扬声器所组成的放音系统，获得模拟立体声效果，并在电路中采取了不少新的措施。

虽然272型收音机没有像其他系列产品那样具有辉煌的销售业绩，但在设计人

图1-34　型号逐渐丰富的飞乐牌收音机

图 1-35　飞乐牌 272 型收音机

员的记忆中却有印象最深刻的记忆，在设计过程中较少有束缚，给出的技术条件也相对充足，为了确保产品能够万无一失，采用了比较多的先进工艺和高档的材料，以期凸显产品的高级感，可以认为是比较理想的设计。这一设计经验的积累为进一步完善飞乐品牌其他系列产品的设计具有很强的示范效应，同时也强化了电路设计、材料设计、造型设计三位一体的行业合作模式。

五、系列产品

飞乐牌 2J1 型收音机毫无疑问是成功的设计，各种元器件性能比较适中，具有很高的性价比。在 2J1 型收音机的基础上，上海无线电二厂还进行了系列设计，分别为 2J2、2J3、2J4、2J5、2J6、2J7、2J8 型收音机。在后续设计中，随着科技与加工工艺的不断进步以及新材料的运用，产品逐渐向体量小、功能强、方便使用的方向发展，产品前脸的功能区布局也发生了很大的变化，调控区在前脸的总面积中所占的比重越来越小，功能键的数量总体上有所增加。其中 2J4 型在主机箱上增加了提手，方便携带；2J5 型则是这一系列中的袖珍型产品，不仅功能强大，而且更加便于随身携带，是人们外出工作、旅行的最佳选择。

图 1-36　飞乐牌 2J2 型

图 1-37　飞乐牌 2J4 型

图 1-38　飞乐牌 2J5 型（袖珍型）

图 1-39　飞乐牌 2J7 型

图 1-40　飞乐牌 2J8 型

第四节　上海牌收音机

一、历史背景

　　上海广播器材厂最初是在原上海人民广播电台所属的广播材料科（服务部）的基础上扩建并发展而来的。该厂于 1952 年 7 月 21 日成立，成为上海第一家国营无线电整机骨干企业——华东人民广播器材厂。1953 年 4 月，更名为上海人民广播器材厂。1955 年 1 月，再次更名为国营上海广播器材厂。

　　上海广播器材厂于 1952 年建厂，20 世纪 50 年代就成为国内收音机、扩音设备、喇叭等最主要的生产厂家之一。当时工厂所生产的各种扩音系列设备用于国内许多重大建筑工程项目、省市级礼堂以及广播台站、大型机关和工厂等场合；"上海牌"收音机，其品种、产量、质量都处于国内前列，产品闻名于世，畅销国内外。1955 年 2 月，该厂生产出第一批国产化 155 型五灯电子管收音机。同年 8 月，率先采用流水线生产上海牌354、355型五灯二波段超外差式收音机，翌年4月，产品开始出口。至此，上海完成了收音机的国产化。1957年，该厂为长春第一汽车制造厂红旗牌高级轿车配套生产汽车收音机。1958年9月，研制成功上海牌382型自动调谐汽车收音机，主要用于上海牌中级轿车的配套。在研制过程中，解决了自动调谐的宝塔形高频线圈的绕制技术，并首次采用鞭状天线的制造工艺。382型收音机于1959年投产，截至1960年共生产了643台。1958年4月，该厂试制成功上海牌131型交流七灯一级收音机，填补了国内空白，该机在1959年第二届全国广播收音机观摩评比会上获一等奖。该产品共生产58 773台，其中外销6 700台，1961年该产品转给上海无线电二厂生产。1958年，在131型基础上该厂还生产了531型七灯四波段超外差落地式收音机和532型14灯全波段超外差式广播收音、唱片、录音三用落地机，均达到或超过国家一级机标准。

二、经典设计

我国有关部门在1958年采取了很多相关措施来提高收音机质量，以此进一步改善我国人民的文化娱乐生活。这些措施包括：制定了收音机的相关标准，公布了电子管收音机的评级办法，举办了全国第一届收音机观摩评比会。此外，还组织若干收音机制造厂研制高级收音机，此做法不仅是为了提高产品质量，而且是为了满足出口需求，以此为我国的工业建设事业换来更多的外汇。131型收音机正是在这种特定的背景下设计成功的产品，所以一经上市，其优秀性能与整体外观设计便受到消费大众的喜爱。该机型是上海广播器材厂于1958年4月试制成功的交流七灯四波段超外差式收音机，也是我国正式发布的第一台一级收音机。设计之初，该机型以141型为名。《无线电》杂志曾在1958年第4期刊登一篇名为《无线电工业的喜讯》的文章，文中称报道过的"上海广播器材厂试制成功141型一级收音机"，就是后来的131型收音机。几乎所有型号的上海牌收音机都有一个标志性的造型结构——琴键式操作结构，使用者亲切地称之为"钢琴式开关"。高频部分采用新型的五挡小琴键式波段开关，分别控制各波段的转换以及倒换拾音器的工作和关闭电源，使用时极为方便：只要按下要收听的那一波段的按键，收音机便在该波段工作起来；如要换听另一波段的节目，只要按一下控制该波段的按键，收音机便转到另一波段上工作；如要停止收听或放送唱片，也只要按一下"关"按键或"拾音器"按键，电唱机插头此时则插到机座后的拾音器插孔内，即可播放唱片。

上海牌 131 型收音机整体造型是以根德 2035 机型为原型进行的重新设计。外观整体为长方体，四条纵向边的倒角相对于顶面四条边的倒角较大，给人以刚柔并济的视触感。收音机前脸从上至下主要分为喇叭区与调控区。喇叭布后面是从左到右、从大到小依次贴边排列的喇叭，主要喇叭的有效口径大，声频震撼力强。而尺寸不同的喇叭在保证优质放音效果的基础上，避免了绝对对称而造成的视觉乏味。同时，半透明的喇叭布使得喇叭像动听的声乐一样给人一种梦幻般的感觉。

喇叭区与黑色调控区的分割尺寸接近黄金比例，舒适匀称。黑色调控面板向外轻微倾斜，这样便于使用者观察与操作，是基于人机工程学的考虑。调控面板上的两个大型旋钮以及下方的琴键等都采用对称布局，与上方喇叭的不对称布局形成鲜明的对比，使设计富有变化。为了削弱整体木质机箱的单一、乏味感，在机箱前脸的左、右两侧进行线条设计，线条的倒角与机箱的倒角不仅大小相似，与整体设计保持一致，而且有效地增加了机箱的轻盈之感。

图 1-41　上海牌 131 型收音机

两|种|收|音|机

手提两用　城乡咸宜

上海广播器材厂试制成功并且开始生产一种小型手提式收音机，它可以使用直流电（电池），也可以使用交流电（一般电灯用电）。

这种收音机体积小巧、音调清晰、灵敏度高、用电节省、使用方便，特别适合旅行或在农村中使用。

立体传音　可高可低

上海广播器材厂最近试制成功一架一级收音机。这种收音机所用的零件都是国产，它有四个波段，立体传音，音质优美，灵敏度高，选择性好。收音机上并有按键式波段转换器、可动磁性天线、双旋钮式音谐调节、可变通带等高级机件。这种收音机不但能分别调节高音和低音，并能在度盘五线谱上看出调节的程度，以适合听众的不同爱好。

（商业工作报社稿）

图1-42　《人民日报》1958年3月1日对上海牌131型收音机进行了报道

调控区采用黑色，并处于整个前脸的中下方，在视觉上给人一种沉稳之感，同时面板上等距排列的直线条给人一种科技之感，暗示了131型机的成熟技术。最底部的微调区呈细条状，纤细的区域与明亮的色彩让沉稳厚重的机身瞬间充满生机，带有声音的灵动之感。"上海"品牌标志被设计在微调区中间，细长的标志与微调区均呈长条状，两者合在一起具有一致性，有效避免了细节设计上的突兀性。

由于131型机的良好性能，上海广播器材厂于1958年在131型基础上设计生产了531型七灯四波段超外差落地式收音机和532型十四灯全波段超外差式广播收音、唱片、录音三用落地机。两个型号的产品都达到或超过了国家一级机标准，在当时属于高档产品，尤其是531型七灯四波段超外差落地式收音机，其体积较大，在房间中与家具无异，后来又改进了设计。

1958年在北京举办的国产收音机观摩评比会上，532型参加评比，原机经过该厂不断改进，特别是在放音音调的优美动听方面比原设计有了显著提高。改进后的机件为 16 灯机，仍包括收音机、电唱机和录音机三部分，每一部分能单独使用，也能联合使用，录制收音或唱片节目。共使用 10 个电子管，其中收音部分与 131 型七灯机相同，有磁性天线、琴键式波段开关；改进后的机件，除了可高音、低音分别控制音调外，还加装了唱机低音补偿网络、推动级改用阴极倒相电路、末级放大改进了电路，使音调进一步改善，失真率也达到最小；另外，在降低交流杂音等方面也有了更好的表现。

唱机与录音机均系上海录音器材厂产品，经与该厂协作改进，唱机改用该厂 941 型四速唱机，采用动圈式唱头，确保任何转速的唱片均能使用。录音机系该厂 810 型，有两种转速：快速为 19.05 毫米 / 秒，慢速为 9.5 毫米 / 秒，能在同一磁带上进行上、下两次录音。

为了达到立体音响以及声压比较平衡，在喇叭分布方面，左面（唱机下）是 2 个 1F2 中音椭圆形喇叭（口径为 125 毫米），右面（录音机下）上方是 2 个 1/4PF 高音喇叭，下方是一个低音喇叭（口径为 300 毫米）。木箱内壁四周覆有 2.5 毫米厚呢，小喇叭后面有木质隔音罩（减小渗音），中音喇叭下面有 150 毫米 ×300 毫米的低音出音孔。

上海牌产品的另一个造型特征是有装饰图案纹样，用塑料仿象牙白色彩做成，根据不同型号进行设计，在不改变整体风格的基础上为产品增加情趣。虽然是很小

图 1-43　上海牌 531 型七灯四波段
超外差落地式收音机

图 1-44　上海牌 531 型改进设计

图 1-45　上海牌 532 型收音、唱片、录音三用落地收音机

面积的设计，但能够看出设计师的良苦用心。这种设计手法一直延伸到早期上海牌电视机的产品设计上。

　　1961 年 10 月，在第三届全国广播接收机观摩评比中，评选出 7 种质量最好的收音机，上海产品占 5 种，上海广播器材厂的上海牌 160-A 型为其中之一。该产品在外形设计及音响方面也考虑到广大人民群众的喜爱，式样新颖，色调调和，美观大方，音频响应曲线很好，在收听任何戏剧或各种音乐节目时，高、低音都能满足需要，悦耳动听。在全国广播接收机评比中，曾荣获一等奖；在电气、电声性能方面的评比成绩尤为优异。另外四种产品为上海无线电三厂于 1960 年试制成功的美多牌 663-2-6 型六灯交流三波段收音机，上海无线电四厂的 593-2 型收音机、593-4

图 1-47　上海牌 132 型收音机

图 1-46　上海牌 131 型收音机

图 1-48　上海牌 132-1 型收音机

图 1-49 上海牌 133 型收音机　　　　　图 1-50 上海牌 160-A 型收音机

型收音机，上海无线电二厂的飞乐牌 261-A 型收音机。

　　上海牌 163-7 型收音机在保留对称造型、琴键操作等特征的同时，整体设计更加简洁、明快，全部采用平直表面，有序地传承了上海牌产品的基因，又根据新时代的审美要求做了新的设计，特别增加了上、中、下三条银色金属线条的装饰，自上而下，由窄至宽，努力使其更加具有技术感。作为出口型产品，在其醒目的位置设计了"Shanghai"品牌标志。

图 1-51 上海牌收音机与电视机产品广告

图 1-52　上海牌 163-7 型收音机

三、工艺技术

上海牌 160-A 型交流六灯三波段收音机，是上海广播器材厂的产品之一。该机无论是在电路设计还是在工作结构装置等方面，都有独到之处。同时，为了能在国内外不同气候条件下较长时间地连续使用，对一些关键性的零件和组件进行了防护处理。例如对比较容易损坏的输出变压器，曾用环氧树脂浸渍，并加特种沥青包封。因此，该机在亚热带炎热地区也能连续使用好几个小时，各部分的电气性能不会有所变化，消耗功率约 45 瓦。

电路共用 6 只电子管。变频级采用 6U1 七极 – 三极复合管。七极部分用作变频，三极部分用作本机振荡。这样分开工作，变频与本机振荡的相互牵制作用就很小，而且用 6U1 电子管七极部分变频，频率能做得比较高，可以超过 20 兆赫，工作稳定、灵敏度也高，所以该机一般灵敏度中波段能达到 20 微伏，短波段在 50 微伏左右。同时，由于用三极部分做本机振荡，用屏极调谐，使频率稳定度有所提高，将不致因输入信号的强弱而影响频率的稳定。另外，该机几个波段内各个频率上的灵敏度都比较均匀，相差只有几微伏。

五极管 6K4 做中频放大。为了取得较好的选择性及中频通带，中频变压器采用

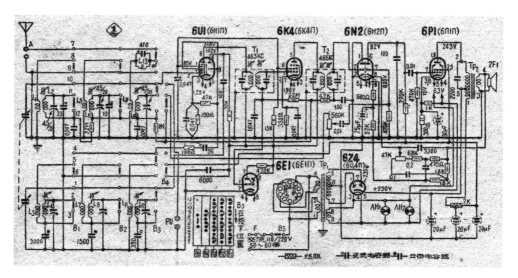

图 1-53　160-A 型电路结构及工作原理

该厂特制的调节铁芯的小型中频变压器，它的优点是不但品质高，而且中频通带也比较宽。这就保证了有较好的整机选择性，一般都能达到在 ±10 千赫处有 36 分贝的衰减，而中频通带也达到了 6 ~ 7 千赫的宽度，这时比较高的音频成分就不致因通带不够宽而被削弱。

电子管 6N2 是一只双三极管。一个三极部分做检波兼自动增益控制；另一个三极部分做低频电压放大。电子管 6P1 做末级功率放大。电子管 6E1 做调谐指示器。整流由全波二极整流管 6Z4 来担任，用以供给整机需要的全部直流电源。该机在设计时对低频电路也同样做了认真的考虑，因为收音机的发声是否动听以及失真的大小，主要还是决定于低频放大的性能。所以设计低频电路时，为了使失真度小和取得一个比较理想的音频响应特性曲线，由输出变压器次级取出一部分电压，回输到电子管 6N2 的阴极，以减小整机失真。但同时又考虑到不致因使用了负回输而降低整机的低频增益，所以电子管 6N2 的自给栅偏电阻由一只 560 欧的电阻和一只 2 200 欧的电阻串联组成，并以一个 25 微法的旁路电容器与后者并联。这样，既不影响回输作用，同时又保证了低放级有一定的增益。而且由于音调控制就是控制负回输电路，这样结合之后，对整个音调控制的作用很大，虽然调节部分仅是一只电位器，但对于高、低音却能提供较大的调节范围，高音与低音都能得到提升。低音在 100 赫时能提升 8～9 分贝；高音在 5 000 赫时同样也能提升 8 分贝。这样整机失真度小，输出功率也大，最大功率能达到 3 伏安，不失真功率能达到 2 伏安，而且整机的声压与电压的频率特性也较好，尤其是在声压方面。扬声器采用该厂出品的 2F1 型扬声器（168 毫米直径，音圈阻抗 3.5 欧）。该扬声器是配合整机要求而设计的，故能恰当地满足整机要求，不但平均声压高，能达到 4.5 微帕以上，而且声压的频率响应特性也较好，不均匀度都在 14 分贝以内。

在消除交流声方面也做了周密的考虑，一方面在输出变压器上增加了一个抽头，利用平衡电桥的原理来消除交流声。另一方面，灯丝电源线不接地，用两根绞合的接线把灯丝电源引到各管的灯丝上，并在灯丝的一根线上加上一些正电压（利用功率 6P1 的栅偏压），来平衡灯丝中引起的交流嗡声。所以该机交流声水平在低音提升时也能达到负 50 分贝以下。

当使用拾音器时，为了防止高频部分的干扰及提高拾音器的灵敏度（能达到 100 毫伏左右），将高频各级的直流电源断路。

本机结构的工艺性强，机内所用零件大都是通用件。例如机座可供不同型号各机通用，而且各零件都按工艺卡上的规定进行生产，全部一百多个零件配成了 5 个组件。这样不但能适应大量生产的要求，而且确保了质量。在焊接方面，部分接点如底板的地线钉，采用熔焊法焊接，消除了假焊、漏焊等现象。另外在结构设计上也采用了先进技术。其他控制部分，如音量、音调、调谐等，也都采用新式的双套旋钮，装在收音机前面左、右两旁。

考虑到各高频零件之间的接线不宜过长，以免产生高频机振，所有高频线圈都安装在琴键开关上，这样也便于检修。为了进一步防止高频机振，双速可变电容器采用双层避振结构。度盘玻璃的安装也采用比较先进的结构，不是安装在木箱上，而是装在机座前面左、右两个支架上，用两只橡皮圈串联在度盘玻璃左、右两孔中紧固度盘玻璃，这样不但拆装方便，而且可以避免度盘玻璃在运输中被振碎。为防止机内一旦发生短路而发生烧坏电子管电源变压器等现象，电源变压器初级串联了一只1安的保险丝。如电流超过1安，保险丝首先熔断，把收音机电源切断，以保护机件的安全。另外，为了检修方便，机壳底下有一块盖板，检修时只要把这块盖板拆下来就能进行修理，不必把机器从机壳内拿出来。为了进一步提高产品质量，在该机的新品种160-3型、160-7型和161型机中增添了可变的和固定的两种磁性天线，并采用了5英寸×7英寸的椭圆形扬声器。

四、品牌记忆

上海牌系列产品在其创立、发展的过程中，由于充分的技术积累而一直走在行业的前列，同时以"上海"命名的品牌也预示着产品的特殊使命。上海牌收音机的中档产品承担着出口创汇的任务，为此，在各个时期都会致力于新产品的开发设计，而且注意技术和设计力量的储备，其产品作为中国社会主义工业建设的成果会受到媒体的高度关注。

1964年1月，上海广播器材厂制成上海牌312型七晶体管四波段二级收音机，

图1-54　上海牌312型、312-A型收音机

填补了当时我国晶体管二级收音机的空白。

1979 年 10 月，上海电视十二厂试制成功上海牌 7900 型八管三波段超外差式钟控收音机，采用液晶显示，走时准确，技术上是将半导体收音机与半导体时钟组合在一起，除了能单独收音和计时外，还可通过时钟控制进行一定时间的定时自动收音，鸣闹部分并以蜂鸣电路代替一般闹钟的机械式鸣闹，其一机多用的功能还包括收听中短波调幅广播、一小时定时关闭、定时启动播放、定时闹钟、秒表、重复时间和计数器等多种功能。几种工作状态的选择由一只二刀三掷波段开关控制，位于产品正面的右下角。为了便于维修，时钟可单独取下而不影响收音。拆卸时可将后盖打开，拔下钟控连接插头，然后将四只塑料手柄螺母旋出，略向前推即可取出时钟。产品整体设计风格理性，有很强的科技感。

在拍摄该产品广告的时候，设计师选择了大面积的美女形象作为主视觉，其发型都是当时十分流行的款式，脸型具有当时中国电影明星的特征。特别重要的是，设计师选择了一块白色的抽纱台布衬垫在产品下面，使得画面更加温馨，也进一步与冷峻的产品形成了对比。20 世纪 80 年代以前经济条件比较好的中国家庭中，收音机一定是置于五斗橱上，作为家庭中的"高端"用品，底下一定会有白色的抽纱台布衬垫。这种场景曾经是很多家庭的梦想，是美好生活的象征，所以这个广告画面的设计对购买者而言是很有吸引力的。从画面的布光技巧来看，摄影师抛弃了传统的艺术手法，而改用更加具有商业特点的大平光，这种布光的画面几乎看不到阴暗面，整个画面温和、明朗。当时内地的摄影师已经开始从香港的商业摄影中学习具有商业传播价值的表现手段，上海牌 7900 型产品广告是当时为数不多的优秀作品。产品广告推出时，上海已组建电子计算器厂，上海电视十二厂被划入其中，所以画面上署名上海电子计算器厂出品。

五、系列产品

1953—1957 年，上海广播器材厂收音机总产量占同期全国收音机总产量的

图 1-55　上海牌 7900 型收音机

25.6%，部分产品出口国外。1952—1959 年，该厂主要民用产品是收音机和扩音机，其中收音机共研制生产了 13 种、58 个型号。其中 1954 年 4—7 月相继推出了 132 型、133 型、134 型、135 型、135-A 型交流三灯中波再生式收音机；同时有 142 型交流

图 1-56　上海牌 7900 型收音机海报

图 1-57　上海牌 132 型

图 1-58　上海牌 133 型

图 1-59　上海牌 142 型

图 1-60　上海牌 154 型

图 1-61　上海牌 155 型

图 1-62　上海牌 155-A 型

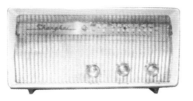
图 1-63　上海牌 157-H 型

图 1-64　上海牌 157-M（印刷线路）型

四灯中波外差式收音机、143 型自差式收音机推出；备有拾音器的 152 型交流五灯中波外差式、154 型交流五灯两波段超外差式、155 型、155-A 型、156A~D 型；157 型产品是又一个里程碑式的产品，同样为交流五灯两波段超外差式，具备拾音器，其中 157-M 型采用了印刷电路，将电路印刷在经过防潮处理的层压板上，因此各种

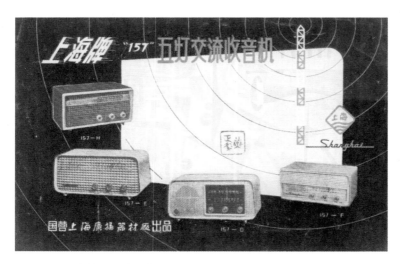

图 1-65　上海牌 157 型系列收音机说明书

接线可以尽量缩短距离，零件排列整齐，电路清晰。除此之外，使用电池的各类收音机、交流电与电池兼容的收音机品种齐全。1958 年，开发设计了 532 型十四灯收音、唱片、录音三用机。

第五节　牡丹牌收音机

一、历史背景

1944 年，侵华日军在北京成立了华北广播协会收信机工厂，采用日本产散件组装三灯、五灯电子管收音机。1950 年，北京人民广播器材厂开始生产电子管收音机。1951 年，北京市打磨厂电器生产合作社开始生产三灯、五灯电子管收音机，抗美援朝期间为中国人民志愿军生产小型交流、直流两用收音机，采用过"鹦鹉""飞天""博爱"等商标，年产量近千台。1955 年，该合作社仿制苏联基辅牌超外差式交流五灯收音机，最高年产量达 3 000 台，至 1958 年停产时累计生产万余台。

1956 年 3 月，公私合营广播器材厂开始生产电子管收音机。1957 年，该厂生产的101A型五灯两波段超外差式电子管收音机，首次采用"牡丹"商标。该机性能达到二机部十局（电子工业部前身）局颁标准，并被中国仪器进出口公司定为出口产品，当年首批出口东南亚地区700台，受到华侨好评。1957年，五灯电子管收音机（101型、511型）总产量达到10 406台。

1959年，公私合营广播器材厂更名为北京电子仪器厂，1959年10月，牡丹牌1201型十二灯五波段落地式收音、电唱两用电子管收音机试制成功并投产，该机具有声控电源开关和带钻石头的四速电唱机，被国家领导人作为礼品送给金日成、胡志明、西哈努克、塞古·杜尔等外国领导人。1961年，北京电子仪器厂为人民大会堂北京厅试制生产了牡丹牌6101型落地式收音、录音、电唱、电视电子管组合机。该机具有遥控调谐、自动落片、立体声放音系统和左右声道平衡调节功能。在成绩面前，该厂领导一度忽视了产品质量，曾受到市、局领导和《北京日报》的批评，后来该厂领导总结经验教训，改进作风，狠抓质量，取得显著成效。

早在1958年，公私合营广播器材厂就已经试制成功七管半导体收音机。至1962年3月，国家有关部门在该厂召开专业会议时，该厂已有六种半导体收音机展出，并小批量生产牡丹牌2401型二管单波段来复再生式半导体收音机，当年共生产90台。1963年12月，北京市委决定组织收音机生产大会战，把这次大会战列为北京市工业战线的重点工作之一。1964年，周恩来率中国党政代表团参加苏联社会主义革命47周年庆祝活动时，将该厂新产品作为国家礼品分送给各社会主义国家代表团成员，在这一年中该厂生产电子管收音机10 350台，其中出口8 761台，1965年产量提升至1.53万台。同年北京电子仪器厂更名为北京无线电厂。1966年，"牡丹"商标改为"红旗"商标。1966年8月至1970年，该厂共生产红旗牌半导体收音机73.6万台。此后，电子管收音机产量逐年减少。

1971年9月，恢复使用"牡丹"商标后，该厂生产的各种规格、型号和档次的收音机，在历届全国收音机评比中均名列前茅。特别值得一提的是1974年投入批量生产的牡丹牌2241型二十二管调频、调幅全波段台式半导体收音机，具有长波、中波、短波功能，首次采用调频技术，设置了调频波段，可收到世界多地广播电台的节目。

该产品主要提供给北京的涉外宾馆等单位使用，以1972年美国总统尼克松访华、中国恢复在联合国的合法席位为开端，中国展开了更加活跃的外交活动，与不同意识形态国家的人员来往日趋频繁，中国外事接待也需要展示新的形象，而工业产品则是表达中国社会主义工业化成果的最佳载体，所以以超高的标准设计了这一产品。

1985年，北京无线电厂与荷兰飞利浦公司合作，为其贴牌生产单声道盒式磁带录音机，两年后成立中外合资企业——北京飞利浦有限公司。北京无线电厂还为日本三洋公司贴牌生产放音机，为香港亚洲公司贴牌生产高端立体声收录机，为日本夏普公司贴牌生产音乐中心。通过这种方式消化吸收国际先进技术，学习现代化的企业生产管理方法，同时通过大量产品的出口积累资本。在与国际电子产品巨头合作的过程中，北京无线电厂同步推出了牡丹品牌的相应产品，并将其推向国内市场。

20世纪80年代至90年代初，北京无线电厂致力于高端收音机产品开发，积极出口产品到世界各地，同时不遗余力地利用已经成熟的技术和巨大的产能潜力开发设计了大量袖珍式、便携式收音机，以满足市场的需求。1991年至1998年共计生产了8万台。北京无线电厂在很长的一段时间内是中国北方最大的收音机生产厂。

1999年，"牡丹"品牌授权益泰电子集团使用，产品拓展到系统集成产业，走出了一条艰难却成功的转型之路。对于牡丹品牌，新一代公司领导表示："我们选择了品牌授权经营的方式传承和发展牡丹品牌，将牡丹品牌授予合格的厂家生产。" 2008年，公司授权生产的牡丹牌手机电视投放市场。这种手机电视是将手机与卫星广播、移动多媒体广播和数字音频广播相结合的产物。牡丹品牌与它曾经参与的广播事业一样，都做到了与时俱进。

二、经典设计

1974年投入小批量生产的牡丹牌2241型二十二管调频、调幅全波段台式半导体收音机代表了当时国产半导体收音机的先进水平。它具有长波、中波、短波功能，首次采用调频技术，设置了调频波段，可收到世界多地广播电台的节目。其不计成

图 1-66　牡丹牌 2241 型台式晶体管全波段收音机

本的设计保证了产品优良的工作性能。其中分别独立设计的高、中频通道，使 AM 与 FM 高、中频电路各置一方，减少了相互之间的牵制和干扰。采用了高质量的电器元件和先进的电路设计，使该机低音浑厚，高音清晰。电源可由 12 节 1 号干电池供给，也可使用专为此机设计的牡丹 ZL-1 型整流器，将交流市电整流后供给。

不掀起产品上盖时，机箱高 325 毫米，宽 680 毫米，厚 237 毫米。正面左、右两端金属镀铬框架与上、下的镀铬横梁是机箱连接的主要结构，产品外部左、右两侧和上面的木质可见部分则饰以胡桃木皮贴面，并施以深褐色乌光漆。在侧面使用垂直线条的装饰，改善了机箱侧视嫌厚的感觉。正面的结构主要以横线条为主，使人产生扁平舒展的感觉。度盘全部由横线组成频率刻度，上为中波，第二为长波，第三为短波 1，以下为短波 2~9 的透明窗口，最下为调频。度盘右上角装有旋转磁性天线方位指示窗口和调谐指示孔。在右板偏后位置装拉杆天线、耳机插口。机箱有面盖，盖内装有世界时区计时器，机箱下方则设两个长方形孔，便于检修。

主扬声器位于面板右上方，高音扬声器因其方向要求强，故装于主扬声器前，与主扬声器形成同轴线位置。这样对低音的发射面起到了扩大的作用。两个中音扬声器分别装于机箱两侧，外饰以由垂直线条构成的塑料镀铬的格栅。这样的安排在音响上正好纠正了人耳对高低音不灵敏的缺欠。

全机极少用塑料件，金属的机架、构件，金属的齿轮、轴套、转轴，全部金属的旋钮等，使得机芯厚重，结实且更耐用。作为产品的核心部位，机芯的设计也是十分复杂的。前面最下一排左起有三个电位器旋钮，依次是音量兼电源开关、低音调整和高音调整。再过来是一组5位4刀互锁按键开关，分别为手调、管弦乐、低音、演唱、语言，左起第一位为"手调"，当按下它时，音调调整才起作用。低频电路板和电源盒就装在这些控制件的后面，输出线及交、直流电源线都从这块电路板引出，分别接到扬声器和电源盒上。

机芯右边的大半为高频部分，控制件分上、下两排，下排左起为外接天线接断开关，其次为磁性天线方位旋转控制，再右为短波2～9的波段展宽按键。此键的右上方为调谐旋钮。上一行主要为一组9位按键。从第4位起到第9位均为互锁键，分别为4刀、6刀和4个4刀，而从第6位起，在互锁4刀的后面每位都加接无锁4刀两个，使之成为12刀，以满足各波段转换的需要。这组按键的右边为短波2～9波段鼓轮开关，此开关只有在短波2～9按键被按下时才起作用。而波段展宽按键也只有在接收短波2～9时才起作用。上述按键开关焊接在调幅高频和中频电路板上。

调谐系统的特点是无论调幅或调频的找台，都是用右侧一个大旋钮来完成的。

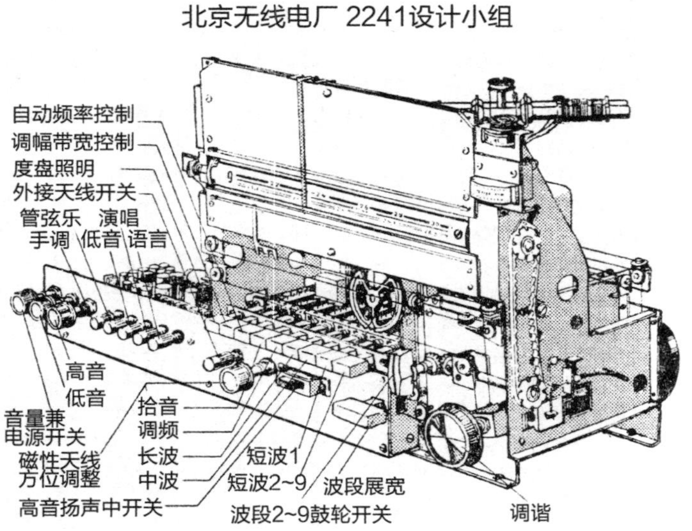

北京无线电厂 2241设计小组

图 1-67 2241 型机芯功能设计

图1-68　音量兼电源开关、低音调整和高音调整旋钮（大），
手调、管弦乐、低音、演唱、语言旋扭（小）

在找台过程中，调幅和调频的主调谐可变电容器是互不影响的，它们分别被调谐轴前半段和后半段上装的两个线轮所带动。所以在调谐轴的后端装有惰轮来改进调谐时的手感，拉线用 49 股涤纶线。

要从接收调幅台改为接收调频台，只需在调谐轴上改变离合器的位置或改变滑键的方向即可。当滑键在前方位置时，调幅线轮与轴结合；当滑键滑向后方位置时，调频线轮与轴结合。

超强的拉杆天线，仅在德国晶体管收音机中见过。天线通体分两部分，每部分分为 6 截，仅拉出上一部分便可供超高频段使用，全部拉出时，对收听短波很实用，尤其是对频率低段。需使用天线时，可从机箱右侧拉出内藏的天线，同时天线具有各方向设定功能。

除上述内容外，还有更多服务于该收音机使用者的独特功能：机器顶板内壁的收听时区备查表，面板上的高音扬声器开关、照明开关、外接天线开关以及侧面、背面安排的各类不同功能的接口等，可谓设置周详。其中计时器可以很快地计算出世界各地电台播音在中国的时间，或中国播音在外国出现的时间。左方为世界地名表，分时区地把各国有代表性的较大城市地名按前后次序列出备查。中间为世界时区图。右边有一个可旋转的圆形时区盘。时区盘靠外缘刻有 24 个小时的分度。按世界时区划分，以格林尼治标准时间 0 时为 0 时区，因我国位于 8 时区，故在"8"字处做了

图 1-69 2241 型收音机右侧的主要设计

特殊标记。相应地在板上标注着 24 小时的以刻为单位的分度线，正上方为中午，正下方为子夜，按顺时针方向排列。世界时区本应按经度划分，全球东、西经各占 180 度，这样每 15 度宽度从北到南所覆盖的地方就可划归一个时区。但因为行政和交通管理等人为原因往往不能完全按自然条件来划分。比如我国全国各地现在都统一使用北京标准时间（以东经 120 度为基准），而不按自然条件划分。这样为全国交通、通信等提供了极大的方便。

产品正面及背板标有"牡丹 22 管全波段晶体管收音机"和"中华人民共和国制造"字样，未标注北京无线电厂厂名。正面左上方的金属铭牌上有郭沫若题写的"牡丹"商标。产品面世时多为指定单位定制使用，因而产量有限。虽然经历了三十多年的风风雨雨，仍然可见当年的雍容华贵和非凡气派。该机曾于 1975 年在全国第六届收音机评比中荣获一级机第一名。

三、工艺技术

全机使用 22 只半导体三极管和 10 只二极管；有 12 个波段，能接收全部调幅广播段和一个调频广播波段。调幅波段包括长波、中波和 9 个短波波段，各短波波段的频率范围是衔接的。其中短波 2 ～ 9 这 8 个波段有展宽装置，能将各波段中包括的标准米段进行扩展。由于其工艺技术复杂，代表着当时收音机设计的最高水平，所以《无线电》杂志 1978 年连续 5 期对其连载介绍。

1. 频率范围

长波：150 ～ 400 千赫；

中波：535 ～ 1 605 千赫；

短波 1：1.6 ～ 400 兆赫；

短波 2：5.0 ～ 7.1 兆赫，展宽 5.93 ～ 6.23 兆赫（49 米段）；

短波 3：6.1 ～ 8.2 兆赫，展宽 7.07 ～ 7.35 兆赫（41 米段）；

短波 4：8.2 ～ 11 兆赫；展宽 9.45 ～ 9.80 兆赫（31 米段）；

短波 5：10.1 ～ 13.5 兆赫，展宽 11.65 ～ 12.05 兆赫（25 米段）；

短波 6：13 ～ 17.4 兆赫，展宽 15.05 ～ 15.55 兆赫（19 米段）；

短波 7：15.2 ～ 20.1 兆赫，展宽 17.55 ～ 18.05 兆赫（16 米段）；

短波 8：18.2 ～ 24.2 兆赫，展宽 21.25 ～ 22.05 兆赫（13 米段）；

短波 9：21.6 ～ 30 兆赫，展宽 25.45 ～ 26.75 兆赫（11 米段）；

调频波：88 ～ 108 兆赫。

2. 中频频率： 调幅 465 千赫；调频 10.7 兆赫。

3. 输出功率：不失真功率不小于 4 瓦；最大功率不小于 5 瓦。

4. 电源电压： 直流 18 伏。

5. 电源消耗： 在无信号输入时不大于 50 毫安；在最大输出时不大于 350 毫安。

本机调幅中放采用了陶瓷滤波器，并有带宽控制装置。低频部分有音调选择装置，在手调挡时，高、低音控制钮能连续调节，以适合使用者的不同需要。低频输出级采用了无变压器电路。电源可由 12 节 1 号干电池供给，也可使用专为此机设计的牡丹 ZL-1 型整流器，将交流市电整流后供给。

该机的调频和调幅部分各自有独立的高、中频通道，而低放部分则是共用的。这样可避免调频和调幅的相互牵制。本机虽然高、中频电路都采用硅管，但电路采取正极接地，即各级电路的输入、输出信号的公共端是电源正极。这样不但可以使

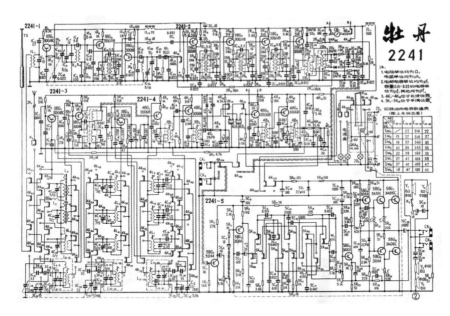

图 1-70　牡丹牌 2241 型收音机电路

调频各级电路工作更稳定，而且对于调幅波段来说，可以使输入回路线圈、高放线圈和本振线圈的各绕组冷端都接地，这对于简化线圈组件的接线及简化印刷电路板的引线都是很有利的，下面把整个电路分成几部分来介绍。

1. 调幅高放电路

调幅高放部分（部件代号 2241-3）是由高频放大（$3BG_1$）、混频（$3BG_2$）和本机振荡（$3BG_3$）组成的，通过按键和滚筒的联合作用来转换输入回路线圈、高放线圈和本振线圈，使这三级电路工作在长波、中波、短波 1 到短波 9 共 11 个波段上。其中，长波、中波和短波 1 都各自有一挡工作选择按键，而短波 2～短波 9 则合用一挡按键。当按下 S2~S9 按键时，还要将滚筒转到所需接收的波段上，才能接收该波段的广播节目。为了分析清楚起见，去掉烦琐的按键和接线，将中波段和短波 2~9 的高放部分的等效电路简化为图 1-71。

从图 1-71 可以看出，天线接收信号经输入回路选择后感应到次级，由 $3C_2$ 耦合到高放管的发射极。$3BG_1$ 接成共基极电路，工作电流由第一中放的上偏流电阻 $4R_1$

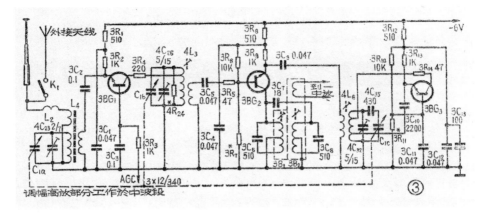

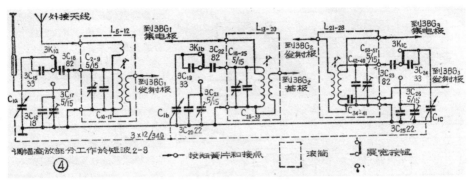

图 1-71　调幅高放部分电路简化图

调整在 0.4 毫安左右。$3C_8$ 是基极旁路电容，集电极通过 $3R_4$ 接到高放线圈。$3R_4$ 起抑制寄生振荡使电路稳定的作用，不能用得太大，否则高频增益将受影响。$3R_1$ 和 $3C_1$ 组成电源退交连电路。

　　一般收音机中没有高放级，2241 型增加高放级是为了提高抗干扰的能力，也就是提高该机对中频波道、假波、交叉调制和互调干扰的抵抗能力。对短波来说，还可以在一定程度上提高整机的灵敏度。这里采用的电路比共发电路稳定性高、波段两端增益均匀。高放级的增益因波段而异，为 0～6 分贝。

　　信号经高放级放大后，由高放线圈次级经耦合电容 $3C_5$ 和抑振电阻 3R5 送到混频管 $3BG_2$ 的基极。本振电压由电容 $3C_9$ 耦合到 $3BG_2$ 的发射极。$3R_8$ 和 $3C_4$ 组成电源退交连电路。这是一个典型的混频线路，其工作电流由上偏流电阻 $3R_7$ 调整在

0.5 毫安左右。集电极输出的差频信号（中频信号）经双调谐中周 $3B_1$ 和 $3B_2$ 选择后由次级送到第一中放管 $4BG_1$ 的基极。混频级的增益约为 20 分贝。

由 $3BG_3$ 担任的本机振荡级采用电感三点式振荡电路（惯称为"哈特莱"电路），其工作电流由上偏流电阻 $3R_{11}$ 调整在 1 毫安左右。$3R_{12}$ 和 $3C_{12}$、$3C_{13}$ 组成电源退交连电路。这种振荡电路的优点是振荡线圈只需一个绕组就能起振，不需要反馈线圈。因此不会发生反馈线圈接错造成停振的弊病。图 1-71 中振荡线圈 $4L_6$ 也有一个次级绕组，那仅仅是为了给混频级提供本振注入电压而加的。改变次级绕组的圈数，便可改变混频级的本振注入电压大小，本机长波、中波和短波 1 的本振注入电压选在 80 ~ 100 毫伏，而短波 2 ~ 9 则选在 100 ~ 150 毫伏。这是为了达到最佳的信噪比所必需的。图 1-71 中中波输入电路串联一个电感线圈 L_2，主要是为了在使用外接天线时抑制噪声。以上是中波段电路分析，实际各波段的情况是类似的，唯有短波2~9 电路稍有变化。

短波 2~9 电路可从图 1-71 中看到下列情况。其米段的展宽是用自锁键 $3K_1$ 来控制的。当自锁键在原位时，三连的每一连都串联进 82 微微法电容使用。这时三连旋转 180 度的容量变化范围不再是 12~340 微微法，而是 10~66 微微法。这是因为短波 2~9 的波段覆盖系数很小（$f_{max}/f_{min} \approx 1.36$），以后短波 2~9 的每一个波段的频率范围都大大变窄了，而且新的频率范围正好是原来频率范围中的一部分。这就意味着波段得到了展宽。这样设计的优点是：保证每一波段都有国际广播米段；保证每一波段中的国际广播米段都在三连的同一角度范围内。因此，只要适当选择展宽时串、并联电容的容量，便可以使 S2~S9 的每一个波段，在按下展宽键时将这个波段中的国际广播米段扩展整个度盘的宽度。2241 机正是这样设计的。在短波2~9 的每一个线圈上，除了并联微调电容外，还并联了一个固定电容（C_{10}~C_{17}、C_{26}~C_{33}、C_{42}~C_{49}），这是由于高波段时线圈分布电容减小使微调电容调节范围不够而增加的。

2. 调幅中放电路

调幅中放部分（部件代号 2241-4）包括：$4BG_1$、$4BG_3$ 和 $4BG_4$ 担任的三级中频放大，$4BG_2$ 担任的 AGC 放大；$4D_1$、$4D_2$ 担任的 AGC 倍压检波；$4D_3$ 担任的中频信号检波，以及陶瓷滤波器 $4LB_1$、$4LB_2$ 等。本机所用的陶瓷滤波器是由多片振子串、并联组成的带通滤波器，不同于一般的二、三端陶瓷滤波器。其通频带 $4LB_1$ 为 5 ～ 7 千赫；$4LB_2$ 为 8 ～ 10 千赫，而 ±10 千赫的选择性两种都在 40 分贝以上。所以整机的通频带和选择性主要靠陶瓷滤波器来保证，而线路中所用的中频变压器，除 $4B_2$ 以外都并联了阻值较低的电阻，因此都是宽频带放大器。这些中周主要起阻抗匹配作用，对选择性帮助不大，但对通频带却免不了有一窄的削减作用。

从混频级（$3BG_2$）输出的中频信号送到第一中放管 $4BG_1$ 进行中频放大。这级中放管的工作电流由上偏流电阻 $4R_1$ 调整在 0.5 毫安左右，同时又受 $4R_9$ 上的 AGC 电压控制。$4R_7$ 是 AGC 馈电电阻。第一中放增益约为 24 分贝。其中频输出由中频变压器 $4B_1$ 次级分成两路。一路经宽、窄带转换按键、陶瓷滤波器到第二中放管 $4BG_3$。第二中放管的工作电流由上偏流电阻 $4R_{22}$ 调整在 0.8 毫安左右，同时又受 $4R_{19}$ 上的 AGC 电压控制。$4R_{20}$ 是 AGC 馈电电阻。第二中放的中频放大增益约为 10 分贝，其中频输出由中频变压器 $4B_3$ 次级送到第三中放管 $4BG_4$，它的工作电流由上偏流电阻 $4R_{15}$ 调整在 1.87 毫安左右，本级增益约为 36 分贝，其输出由中频变压器 $4B_4$ 送到中频检波器。中频检波器是由二极管 $4D_3$ 担任的典型的串联负载检验波。$4C_{18}$、$4R_{18}$、$4C_{19}$ 组成了 Ⅱ 型中频滤波器（其中 $4C_{18}$ 不接电源正极而接电源负极是为了抑制单信号啸叫）。$4R_{19}$ 是检波负载。检波以后的音频成分和直流成分都加在 $4R_{19}$ 上，其中音频成分经过 $4K_{10b}$ 和 $4K_{11b}$ 送到前置低放级射极输出器，直流成分则经过 $4R_{20}$ 和 $4C_{20}$ 组成的低通网络加到第二中放管的基极，进行自动增益控制（AGC）。这一路自动增益控制电路我们称其为第二 AGC 电路。

现在，我们再回过头来看第一中放输出的另一路。这一路经直流电容 $4C_4$ 送到 AGC 放大 $4BG_2$ 的基极。AGC 放大器实际上也是一个中频放大器。由于第一中放的输出电平太低，还不足以进行自动增益控制，因此必须加一级中频放大器，其工作电流由上偏流电阻 $4R_5$ 调整在 1.5 毫安左右，增益约为 226 分贝，这级中放的输出经中频变压器 $4B_2$ 送到倍压检波器进行倍压检波。$4C_9$、$4R_8$ 和 $4C_{10}$ 组成 Ⅱ 形滤波器

（ $4C_9$ 不接电源正极原因同上 ）。 $4R_9$ 是检波负载。由于检波负载阻抗比较高，所以这里采用倍压检波，以便提高检波效率。检波后的直流成分经 $4R_7$ 和 $4C_1$ 组成的低通网络馈电到第一中放管的基极，进行自动增益控制，即 AGC 电路。

在高档机里，为了达到较高的指标（例如本机的实际水平是当输入变化 40 分贝时，输出变化不超过 6 分贝），受 AGC 控制的放大器往往在两级以上。这些放大器可以用同一个直流电压来控制，例如高放、第一中放和第二中放都用末级检波器输出的直流分量来控制，这种方法叫作 AGC 平行控制。也可以采用上面所介绍的方法，即第一中放输出的信号经放大后控制第一中放本身和高放增益；而第三中放的输出信号控制第二中放的增益，这种控制方法叫作 AGC 分段控制。理论和实践都证明，这两种 AGC 控制方法的效果是很不一样的。凡是用多级平行控制，由于在强信号调谐点两旁，受控各级的增益（或工作电流）都按同一规律改变，因此高、中频部分的总增益将产生急剧的变化，从而产生了一系列弊病。而如果采用 AGC 分段控制，则由于两路 AGC 的控制电压来自整机的不同级，经过谐振回路的数目不同，因此在调谐时 AGC 电压的变化率不同，各级增益的变化率也不同。这样高、中频部分的总增益的变化也不像平行控制电路那样迅速，因此消除了双峰现象，也降低了偏调噪声。当采用分段 AGC 控制的收音机对一个强电台调谐时，高放和第一中放的增益在远离调谐点时就开始渐渐降低，而第二中放的增益一直要到接近调谐点时才迅速降低。前级增益的先期降低，是保证后级在大信号时不会产生过载失真的重要条件，因此分段 AGC 控制能减少偏调失真。

3. 末级功放电路

末级功放电路（部件代号 2241-5）由两只锗低频大功率管 $5BG_7$ 、 $5BG_8$ 、一只锗低频管 $5BG_5$ 和一只硅低频管 $5BG_8$ 组成复合互补功放级， $5BG_4$ 是功率激励级， $5BG_3$ 是功率前置级。这三级组成了一个典型的无变压器低频放大电路。

4. 放音系统

放音系统包括外接扬声器插口和扬声器等。通过 CK_3 可以任意接阻抗为 4 欧以上的外接扬声器。外接耳机插口 CK_4 的外壳不接地，而由 $5R_{36}$ 接地。这是因为本机输出功率较大，耳机的功率较小（一般只能承受几十毫瓦），用 $5R_{36}$ 来分压，使 $5R_{36}$ 上消耗一部分输出功率，以免耳机损坏。输出信号通过 $5C_{29}$ 经 CK_4 送到低音扬声器 Y_4（$\Phi200$ 毫米，8 欧）放音。$\Phi100$ 毫米的两只串联的中音扬声器 Y_2、Y_3 分别在机箱的两侧，以改善高音的方向性。

5. 电源系统

本机的电源电压是交、直流两用的。使用交流电时，把专为本机设计的 ZL-1 整流器插入电源盒内（QKA6.116.640)，由 K_{2a} 控制电源变压器初级，接通交流 220 伏或 110 伏。直流电 18 伏是经过稳压的，由开关 K_{2b} 控制。K_{2a} 与 K_{2b} 都在音量电位器上。ZD_3 是交流常明指示灯，只要接上交流电就可以发亮。ZD_1 是照亮调幅度盘的指示灯。ZD_2 是照亮调频度盘的指示灯，分别受照明开关 $4K_{17}$、$4K_{18}$ 控制，按下它们，ZD_1、ZD_2 分别发亮。到底哪一个亮还要由 $4K_{9a}$ 来控制。当 ZL-1 整流器从电源盒被取出后，可以使用外接 18 伏直流电源，从机器背后的 JX_2 接线柱接入。也可以在电池盒内装入 12 节 1 号电池 DC_1、DC_2，其中 DC_1（6 伏）是供给指示灯用的。在这种情况下三个指示灯都不会亮，但按下 $4K_{17}$ 或 $4K_{18}$ 后，ZD_3 和 ZD_1 或 ZD_3 和 ZD_2 会发亮。18 伏电压供给末级功放电路，其滤波电容 $5C_{21}$ 在发生低频自激的情况下也可改用 2 000 微法 /25 伏。通过 $5R_{20}$、$5C_{22}$ 滤波电路后的对地电压约为 10 伏，通过 $5R_{11}$、$5C_6$ 滤波后电压约为 8 伏。另外，供给高、中频部分的电压（6 伏）是加了稳压电路的，它是由 $5R_{16}$、$5R_{15}$、$5D_1$、$5C_{15}$ 组成的。$5D_1$（$2CW_{14}$）两端电压为 7 伏左右。调整 $5R_{15}$ 电阻（约为 100 欧），使 $5C_{15}$ 两端电压为 6 伏，即高、中频部分的电源电压值。

四、品牌记忆

北京无线电厂的第一任厂长张德有上任时只有 28 岁，毕业于清华大学电机系。上学时，他就有建设新的无线电工厂的梦想。他回忆起新工厂刚要建立时说道："1949 年，作为中国最大最强城市之一的北京，其无线电产业基本上也是以买卖、修理为主，没有专业生产厂。为了发展新中国自己的电子工业，北京市政府成立了组建新的无线电工厂的筹备小组。筹备小组拿到了 117 家无线电工业相关的商行和从业人员名单后，在 1955 年的冬天，靠着他们的两条腿和自行车的不停运转，基本理清了当时用于建设新工厂的可利用资源。1956 年 3 月，在全国社会主义改造高潮中，27 家私营企业成立了公私合营广播器材厂，有从事无线电元器件生产的，也有从事无线电修理的，还有钳工、木工、油漆工，由这 27 家构成了完整的广播器材产业链。当时有一些技术水平很高的专家，还有一些技术水平很高的技工，比如木工、油漆工，还有一部分是专门做研发的，这便是北京无线电厂的前身，也是北京市第一家专门生产收音机的工厂，北京的电子工业由此起步。"作为筹备小组组长的张德有刚刚做过外科手术，身体还没有完全恢复，但上级领导坚决要他马上去上任。

工厂成立当年主要生产大声耳机、矿石收音机、舌簧喇叭、变压器，同时也在仿制当时日本的两种型号的电子管收音机，并开始小批量生产交流五灯超外差式电子管收音机。这种电子管收音机有中波、短波两个波段，能收听国内外各大广播电台的节目，灵敏度与选择性都比较好，外观新颖大方，坚固耐用，音质优美，声音洪亮。这种收音机当时被定名为 101 型，没有商标。这还与工厂不惜工本追求高标准的产品质量有关。前总工程师严毅回忆说："建厂初期，从厂长基金中拨出专款购买了许多国外的先进仪器设备。如测量仪器订购英国马可尼公司的仪器，生产用的电声测量仪器则以丹麦产品为主，比我在清华读书时实验室的仪器先进得多。"作为厂长的张德有对产业中的工艺、质量有自己的独特想法，并且非常注重对于人才的培养，大量吸收具有真才实学以及技术水平的人，努力做到人尽其才。张德有还构架了一个企业整体的框架，包括技术人员、企业里的情报机构等，为日后企业的技术创新打下了良好的基础。

1957 年 11 月，为了适应收音机的外贸和内销需要，该厂决定以"牡丹"代替原来的五角星装饰作为产品商标。1958 年 3 月 15 日，经中央工商行政局审定批准使用"牡丹"商标。当时的想法是牡丹是国花，代表富贵吉祥，能够体现工厂的文化特色。唐朝有诗云："惟有牡丹真国色，花开时节动京城。"为了让"牡丹"商标更有特点，也更好地提升知名度，考虑到当时任中国科学院院长的郭沫若的影响力很大，书法又有特色，于是就给他写了一封信恳请郭老为"牡丹"商标题字。5天后，郭沫若就有了回复，并为工厂题写了五幅作品。工厂挑选了其中的一幅题字，作为工厂的产品商标，并一直沿用至今。

说起研制牡丹2241调频调幅全波段台式一级收音机，严毅回忆道："为了展示我国电子工业水平，为了使来我国大饭店居住的国际友人能够及时地收听到来自自己国家的消息和声音，北京无线电厂立即组成了北京饭店高级半导体收音机设计小组，确定了牡丹2241调频调幅全波段台式一级收音机的设计方案。测试接收效果时，将牡丹2241收音机与日本索尼的一台同类收音机进行了比较，接收效果毫不逊色。那台索尼的机器在日本被称作收音机之王，牡丹2241应该是中国的收音机之王。"

严毅回忆，20世纪70年代以前，牡丹收音机一般都是干部、文艺工作者或者收入较高的人用得比较多。他曾到著名歌唱家王昆家里为他修理过911型收音机，那个机器当时卖370多元钱。"那时工人出师后的工资也就是拿三四十块钱，当学徒也就是拿一二十块钱，像我们大学毕业生也就拿五十多块钱的工资，当时的工资主要就是满足平时吃饭，没有闲钱来买收音机。买的人群主要是学界的或者产业工人，当时的产业工人收入比较高，我到鞍山去时那里的煤矿工人就对我讲过，他们要买911，因为他们的工资高。"进入20世纪70年代，收音机开始成为中国普通家庭客厅里的"推荐配置"。在那个信息闭塞的年代，电视机和电视节目还极为稀少，影片也十分单一，人们几乎没有什么娱乐，收音机成了人们了解外界的单一渠道。茶余饭后，能有一台收音机听听新闻、天气预报、戏剧、曲艺和说唱，就成了不少人梦寐以求的理想生活。那个时候客厅正中若能摆上一台崭新的牡丹牌晶体管收音机，可比现在大屏幕的液晶电视还要气派。要是还能有一台可随身携带的半导体收音机，就更羡煞众人了。

五、系列产品

1964 年 8 月，在第四届全国收音机评比会上，该厂新产品牡丹牌 6204C 型六管三波段电子管收音机以优异的设计、精湛的工艺、新颖的造型、优良的电声性能荣获质量一等第二名；6204D 型收音机被评为音质第一名。同时，牡丹牌 911 型九管五波段琴键式电子管收音机已经十分成熟，投放市场后反应良好。特别可喜的是牡丹牌 911 型以"外形新颖、大方典雅"获观摩奖，并在广交会上一次成交 224 台，从而大大提高了牡丹品牌的声誉。1964 年，该厂生产电子管收音机 10 350 台，其中出口 8 761 台；1965 年生产 15 300 万台。此后，电子管收音机产量逐年减少，1968年该厂停止生产电子管收音机。

1963 年 12 月，北京市委决定组织收音机大会战，选择日本夏普公司 BX327 型八管两波段袖珍式收音机为样机，试制牡丹牌 8402 型八管半导体收音机。北京市委把这次大会战列为北京市工业战线的重点工作之一。北京无线电厂负责总体设计和试制生产任务，中央和地方 61 家厂家参加会战。1964 年 9 月 22 日，四机部批准牡丹牌 8402 型八管两波段袖珍式半导体收音机设计定型，当月，一次投产 1 000 台向国庆 15 周年献礼。该产品性能和质量达到当时国际同类机先进水平。

1974 年 9 月牡丹牌 942 型九管一波段便携式半导体收音机设计定型，在第六届全国收音机评比中获四级便携式半导体收音机第一名。其系列产品有 94A、943 等型号，截至 1987 年共生产 100 余万台，其中出口 13.3 万台。1981 年，牡丹牌 6410型六管二波段便携式收音机荣获我国收音机产品第一个国家银质奖。1984 年，牡丹牌 6410A 型六管调频、调幅便携式收音机，再次获国家银质奖。截至 1990 年，该厂生产的半导体收音机共有 61 个品种，累计产量达 683.59 万台。1997—1998 年，该厂开发生产袖珍型、便携式等各种型号的收音机 8 万余台。其中，1991 年投产的MX113 型调频、调幅、电视伴音袖珍式收音机，是国内最先推出的此类产品，能接收中波、调频和 CH1~12 频道电视伴音节目，当年生产 1.5 万台。1993 年开发的MX932 型 SCA 袖珍式股票收音机，是国内首批接收 SCA 辅助信道的收音机，当年

图 1-72　牡丹牌 911 型九管五波段琴键式电子管收音机

生产 1 000 台。1996 年，该厂停止生产收音机。

　　1975 年，北京无线电厂开始研制盒式磁带录音机。当年 5 月，牡丹牌 SL-1型单声道盒式录音机投入批量生产。1980 年，该厂与荷兰飞利浦公司合作，生产飞利浦 AR107、AR108 型单声道盒式磁带收录机，同时为日本三洋公司生产三洋牌 M2511 型放音机，为香港亚洲公司生产 AIE2000 型高档立体声收音机。1984 年3 月，牡丹牌 MT205、MT215 型调频调幅集成电路双卡立体声台式收录机设计定型。MT205 型的机箱采取分离式，是该厂生产的第一种双卡收音机。1985 年 10 月和12 月，牡丹牌 MB214 型双卡分离音响立体声便携式收录机设计、生产定型，其性能达到 20 世纪 80 年代初日本夏普公司 GE700Z 型收录机水平，1986 年在第三届全国收录机评比中获总分第一。在此期间，该厂引进消化荷兰飞利浦公司先进生产技术，并多次与日本夏普公司等合作，生产高端品牌收录机，1985 年达到年产 30 万台收录机的生产能力。截至 1990 年，该厂生产的收录机共有 65 个品种，累计总销量达到253 万台，出口 82 万台。1991 年后，该厂又相继开发生产了 MB237 型系列袖珍式放音机、MB268 型调频调幅便携式收录机等十几种型号的产品，其中 MB268 型收录机是中波，调频收音，单卡录放音，并具有卡拉 OK 功能；袖珍式静心放音机是与中国佛教协会合作开发的产品，内含录入佛经的集成电路，用于佛家信徒收听佛经。

　　1987 年，中外合资企业——北京飞利浦有限公司——开始生产收录放机，有单卡、双卡、单声道、双声道、台式、便携式及其他品种，最高年产量 1996 年为 80 万台。1988 年至 1998 年累计生产各种规格型号的收录放机 420 余万台。

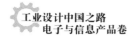
第六节 L-601型磁带录音机

一、历史背景

虽然爱迪生发明了留声机，实现了录音，但是那时的录音机主要用机械原理实现声音的再现。它录制的声音音量低，所以录音时要对着喇叭大声地喊话。为了改进这种录音方式，丹麦科学家包尔森利根据电话传声的原理，开始尝试用磁性介质储存声音。包尔森利用钢丝做实验，在磁力的作用下钢丝会变成磁铁，磁力消失后，在磁场中的钢丝仍然会保有磁性，这种保留下来的磁性，叫作剩磁。包尔森利把一条长钢丝缠绕到一个卷轴上，钢丝通过一个电磁铁与另一个卷轴相连，录音话筒与电磁铁的线圈相连。这样，通电的电磁铁就把电话筒里的电磁信号变成磁场，在磁场中的钢丝受到磁化，产生随声音大小而强弱不同的剩磁，声音就被记录在钢丝上了。这种磁性录音要用质量很高的钢丝和钢带，而且笨重不便，影响了这种录音方式的普及。

在录音机广泛普及的过程中起关键作用的是美国的无线电爱好者马文·卡姆拉斯。他在研究录音信号受损的问题时产生了这样一个念头：钢丝表层的磁性总是一样的，如果能在钢丝的表层均匀地录下声音，不就可以得到均匀的声音信号了吗？当时的录音机原理是用一根金属指针做记录针去接触钢丝表面，这样，只有在两者接触处的钢丝才被磁化，因此产生了录音不均衡的现象。卡姆拉斯想用一个磁头去改良它，即用一个完整的磁性圈作为磁头，把钢丝穿过磁性圈并使两者之间保持相等的距离，然后利用钢丝周围的空气间隔进行录音。与前者相比，卡姆拉斯的改进在于在录音过程中利用空气间隙代替金属指针，避免了磁信号的破坏。

录音机的真正流行和实际应用还是在发明磁带以后。1935年，德国科学家弗劳伊玛发明了代替钢丝的磁带。这种磁带以纸带和塑料袋为带基。带基上涂了一种叫四氧化三铁的铁性粉末，并用化学胶体粘在一起。这种磁带不但重量非常轻，而且有韧性，便于剪切。随后，弗劳伊玛又将铁粉涂在纸袋上代替钢丝和钢带，并于1936年获得成功。磁带价格低廉，携带方便，被人们认同和接受。

1951年和1953年，中国上海钟声电工社先后制成了中国第一台钢丝录音机和磁带录音机。由工程师宋湛清等5人创立钟声电器工业社。生产点面积约为20平方米，产品为宋湛清研制成功的国内第一台钢丝录音机样机，以后进行批量生产。1955年，多伦电业厂、声艺电器工业社等7家小厂并入钟声电器工业社，成立公私合营钟声录音器材厂。同年，研制成功国内第一台磁带录音机（钟声牌591型）。1958年，钟声录音器材厂和亚洲无线电厂合并，迁入上海市桂林路398号，厂名改为上海录音器材厂，主要产品是录音机、电唱机。同年，该厂研制成功磁鼓为30万次电子计算机配套，还为北京人民大会堂等工程配套提供了全套高质量扩音、传译设备。1960年，研制成功钟声牌L-601型电子管磁带录音机，该产品被全国广播系统广泛使用，长达18年之久。1965年，研制出KA156型二通道磁带记录仪。次年，又研制成功L-302型全晶体管磁带录音机。1974年，研制成功全国产化的L-311型盒式录音机。20世纪60年代末，该厂生产品种发展到录音机、组合音响、录像机、记录仪等大类产品。1969年，研制成功国内第一台LX-1型广播用四磁头黑白录像机。1975年，研制成功四磁头广播用彩色录像机，填补了国内空白。1979年，U形录像机设计组由上海录音器材厂牵头成立，当年就研制成功国内第一台LX-20型二磁头彩色录像机。后来组建的上海录音器材厂成为国家通信广播电视行业重点企业，国家录像机定点生产厂之一。主要生产家用和广播用录像机、收录机和音响设备，产品使用上海、钟声、上录牌商标。

自1982年起，该厂陆续引进收录机组装线、专用录像机生产技术和关键设备，以及1/2VHS家用录像机流水线。1983—1988年，该厂有7种收录机分别获得国家质量银质奖、部优质产品奖、市优质产品奖。其中L-400型、L-2400型收录机，曾作为国家领导人出访时赠给外宾的"国礼"。1990 年年末，该厂有职工 1 459 人，其中技术人员 301 人。厂房占地面积为 21 856 平方米，建筑面积为 26 129 平方米，固定资产原值为 2 628 万元。年产收录机 25.26 万台，彩色录像机 880 台，彩色监视器 1 839 台。工业总产值达 11 250.1 万元，实现利润 226.3 万元，出口创汇 143 万美元。

二、经典设计

L-601 型磁带录音机为携带式录音机，外形尺寸：334 毫米 × 409 毫米 × 199 毫米。质量为 15 千克。整体造型设计服从功能需要，方中带圆的造型显得十分有机。材质使用不多但逻辑清晰，特别是产品机箱的外观材料上微孔整齐排列的设计，除了能满足吸音的功能要求之外，也带来了产品的美感，人们容易联想到录音室内常看到的吸音板也有类似的吸音孔形态，这样能够更加有效地识别产品。录音机罩板、各种按键都采用了均质的材料，色彩则是材料的本色，机箱的外观色彩明度较之录音机罩板、各种按键颜色略深，色相为浅蓝，使之在打开使用时显示出一种节奏感。产品设计没有强化其个性，这是因为考虑到使用这件产品的人基本上都是专业人员，产品的公共性诉求大于个性化诉求。

图 1-73　L-601 型磁带录音机

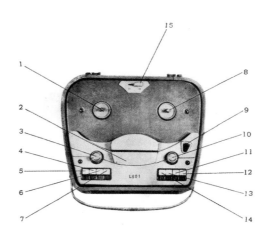

图 1-74　L-601 型磁带录音机的控制键钮

1—供带盘；2—可脱卸前罩；3—电源开关及音量调控旋钮；4—前进按键；5—停止按键；6—倒带按键；7—快速前进按键；8—卷带盘；9—电眼；10—音量控制旋钮；11—话筒录音按键；12—复位按键；13—线路录音按键；14—放音按键；15—变速开关

　　该产品适用于工矿企业、农村、部队和文化教育事业等单位，用来记录语言、音乐、广播、信息等。录音机适用宽 6.25 毫米的磁带，使用磁带的上面半幅工作，在一条磁带上可以录下两道音轨。因此，当一盘磁带放在录音机上从头至尾录好音后，可以将磁带反过来再利用另一半幅磁带录音。录好音的磁带可长期保存，在不再需要保存时可将磁带用作新的录音，磁带上原有的信号被自动抹去。

　　L-601 型磁带录音机总体上由以下主要部分组成：一是电子放大器，二是机械传动部分，三是电动机，四是录放、音两用磁头，五是抹音磁头。整个录音机被安装在机箱内，打开机箱盖就可以看到各控制键钮和安放磁带的两个带盘。

　　录音机能够把各种节目预先"储存"起来，到需要的时候再放出去，其原理是：由话筒、电唱机或收音机送来的微弱音频电流，经录音放大器放大，然后流入录音机的磁头线圈中，磁头线圈将以声音的规律变化着的音频电流变为以声音的规律变化着的磁场。当录音磁带以一定的速度通过磁头时，由于磁头磁场的变化，在磁带上就留下了随着声音的规律而变化的"剩磁"，这种剩磁叫作磁迹或音迹。这样，磁带录音机就把各种节目信号"储存"在磁带上了，这个过程叫作录音。放音是录音的反过程，即磁带上的磁迹以一定速度经过放音磁头，磁头线圈就将磁信号还原成了音频信号电流，音频信号电流经过放大后通过喇叭转换成声音，我们就又听到了原来所"储存"下来的声音。整个录音和放音过程：声信号→电信号→磁信号→电信号→声信号。对于不再需要在磁带上"储存"下来的节目信号，可以将它抹掉。即将录有节目的磁带以一定速度通过抹音头，抹音头加上了一个超音频振荡信号，可以一下子将磁带上的磁迹抹掉。L-601 型磁带录音机的后继型号为 L-601A 型，上海录音器材厂同时还生产 LY-321 型磁带录音机，其基本结构与前者相同，不再赘述。

三、工艺技术

磁带录音机一般包括下面三个部分：

1. 机械部分（走带部分）

机械部分是由电动机、飞轮、供带盘、卷带盘和控制部分组成的，由电动机带动飞轮、供带盘和卷带盘转动。L-601 型只有一个电动机，有些较高级的录音机用三个电动机分别带动以上三个部件。走带机构的主要作用是使磁带以一定的线速度通过磁头。它除了保证正常走带外，还要完成倒带、快速前进和停止等动作。带速的变换由控制部分来完成。机械部分的工作正常与否对录音和放音的质量有着极为重要的影响。电动机采用单只单相交流罩极式，它的转速约为每分钟 1 500 转。电动机的主要性能要求：(1) 启动和运转时的转速受电源电压或电源频率的不稳定影响应当很小；(2) 启动与运转的力矩要尽量大；(3) 机械和电气杂音要低；(4) 杂散磁场要小。导带机件包括主轴滚轴（简称主动轮）、压带轮及惰轮。主动轮和与它相对的压带轮是获得等速轮带的基础，运转时两者靠得很紧，造成挤滚压力，迫使磁带在其中同步移动。压带轮都用钢或合金制成，外包橡皮层。

2. 磁头部分

磁头部分包括录音磁头、放音磁头和抹音磁头。录音磁头的作用是把音频电信号转变成磁信号记录在磁带上；放音磁头的作用是把磁带上的磁信号变成音频电信号；抹音磁头的作用则是消去磁带上以前所录制的磁信号。一般的录音机都设三个磁头，但也有些较简单的录音机把录音和放音磁头合并为一个录放音磁头，L-601型磁带录音机就是这样的。

3. 放大电路部分

放大电路部分由录音放大器、放音放大器、超音频振荡器等部分组成。录音放大器是把话筒送进来的微弱音频信号放大，使其有足够的功率通过录音磁头，将信号记录在磁带上。放音放大器是把磁带通过磁头时所感应出来的微弱音频电信号放大，使其获得一定的功率推动扬声器发音。超音频振荡器的作用有两个，一个是使磁带在录音时工作在磁带回线的直线部分，以减小录音非线性畸变失真。没有偏磁虽然也能录音，但失真很大，声音不能真实地重现。超音频振荡器的另一个作用是将超音频电压输入抹音磁头将磁带消磁。

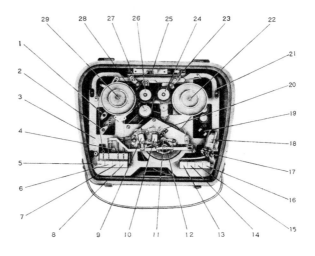

图 1-75 L-601 型磁带录音机部件结构图

1—6Z4；2—6P1；3—机架；4—电源开关及音调控制旋钮；5—停止按键；6—前进按键；7—倒带按键；8—快速前进按键；9—抹音磁头；10—录放音两用磁头；11—主轴；12—压带轮；13—放音按键；14—线路录音按键；15—话筒录音按键；16—复位按键；17—音量控制旋钮；18—6E1；19—6N2；20—平衡线圈；21—6J1；22—卷带盘；23—制动器；24—惰轮；25—变速开关；26—靠轮；27—制动器；28—电动机；29—供带盘

图 1-76　L-601 型磁带录音机机箱底部部件

磁带圈（REEL）的直径通常有 10 英寸、7 英寸和 5 英寸等。而磁带的宽度越宽，单位带速下所能容纳的信息量越大。所以唱片公司在现场或录音室录制第一手音源时，为了达到更高的要求，往往需要使用到 1/4 英寸以上带宽的磁带。而从原始的母带编辑到工作带，最后到压模生产唱片的那一版母带，通常是国际通用的 1/4 英寸磁带。磁带运行的速度越快，单位带宽下所录制的信息量越小，换句话说，就是失真越小，但需要用到的磁带的数量就越多。

从产品结构上来看，拆卸去罩板的四只螺钉就可看到机械传动部分及相关部件，机架两边固装在机箱上，机架的中央装着抹音磁头和录、放音两用磁头，机架下面装着电动机和电子放大部分。

卸下机箱底盖可看到电源变换开关和电子放大器的部分接线，一部分电子线路由一块金属底板屏蔽着。机箱背后有输入和输出插口，机箱左侧面的小门内安放电源线。

四、品牌记忆

赵玉英是延边朝鲜族自治州下辖一个县的广播站播音员，自 20 世纪 60 年代末开始进入单位工作到 20 世纪 80 年代初，她每天的重要工作之一是转播中央人民广播电台的新闻联播内容。那时边疆小县城收音机的普及率不高，只能靠有线广播进行传播。刚进单位的时候，广播站设备极其简陋，只能够为大家选读一些《人民日报》上的内容。同时，还要播放天气预报，还有就是提示与农业生产相关的科学小知识，主要是各种虫灾、病害的防治提示。后来逐步增加了开播和结束的音乐，这是因为广播站添加了一台L-601型磁带录音机。需要先到自治州人民广播电台将音乐录好，然后拿回来播放。

随着国家对边疆地区广播工作的重视，特别是对少数民族地区广播力量加强以后，县广播站的工作环境得到了很大的改善，增加了工作人员，广播的内容除了新闻、农业技术、天气预报、重大活动通知以外，最重要的是增加了音乐类节目。赵玉英经常用L-601型磁带录音机为大家播放具有地方民族风格的音乐作品。由于L-601型磁带录音机是当时广播站装备中技术含量最高的产品，所以如果有摄影记者来报道，它一定会成为主角。

图1-77　正在播音的播音员以及L-601型磁带录音机

图 1-78　港务局调度室的工作人员在使用 L-601 型磁带录音机

　　在青岛港务局工作的李新对于 L-601 型磁带录音机的感情没有那么多的文艺气息，因为对他而言，港务局调度室的工作是监管航行的船舶，发布重要的注意事项，特别要对于航行船舶的通话做录音记录，一切都是十分理性的，一旦发生事故需要其录音作为调查处理的依据。但与前者相同的是，L-601 型磁带录音机也是调度室的宝贝，一旦需要进行新闻报道，它同样也是明星。由此可见，L-601 型磁带录音机不仅在广播、文艺领域得到充分应用，在工业生产领域也是一件不可或缺的产品。

第七节　中华牌电唱机

一、历史背景

　　1917 年，孙中山邀请日本的铿尾庆三到上海创建大中华唱片厂，厂址选在虹口区大连路，由中日资本家合资经营，并由孙中山亲自定名为"大中华"，注册商标为"双鹦鹉"。以红色蜡光纸片芯代表京剧，绿色为歌曲，蓝色为地方戏曲。1927年以后改由中国人自营。1941年，日方控制了大中华唱片厂，将其改名为"孔雀唱片公司"，出版"孔雀唱片"。抗战胜利后恢复原名和商标。1945年6月，国民政府资源委员会中央无线电器材厂总办事处迁至上海，筹建中央无线电器材有限公司，总办事处改组成为公司的总管理处。同年7月，国民政府广播事业管理处所属中央广播器材修造所迁至上海。翌年7月1日，中央无线电器材有限公司创立，进一步加强了上海的技术力量。

新中国成立前夕，大中华唱片厂经营惨淡，奄奄一息。1949年5月27日上海解放，5月29日中国人民解放军上海市军事管制委员会接管了大中华唱片厂，标志着新中国唱片事业的开端。大中华唱片厂被军管会接管后很快恢复了生产。1949年6月3日开始录音，第一批节目是解放军三野文工团演唱的歌曲《解放区的天》等6首歌曲和他们演奏的民乐和军乐。因此，《解放区的天》被认为是新中国成立后出版的第一张唱片，很快其他的唱片也陆续出版，用"中华唱片"名称。

1950年年初，大中华唱片厂改名为人民唱片厂，同年迁往北京，并与同样从上海迁往北京的广播器材修造厂合并，内设唱片车间，使用唱片的牌号为"人民唱片"，商标图案为光芒四射的五角星下站立的工农兵三人像。

与上述需求相对应，上海唯一的有关无线电技术的研究所在新中国成立后归重工业部电信工业局领导，改名为上海电工研究所。1952年秋迁往北京，在增设生产车间以后先后生产资源牌台式和落地式八灯电子管高档收音机、交流稳压器和收音、

图1-79　新中国成立后出版的第一批粗纹唱片（1949年6月6日出厂）

图1-80　中密纹唱片，1959年出版的《黄河大合唱》由解放军歌舞团团长时乐濛指挥，这是中国唱片史上具有划时代意义的第一张密纹唱片

自动换片的收音、电唱两用机等产品。

1954年3月，人民唱片厂又迁回上海。1955年，人民唱片厂更名为中国唱片厂，开始使用天安门图案商标出版"中国唱片"。1958年6月17日，中国唱片社正式成立。同年，中国唱片厂首次研制国内第一台电子管收唱两用机——中华牌501型。1960年，中国唱片厂唱片出版部改名为中国唱片社上海分社，发行各种唱片。1963年11月，中国唱片发行公司成立。1964年，中国唱片社广州分社成立。1968年，周恩来总理批示建立北京和成都两家唱片厂并发行唱片。至20世纪70年代，中国唱

图1-81　薄膜唱片，1966年出版的《大海航行靠舵手 - 贾世骏》是新中国出厂的第一张薄膜出版物，当时薄膜唱片因价格低廉而受到广大消费者的欢迎

图 1-82 大密纹唱片（新中国成立以后不断有精彩作品推出）

片厂推出了众多的唱片，同时也配套生产电唱机，但大多数产品服务于专业机构，民用产品较少。其技术的积累使得相对比较简易的民用唱机也具备了较好的功能，但在高端产品开发上是空白，而此时电唱机的主角就是中华系列产品。1982年11月15日，国内第一家规模化、集团化管理的大型音像出版单位中国唱片公司成立，原中国唱片社所属编辑出版机构、中国唱片厂、中国唱片发行公司均归属中国唱片公司。

图 1-83　新中国成立后人民唱片厂建立，"人民唱片"正式出版，1950 年，《歌颂咱们的新国家》是人民唱片 1950 年出版的第一张唱片。（右图为金属唱片模板）

二、经典设计

中华牌 C84 型电唱机、206 型电唱机从外观造型来看并不十分复杂，这两个型号的外观是十分相像的。由其产品性质所决定，涉及外观所用材料也都很一般，但在其关键部件的设计中却是需要考虑得十分周到的。从产品使用的情况来看，唱片和唱机的放音效果和使用寿命与其本身质量密切相关。

电唱机出厂前，电源变换插头一律放在 220 伏。当使用 110 伏电源时，必须把变换插头"110"对准指示点。随着国内供电电源的统一，后来出厂的 206 型电唱机都已固定接 220 伏电源。使用时电唱机要放平，且放在不受振动的地方。如果没有放平，唱片在旋转时就会起伏不平，使唱针容易滑出槽外损坏唱片。特别是 206 型电唱机面板上有两个塑料螺钉，它只在携带或运输时才旋紧，平常使用时应该将其拿掉，否则走路的脚步声或其他振动都会传给唱盘，使唱针发生跳动甚至滑出槽外。螺钉如果旋紧则起不到减振作用。

使用电唱机时要把电唱机的输出线接到扩大机。拿唱片时两手应该干净，并用手指握住片边，轻拿轻放。待电源接通、唱盘转速正常后，再把唱头放入唱片引入槽。换唱片时，应待唱片放完，切断电动机，唱盘自动停止旋转后，再更换新唱片。每次放送时间不宜超过 4 小时，否则电动机容易发热，烧坏线圈。

注意唱针和唱盘的转速应相对应。粗纹和密纹唱针的针尖半径不一样，但粗看起来很难识别。一般都用颜色来加以区别，红点表示密纹唱针，绿点表示粗纹唱针；

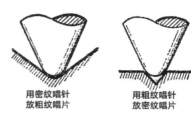

用密纹唱针
放粗纹唱片

用粗纹唱针
放密纹唱片

图 1-84　唱针与唱片配合

也有在唱头拨钮上用"78""33"来代表粗纹和密纹的唱针；还有少数电唱机是用图形来表示的，如用正方形符号"□"代表粗纹唱针，用三角形符号"△"代表密纹唱针。

　　放什么唱片就要相应用什么样的唱针。如果用粗纹唱针去放密纹唱片，唱针将和唱片声槽顶部的两个角边相接触，这两个角边都产生不规则的尖角，从而产生杂声，长期使用会产生严重失真，最后使唱针顶在声槽顶部，放唱片时很容易滑到声槽外面。如果用密纹唱针去放粗纹唱片，唱针将和声槽底部直接接触，会在声槽两壁间滑来滑去，产生失真，而且积在声槽底部的灰尘和唱片本身磨下的粉末都会使放音时杂质增加。

　　唱针较脆，容易因剧烈振动而碎裂，所以放唱片时必须轻轻地放唱头。如果唱针碎了还没有发现，往往容易把声槽拉坏。转动调速旋钮，使选择的转速对准指示柱。不用时应以"0"标记对准指示柱，防止靠轮长期受压而变形。放音时勿先放音

第一章　收音机、录音机、电唱机

图 1-85　中华牌 C84 型电唱机

图 1-86　不同时代的 206 型电唱机说明书

臂后转唱盘，勿用手刹住唱盘使其停转。勿使用有裂纹或已损坏的唱片。唱盘使用
600 小时后，各转动部分需加注少量轻质润滑油。加油时（或变换电源交换插头时）
可将转盘取下。应先卸下弹簧夹，双手提起转盘，用木器轻击轴心即可将转盘取下。
转盘内圈、橡皮靠轮、宝塔轮表面应保持清洁，防止沾上油污，否则会使失调率增
大。如已沾油污，应该用酒精清除干净。中华牌电唱机中 C84 型、206 型使用较多，
特别是后者产品生命周期更长，从其不同时代的产品说明书中可以看到。

三、工艺技术

　　电唱机一般包括拾音器和转动机械两个部分。拾音器又包括音臂、唱头两部分。
电唱机的放音质量在很大程度上取决于拾音器各项指标。

　　音臂看起来很简单，但却包含着很复杂的技术问题，如音臂的谐振频率、循迹
误差失真、针压、动平衡等。另外，它在结构上必须保证在两个方向（横向和纵向）
能灵活转动。206 型电唱机的音臂还有横向和纵向限位装置，横向只允许在一定角度
范围内转动，纵向限制在一定上下高度内运动，这样可以保护唱针不发生随意碰撞。
常用的唱头基本上可分为电磁式和压电式两大类。压电式唱头具有灵敏度高、使用

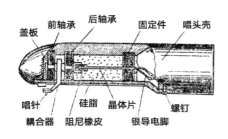

图 1-87　206 型电唱机拾音器的结构

图 1-88　中华牌各型号产品的唱头

方便等优点，所以使用较普遍。

　　唱头上用的唱针，形状有许多种，针尖的曲率半径也不一样。按形状分，一般有圆球形、平底形和椭圆形三种。

　　我们平时所用的大部分都是圆球形唱针，这是因为这种唱针比其他两种制造方便。不同声槽的唱片使用唱针的曲率半径也不相同。

　　钢针和钨钢针随着手摇留声机的淘汰已相继不生产了，前面所述产品都是宝石唱针。这种唱针的材料是用三氧化二铝加少量硅土烧结制成的，所以又称为人造宝石。它的硬度仅次于金刚钻，非常耐磨，不过比较脆，容易因碰撞而碎裂。也有用人造金刚钻做的唱针，它比人造宝石唱针还要硬且不易碎裂。

　　一般来说，唱针使用 100 小时就应该更换了。当然这个问题也与唱针压力、音臂和唱头的质量、唱片的新旧和翘曲不平程度以及唱盘的偏心程度等因素有关。电唱机的转动机械包括电唱盘、传动胶轮（过桥轮）、宝塔轮、电动机（马达）等部分。电动机是唱机转动的动力源，其功率从零点几瓦到十几瓦。电唱机用的电动机，必须振动小、抖晃小和电噪声小，否则放音时会产生有害的噪声。

第一章　收音机、录音机、电唱机

圆球形　　平底形　　椭圆形

图 1-89　唱针的形状

表 1-1　　　　　　　　　常用电动机的主要参数

型号	电源电压（伏）	电流（毫安）	消耗功率（瓦）	最大力矩（克/厘米）	启动力矩（克/厘米）	额定转速（转/分）	绝缘电阻（兆欧）	温升（℃）
206	110/220	80±5	< 16	100	70	$1\,400^{+40}_{-20}$	> 20	< 55
C84	110/220	75	< 14	80	50	$1\,400^{+40}_{-20}$	> 20	< 55

四、品牌记忆

郑钢是一名酷爱收藏老式家电的发烧友。在众多老家电中，他最钟情的莫过于电唱机。"它，是我迷恋收藏的源头。"指着一台中华 206 电唱机，郑钢沉浸在自己的回忆中，"初中时期，舅舅的那台中华 206 型电唱机是我的最爱，每天一放学就会去他家听上几遍《拔兰花》。"那个时候，郑钢想着以后赚钱了也要买台电唱机。可惜时代迅速变迁，电唱机很快就被淘汰了，这个心愿也被暂时压下。2003 年，郑

图 1-90　收藏家收藏的中华 206 型电唱机

钢转行从事音响生意，电唱机情结从心底被重新唤醒。2008年，他开始上网浏览广播论坛，意外发现山东有卖家出售5台206型电唱机。"我马上联系卖家帮忙留一台，竟发现电唱机还是全新的，自生产后就被压在仓库里。"他说。

有了电唱机，总要物有所用。为此，郑钢在家中辟出一个房间作为专门的视听室，一个不到10平方米的房间里，摆放着各式老式电唱机，最醒目的无疑是206型，而周边则是各据一方的黑胶唱片和卡带。"闭上眼慢慢享受。"在视听室里，郑钢戴上一副干净的白手套，轻轻抽出一张蔡琴的黑胶唱片，擦拭一番后将唱片放入电唱机。待他小心翼翼地将唱针搭上后，轻柔的音乐随即入耳。

"这张唱片我很珍爱，朋友来我就用这个款待他们。"郑钢告诉记者，黑胶唱片在播放五六十次后音质就大大下滑，可以说听一次寿命减一次，"目前，我最珍爱的黑胶唱片已经被播放30多次了。"他曾把视听室的照片放到网上，上海的发烧友看到后，竟连夜赶来看他的藏品。在带有时代烙印的音乐声中，郑钢笑着说自己的爱好已经渐渐感染了他人，从而让自己结识不少新朋友。郑钢直言自己从没算过，而且自己也从未想过转手藏品赚一笔。"喜欢才收藏。看着这些东西，心中就透出一股莫名的感动，仿佛回到旧时的美好时光。"

第八节　其他品牌

1. 美多牌收音机

1957年，宏音无线电器材厂试制成功美多牌563-A型六灯三波段电子管大台式收音机。

该机采用高低音调节、短波展宽装置，在1958年全国首届收音机评比中获第一名。稍后该厂又设计生产了美多牌65A型交流五灯中波收音机，成为普及化的产品。

1959年国庆10周年前夕，该厂首次批量生产300台美多牌ST2-1-1型晶体管收音机，使用7只三极管和1只二极管，应用浸渍法印刷电路，表面涂以环氧树脂，从工艺上保证线路绝缘。首次实现了国产晶体管收音机商品化，奠定了上海半导体收音机批量生产的基础。

1961 年 10 月，在第三届全国广播接收机观摩评比中，评选出 7 种质量最好的收音机，上海产品占 5 种，其中上海无线电三厂于 1960 年试制成功的美多牌 663-2-6 型六灯交流三波段收音机名列榜首。该机装有高低音控制网络，音质优美，附有新型电眼指示管，采用双套旋钮，外形美观。

1962 年 9 月 15 日，上海无线电三厂在上海元件五厂和电子元件制造业各厂的配

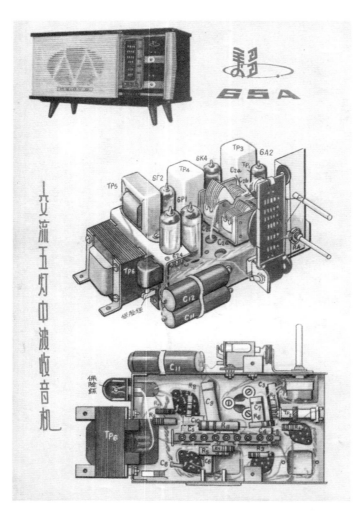

图 1-91 美多牌收音机说明书

图 1-92 美多牌 563-A 型收音机

图 1-93 美多牌 663-2-6 型收音机

合和支持下，试制成功国内第一台全部采用国产元器件的美多牌 28A 型便携式八管中短波段晶体管收音机。同年 10 月投入生产，并建成第一条晶体管收音机流水生产线。该机采用超外差式线路，中短波用磁性天线，机内有特制高灵敏度扬声器，声音洪

图 1-94 美多牌 28A 型收音机

图 1-95 美多牌 28A 型系列便携式收音机

图 1-96 美多牌 28A-1 型收音机

图 1-97　美多牌 201 型半导体收音机

亮动听，上市后就引起了轰动。1963 年年底，该厂试制成功美多牌 27A 型袖珍式七管中短波段晶体管收音机。28A 型、27A 型及其后续改进型系列产品成为上海无线电三厂二十世纪六七十年代的主要产品，深受用户欢迎。

1963 年，上海市晶体管收音机产量仅占收音机总产量的 3.3%。1963 年 12 月 1 日，国家对晶体管收音机生产实行定期免税和对装配晶体管收音机用的小型元件及半导体器件实行免税一年，并决定降价 21%，从而刺激了消费，促进了生产。1965 年，该比例上升为 59.7%，首次超过了电子管收音机产量，从单一品种发展到 13 种之多，其中包括上海无线电二厂的飞乐 2J4 型、上海无线电三厂的美多 210A 型中短波高灵敏度半导体收音机。半导体收音机生产达到西方发达国家 20 世纪 50 年代后期水平。1968 年，上海开始出口半导体收音机。

1966—1976 年的"十年动乱"对初步形成的上海电子工业无疑是一次沉重的打击和破坏，但上海电子工业的生产建设并未因此而完全停滞不前，在错综复杂的情况下，在艰难曲折的斗争中，还是取得了一定的成就。尤其收音机生产还是有较大的发展。

2. 春雷牌收音机

1976 年年底，上海无线电三厂试制成功春雷牌 3T2 型台式调频调幅全波段一级

图 1-98 春雷牌收音机

收音机，共有 7 个波段、32 个晶体管，供专业单位使用。

　　1978 年 7 月，上海无线电三厂推出春雷牌 3T9 型交流十二管两波段大台式收音机，在第七、第八届全国收音机质量评比中均获一等奖。该晶体管台式收音机不仅在外形款式、音质上可与电子管收音机相媲美，且具有使用寿命长、耗能低等优点，从而改变了长期以来人们认为晶体管收音机音响效果差的偏见。也是由于产品造型新颖的原因，生产厂家将其作为优秀产品长期在广告上刊登。

3. 军号牌收音机

　　1964 年 9 月，昆明市电器仪表修造厂在第四机械工业部大力支持下，试制成功云南省第一台 601 型六管便携式晶体管收音机。1965 年 6 月，昆明市电器仪表修造

图 1-99　春雷牌 3T2 型台式收音机

图 1-100　春雷牌 3T9 型收音机

厂抽出部分职工，重新组建昆明（市）无线电厂。从此昆明（市）无线电厂开始生产春城牌 601 型晶体管收音机，并试制军号牌 J401、J211、601 型晶体管收音机及 25 瓦扩音机。

1968 年，军号牌 601 和 J401 型晶体管收音机正式投入生产。1969 年 3 月 12 日，昆明（市）无线电厂、昆明市晶体管厂筹建组、云南电子管厂筹建组和昆明冶金工业学校实习工厂合并成立省属云南无线电厂，目标是办成一个既搞元件生产，又搞

图 1-101　春雷牌 3T9 型收音机的杂志广告

图 1-102 军号牌 J621 型收音机

图 1-103　军号牌 1-J601A 型收音机

整机生产的小而全的综合性企业。自此收音机产业又得到了发展。当年就生产出军号牌 J601A、J621 型晶体管收音机 12 097 台。

　　从 1969 年年底开始，收、扩音机生产厂点迅速增加，由 20 世纪 60 年代末仅有云南无线电厂一家迅速发展到 1971 年的 17 个厂（点）。这些厂（点）大多数都是因陋就简、以艰苦创业的精神建立起来的，对发展云南电子工业和培养锻炼技术力量，起到了一定的积极作用。但由于缺乏统一规划，造成布点重复，产品批量小，质量差，成本高的局面。1972 年后逐步进行了调整和下马。重点保留和发展的有：军号牌 J731、J732、J611 型晶体管收音机，云南无线电厂山茶牌 D62 型电子管收音机，昆明无线电厂梅花牌 750 型电子管收音机、石林牌晶体管收音机，大理无线电厂洱海牌电唱收音机、80 瓦扩音机，文山无线电厂电子管收音机、扩音机，昆明市西山广播器材厂（1970 年 4 月 1 日成立）电子管收音机、50 瓦扩音机等。

图 1-104　军号牌 731 型收音机

图 1-105　军号牌 732 型收音机

4. 长江牌收音机

1958 年，武汉江岸区第一无线电生产合作社和硚口区第一无线电生产合作社由集体所有制经济转为全民所有制经济，依次改名为华中无线电厂和长江无线电厂，都是区属国有企业。湖北省则以湖北广播电台无线电修理部为基础，创建湖北广播器材厂（湖北无线电厂前身）。公私合营中元电机厂转产无线电元件，1959 年更名为中元无线电器材厂（1960 年 9 月又更名为武汉市第一无线电元件厂），并随之升为国有企业。同时大桥、海燕两种收音机投入小批量生产，长江无线电厂推出长江牌五灯交流收音机，其中大桥牌收音机年产量达 6 100 部。

1961 年，收音机产量陡降。同年 4 月，武汉市无线电仪表工业局将长江无线电厂并入华中无线电厂。同年 7 月，华中无线电厂与武汉市第一无线电元件厂合并组建成武汉市无线电厂，成为湖北地方无线电工业最早正规生产收音机的国营专业工厂。新组建的武汉市无线电厂有大桥、海燕、长江三个品牌的收音机，型号多，机型杂，有交流和干电两用的三灯、五灯、六灯、七灯机，开始多为台式，继而发展了便携式，1962 年以后又发展了落地式，组织生产极为不便。1978 年 7 月 1 日，政府取消价外补贴，由工厂自行解决亏损问题。工厂经过努力扭亏为盈，从而使收音机生产形势大为好转，产量稳定提高。长江牌 715 型机以前每台机亏损 5 元，由国家补贴。取消补贴后，工厂挖掘潜力，改革工艺，降低成本，当年就下降到每台机仅亏损 9 分，次年每台机盈利 4.46 元。为了加速广播电视工业的发展，湖北省电子工业局分别于1974 年、1975 年召开了全省收音机、电视机专业会议，研究制定了广播电视工业省内生产配套定点方案和全省广播电视工业发展规划。

湖北省生产的收音机绝大部分在国内市场销售，其中长江牌的销售量最大，信

图 1-106 长江牌 715 型和 715A 型收音机

图 1-107　长江牌 502 型收音机

图 1-109　长江牌 724 型收音机

图 1-108　长江牌 602 型收音机

图 1-110　长江牌 726 型收音机

图 1-111　长江牌 782 型收音机

誉最高。从 1974 年起开始转向国际市场，东湖牌 361 型和长江牌 733 型两种袖珍半导体收音机分别有一万部和一千部于这年 10 月 25 日首批出口，填补了湖北省出口工业品的空白。至 1979 年，先后出口的还有长江牌 724 型、726 型、715 型半导体机和荆江牌 714 型手提包式半导体收音机，出口总数达 21 万部以上。

　　武汉市无线电厂自 1970 年试制成功长江牌 602 型六管中短波便携式半导体收音机后，至 1981 年形成长江牌（"文化大革命"中曾改为"红声"牌）系列近 20 个型号的半导体收音机。20 世纪 70 年代中后期，长江牌 715 型、715A 型、724 型、726 型、7B2 型、733 型等六个品种广销全国，一度成为上海市场上的紧俏商品。产

图 1-112　长江牌 733 型收音机

量居首位者为 715A 型机，此机创产于 1977 年，前后总产 174 万余台。其他各种型号在市场上也有较大的销量。733 型收音机于 1973 年、1976 年两次夺得全国收音机评比同类产品第一名，724 型也在 1976 年夺冠，7B2 型、729 型在 1982 年全国收音机评比中获得三等奖。

5. 宝石牌收音机

上海无线电四厂一直以生产大众化产品见长。宝石牌 4B2 型三管手提式半导体收音机于 1964 年开发设计，全机质量为 1.6 千克，外形尺寸为 230 毫米 ×150 毫米 ×80 毫米，体积比饭盒略大一些。机壳采用彩色塑料压制，并配有镏金装饰的塑料度盘和"宝石"商标。机箱上端装有软性塑料手提环，便于携带，适合在农村及旅行时收听本地和邻近地区电台的广播。

图 1-113　长江牌 711-A 型收音机

图 1-114　长江牌 718 型收音机

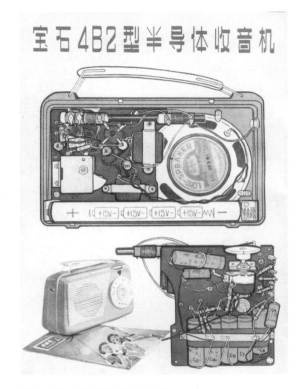

图 1–115　宝石牌收音机的广告

　　该机曾在北京、太原、常州、无锡、杭州、宁波、舟山、金华等地试听，效果良好，特别适合广大农村及无交流电地区使用。它的发声响亮，在30平方米的室内各处都可清楚收听。产品在市场试销时，颇受群众欢迎，因而被大批量生产。

　　其内部件装配的方式也很独特，除扬声器固装于塑料机壳外，全部元器件均安装于胶木板上，结构牢固，便于大批量流水线装配，还能避免各相关元器件间的不必要感应。特别是磁棒装在机箱上端，用软性塑料支架固定，既能够防振又与扬声器等能降低磁棒效率的元件离开一定距离，使磁性天线处于最佳状态。调频扼流圈用胶木骨架固定在距离磁性天线最合适的位置。

　　该产品在大批生产时，均用调频信号发生器、电子管毫伏表等仪器调试；各晶体管的基极偏流电阻均为固定值，流水线安装时不需要调节。操作时将机箱右上角的旋钮向左旋动，即可开启电源及增大音量。旋转度盘能够选择需要收听的电台节目。

收听时转动机箱的放置方向，使机内磁性天线方向改变，就能找到灵敏度最高和干扰最小的合适位置；机壳的左侧，备有外接天线插孔，可供收听远地电台时加接外天线用，必须装避雷器以免雷击。该机做过多次陆地使用试听，还曾在舟山海面试听，可以收到上海电台广播信号。在浙江余姚农村中试听，晚上不需要接天线就能收到中央、上海、浙江、江苏、福建、广州、宁波、武汉、安徽、山东及朝鲜平壤等二十几个电台。

上海无线电四厂稍后推出了宝石牌441型收音机。这是一款交流四灯机，外形小巧美观。机箱采用胶木外壳，具有多种不同的颜色、品种，面板上装有有机玻璃度盘和彩色塑料指针，并镶有猩红色宝石形指示灯罩（代替商标），收音时宝石发光，色彩鲜艳夺目。内部机件采用组件化装配及布线，结构牢固。该机除输出功率外，主要性能与一般五灯机无大差别，但售价低廉，颇受广大群众欢迎。

6. 东湖牌收音机

东湖牌B-31型收音机是专供农村及无交流电地区收听广播而设计的收音机。它的线路是简易型三管高放再生来复低放式。有台式和手提式两种外形，可适应不同用户的需要。产品执行国家制定的简易型半导体收音机技术标准。

生产简易型半导体收音机，一个重要的技术问题是挑选晶体管。简易型可以做成两管的，也可以做成三管的或四管的。两管机需要较严格地挑选晶体管，同时不易达到比较理想的收听效果，所以不便于大量生产，也难以使使用者满意。四管机在性能上比三管机略有提高，但成本比较高。该机则是在克服两管机和四管机缺点的基础上设计出来的。它比两管机只多加了一级阻容耦合音频放大级，但性能比两管机提高很多；而且在保持整机有较高性能的情况下对晶体管的要求可以降低，易于组织大量生产。该机增加的元件不多，只要添加一只要求不高的晶体管、一只低压大容量电容器和两只0.25瓦的电阻。

根据当时的产品试验分析，该产品曾经尝试用一些标准的电子管与品质不太高的电子管匹配进行组装，都能得到满意的效果。工厂设计人员曾在湖北省山区距武汉市分别为275千米、200千米（直线距离）的宜昌、沙市不接外天线试听，收听情

图 1-116 东湖牌收音机广告

况表明中央、湖北、江西、安徽、广东等十几个广播电台都有较好的效果。此外，也曾在京汉铁路沿线试听，日、夜均能收听到。

简易型收音机由于只有一个调谐回路，虽然邻近波道选择性可以利用正反馈改善，但远波道选择性则无法提高，因此在强电台或省台地区附近收听时有串音现象。试验证明，离武汉市 30 千米左右，湖北广播电台已无串台现象；而进入 30 千米以内，串台现象逐渐加重。但在市内，也不致因串台而不能收听，它可利用磁性天线的方向性将收音机摆在避开强台的位置，使本地强台串音减至最小。所以认定在农村中使用是不会有所妨碍的。如果在农村再加上外接天线，收听效果就更令人满意了。

7. 葵花牌 HL-I 型盒式磁带录音机

随着 20 世纪 70 年代农村有线广播事业的发展，同时为了配合和学校开展的电

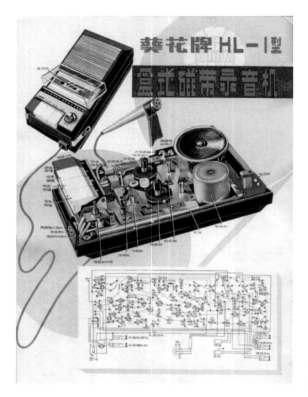

图 1-117　葵花牌 HL-I 型盒式磁带录音机的
广告

子化教育工作，上海玩具元件厂开发设计开发成功了这种葵花牌 HL-Ⅰ型盒式磁带录音机并小批生产。这种录音机适合工厂、农村、部队、学校等基层单位作为录音之用。采用盒式磁带和晶体管录、放音电路，它的体积小、重量轻，特别适合做无交流电源地区和流动场合作现场采访录音之用。

产品外形尺寸为 125 厘米 ×246 厘米 ×70 厘米，质量为 1.5 千克；采用双音轨，即一条磁带上、下两半部共可录两道音轨，带速为 4.75 毫米 / 秒；机内设置 2 英寸喇叭，在使用中还可另配外接 8 欧带箱扬声器以改善音质。使用 9 伏直流电源，机内装 6 节二号电池，耗电 1.8 瓦。上海玩具元件厂设计开发这一类产品在技术上是完全可行的，因为在玩具行业，产品中微型电动机的使用十分普遍，机电一体，声、光、电联动的结构设计也是行业的拿手好戏，对小型注塑件工艺的把握比较全面。较之玩具复杂的造型，录音机的形态相对比较简单，确切地说是不同的思考方式，但从总体上看设计考虑还是比较周全的。

该盒式磁带的结构，决定了必须采用录、放两用磁头。由于磁带的带幅狭窄、磁层薄、怠速低，因而造成磁头输出小，高频特性差等多种困难。为了提高高频，除了改善磁带的高频特性外，只能尽量减小磁头缝隙，而缝隙减小又将影响磁头输出。当然，为了提高磁头输出，可以增加线圈匝数，但匝数增加后，磁头电感将增大，在录音时又将造成高频损失。另外，如果不使电感增大而用提高电路放大倍数的办法来克服磁头输出不足的问题，则信噪比的矛盾又将上升，噪声将增大。因此，在设计录、放两用磁头时，必须兼顾各方面的要求。

本机采用恒磁直流稳速微电动机作为动力。为了满足录音机级速稳定的要求，电动机的转子还装有离心稳速器，以防止电动机的端电压因电池用旧而下降以及负载力矩因带卷直径变化而在一定范围内变化，使磁带速度变化。

传动机构的设计考虑是，盒式录音机由于怠速低、磁带薄（例如 120 分钟的磁带厚度仅为 9 微米），要达到稳定传动，传动机构的零件必须有很高的精度，否则声音抖动严重，无法使用。微电动机的转速是 2 400 转 / 分钟。带速是 4.75 厘米 / 秒。必须保证上述零件尺寸准确才能达到预定的带速。但由于各零件的公差和橡皮带的软硬与松紧都影响带速，所以组装时要很好地调节。本机采取换皮带轮的办法调节，皮带轮直径每相差 0.1 毫米，带速相差 1.5%。带速可用秒表测量，误差应不大于 2%。

盒式录音机都利用飞轮的转动惯性来稳速，因此对飞轮的加工精度要求很高。本机飞轮轴心采用 $\Phi 2 \pm 0.003$ 毫米不锈钢丝制成；轴的椭圆误差要求达到 0.1 微米；此外，弯曲度和光洁度要求也很高，并且要求轴心能准确地插在飞轮的正中心；径向跳动要小，飞轮体的轴向跳动也要求很小。皮带槽要求形状正确，表面光洁。工厂金工车间自力更生，土法上马，在老式的机床上加工成功了质量合格的飞轮。采取热配轴套和轴心并经过精车后嵌进飞轮的办法，经使用证明可达到使整机失调率不超过 0.5% 的要求。飞轮和飞轮轴承必须精密配合，否则将影响机器寿命和引起抖动。轴承采用铜粉末冶金含油轴承。飞轮轴在轴承内要灵活滑动。此外，拖动飞轮的橡皮带也必须硬度适当，否则也将引起抖动。采用模压方法制作，在永久变形等重要指标方面都达到了使用要求。橡皮带还必须没有外伤和杂质，否则将造成断裂。

除此之外，压带轮、卷带轮、倒带和快卷装置对加工、装配精度和材料的要求都极高，其工艺都是关系到使用效果的。

该产品采用上海革新塑料厂出品的 45 分钟或 60 分钟的磁带效果良好。磁带盒上有刻度，可以估计倒带和卷带数量。如要保存重要录音带永不被抹去，可将带盒后边的小盖挖去。这样，当这盒磁带再被装入机器使用时，防误消杆和录音键连锁，使录音键按不下，即可防止误消。磁带封装在一只扁平的塑料小盒内，磁带盘没有轴环，运转时随着卷带盘的增长供带盘随之减小，这样可以得到最小的带盘尺寸。磁带盒的外部尺寸是 102 毫米 ×64 毫米 ×12 毫米。根据磁带厚度不同，盒式磁带有各种不同的规格，其满盘放音时间一般有 30、60、90、120 分钟等。录音时必须同时按下录音键和放音键。该机不设专用停止键，只需轻按（按下一半）快进键或放音键就会停止。

第二章 电视机

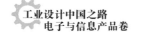

第一节　北京牌电视机

一、历史背景

早在 1936 年，英国就开始了电视广播。1941 年，美国开播黑白电视节目。1954 年，彩色电视机在美国面世，标志着世界进入了广播电视业快速发展的时代。1957 年，我国决定发展电视广播业，当时的电子工业主管部门——第二机械工业部第十局——把研制电视发射中心设备的任务交给了北京广播器材厂，把研制电视接收机的任务交给了国营天津无线电厂。

1958 年 3 月，国营天津无线电厂（又称为 712 厂）试制小组参照苏联"旗帜"牌 14 英寸电子管电视机，试制成功我国第一台 35 厘米电子管黑白电视机。同年 4 月 30 日，该厂代表携带 10 台电视机到中南海演示。全国首家电视机生产厂的产品以"北京牌"冠名，被誉为"华夏第一屏"。

1958 年 7 月，上海广播器材厂研制出上海牌 101 型电子管电视机。1960 年 3 月，南京无线电厂研制出熊猫牌 D21 型电子管电视机。20 世纪 60 年代中期，国营天津无线电厂又设计研发了北京牌 823 型、825、825-2、825-3 型电子管黑白电视机，其中 825 型系列电视机性能已经稳定，特别受到使用者的欢迎。

1959 年，712 厂研制生产我国第一代铁路列调调度电台 TW-4 型产品。1967 年，研制生产适应我国铁路通信体制的 TW-8 电台。1971 年，研制开发第一台彩色电视机。1979 年，建成我国第一条彩电生产线。1981 年，研制生产适应我国铁路体制的四频组 TW-12 电台。1984 年，研制生产彩色录像机。1985 年，更名为天津通信广播公司，产品获得"国家质量管理奖"。20 世纪 80 年代中后期，北京牌彩色电视机同时

图 2-1 《人民画报》1958 年第 2 期刊登的"华夏第一屏" 图 2-2 天津国营无线电厂生产的国产电视机
电子管黑白电视机

获得国内、国际金奖，企业获外贸进出口自营权。20 世纪 90 年代，致力于研制生产适应我国铁路通信体制的四频组 TW-42 电台，适应我国铁路通信体制代网管功能的 TW-43 电台，同时涉足个人计算机产品领域。1999 年，TCB 金北京计算机投放市场。2000 年，TCB 金北京空调器投放市场，并与摩托罗拉公司合作成为其供应商，同时"北京"商标被认定为天津市著名商标。同年，天津通信广播集团有限公司成立。2007 年，"北京一号"数字电视机顶盒芯片研制成功。

二、经典设计

北京牌电视机当年的定位是"高端产品"，主要供应政府机关、企事业单位使用。为使造型设计与功能需求达到统一，在试制产品完成后作为要实现批量生产的产品，外观造型设计是重点。改进以后的产品已经具备了一些"商品"的要素，这种要素是通过装饰设计的手法来实现的。

北京牌 825-3 型黑白电视机主体造型为长方体，底部是倒梯形的底座，用于放置控制旋钮；上下比例控制得当，整体造型给人稳重厚实、质朴端庄的感觉。总体而言，北京牌 825-3 型电视机奠定了中国电视机产品的设计语言。

北京牌 825-3 型黑白电视机的正面为主界面。从正面看，上端长方形框内为屏

图 2-3　早期的北京牌电视机

图 2-4　北京牌 825-3 型黑白电视机

幕和扬声器，下端长方形框内为控制旋钮，不同功能的分区非常明确。这种上屏下
钮右喇叭的格局在很长一段时间里影响了中国 14 英寸及以上电视机的界面设计。

电视机整体造型采用方圆结合的设计，屏幕部分占据了很大的面积，外圈采用
方角长方形，内部屏幕采用圆角长方形，这种"方中带圆，圆里有方"的设计形式
既受制于当时的部件制造的技术要求，也受制于当时设计师对产品的理解。当然设
计师还是十分具有想象力地与中国传统"天圆地方"的理念联系起来，象征着电视
机包含了无穷无尽的天地，能让观众领略丰富多彩的世界。只是这种想法在当时显
得并不那么重要，重要的是在技术集成的基础上设计性能可靠的产品。

北京牌 825-3 型黑白电视机箱体右侧由两部分组成，一部分是散热窗，另一部
分是频道调节旋钮。散热窗除了具有散热效果之外还兼具喇叭的功能，增强了电视

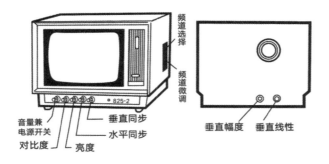

图 2-5　北京牌 825-3 型黑白电视机的功能操作

图 2-6　北京牌 825-3 型黑白电视机右侧面

机的收听效果。频道调节旋钮则是电视机的关键零部件之一，设计成内嵌式能保护旋钮不被轻易拨动，而且比较美观。

电视机屏幕下方是控制面板，面板上设置了 5 个控制旋钮，分别用来调节"声音""图像""亮度""水平""垂直"。控制面板左半部分的上方为了使每个旋钮的功能清晰展示，采用了全色设计；左半部分下方则采用了条纹的设计；而面板右半部分则将条纹置于上方，全色置于下方，在突出产品型号的同时，增添了节奏感和活泼感。

为了增加产品的高档感，北京牌 825-3 型电视机在设计时采用了印制自然木纹的塑料贴面做外表装饰。如果直接用木料装饰，虽然可以增加产品的高档感，但技术感会因此而被削弱，而采用这个办法装饰可以在两者之间取得平衡，尤其是深棕色的色彩搭配性较强，在一定程度上又能与家具的颜色和谐统一，因此易受到消费者的欢迎。为了突出产品局部功能和产品的特征，除了主体深棕色的设计之外，底部控制面板则采用浅褐色搭配条纹的设计，而品牌标志和型号则以红色醒目标识。

图 2-7　北京牌 825-3 型黑白电视机的控制面板

图 2-8　北京牌 825-3 型黑白电视机产品正面的品牌标志

图 2-9　北京牌 825-3 型黑白电视机产品背面的品牌标志

北京牌 825-3 型黑白电视机的品牌标志位于产品正面右上角的显著位置，工艺采用铜基面腐蚀，字体为毛泽东手书的"北京"二字，搭配"天安门"标志性图案和"北京"二字的大写拼音字母，颜色上选用红底金字，显得气势非凡，突出了主流产品

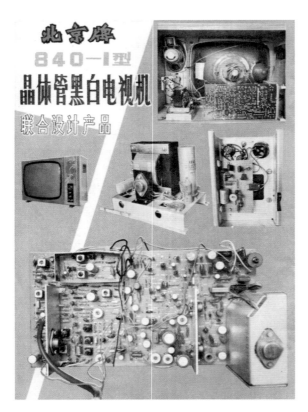

图 2-10　北京牌 840-1 型晶体管黑白电视机电路板的广告

的特征。产品背面则简单印制了品牌名称和型号，即"北京牌825-3型电视接收机"。

后继的北京牌840型和840-1型晶体管黑白电视机是按照联合设计40厘米、47厘米通用的电视机电路及所规定的整件生产的产品。当时全国各地都在踊跃上马电视机制造项目，但是很多工厂并不具备技术条件，设计的产品不能通过技术鉴定，而工厂确实需要有成熟的产品投产。为了实现这一目标，国家相关部门牵头，组织若干厂家的技术力量，基于成熟产品，集中对能够迅速投产产品的通用模块、部件进行"联合开发"。对电视机产品而言，主要是电路的设计，使电路进一步合理化，主要元器件符合标准化、通用化要求，可以在同类型机上互换，有利于生产和维修是其基本目标，而外观造型设计则可以各显神通，使用各自的品牌名称和图形，产品基本上在各省市的行政区域内销售。事实上由于通用模块、统一部件，所以难以在造型方面有新的突破，更何况造型设计是整个行业的短板和难点，涉及更广泛的问题，因此这一类产品外观相似度极高，用"美化"替代设计的情况屡有发生。在这种背景下，北京牌840型和840-1型晶体管黑白电视机的造型设计并没有太多的突破，但对于晶体管电路以及元器件设计的突破则具有里程碑式的意义。

北京牌电视机系列产品虽然在色彩、细部造型上有差异，但主要是依据其技术、屏幕大小而发展的，因此不再列出系列产品。

图2-11　北京牌黑白电视机系列产品的广告

三、工艺技术

在黑白电视机屏幕上看到的一幅幅图像，是由无数明暗不同的发光小亮点组成的。这些亮点，又是由扫描电子束轰击荧光屏上的涂层产生的。荧光粉就是这个涂层的材料，它可在不同能量电子束的轰击下，发出不同亮度的光。

显像管中电子束从屏幕的左上角沿水平方向往右扫到右上角，完成第一行扫描，然后迅速返回左方，再扫描第二行。这样一行一行地扫描下去，每扫描一行产生一条亮线，这叫"行（水平）扫描正程"。由许多行（625行）正程扫描线构成一幅（或帧）图像。电子束从右边迅速返回左边的过程叫"行扫描回程"（简称"回扫"）。电子束扫描每往返一次经历的时间仅为64微秒。其扫描过的发光面称为光栅面。电子束逐行由上往下移动的过程叫"帧（垂直）扫描正程"，每扫描完一帧（625行）后，迅速地由下面返回上面，再扫描第二帧。电子束由下面返回上面的过程叫"帧扫描回程"。

在屏幕上，不论是出现行扫描或帧扫描的回归线，都对图像起干扰作用。为了消除回归线的出现，在显像管中加入了使电子束在回归期间被截止的消隐信号。

电子束在一秒内共扫描25帧图像，即人们从电视机屏幕上所看到的电视节目，实际上是由每秒25幅画面组成的。正常的人眼看上去，虽然图像是连续的，但因人眼的惰性为1/24秒，所以仍然有一明一暗闪烁的感觉。为了解决此问题，采用了隔行扫描的方法。先扫描奇数行，再扫描偶数行，每扫描完一帧图像的奇数（或偶数）行称为"一场"（312.5行），每一帧图像是由奇数和偶数各一场复合组成的。这样，电子束由原来的一秒扫描25帧变为扫描50场，即荧光屏上的发光频率由每秒25次增加为50次，因而消除了闪烁现象。

黑白显像管的结构如下：显像管按电子束的聚焦和偏转分为磁偏转电聚焦和磁偏转磁聚焦两大类。当时国产显像管都属于磁偏转电聚集这一类，另一类显像管较古老，已很少采用。黑白显像管主要由荧光屏、电子枪和玻璃外壳三部分组成。其中荧光屏玻璃内表面涂一层颗粒十分微小（直径为 10 微米左右）的荧光粉，它在一定能量电子束的轰击下发一定光谱的光。对荧光粉的要求是发白光、发光效率高和余辉时间合适等。

没有一种标准工业荧光粉能发白光，常用颜色互补的方法将两种颜色互补的荧光粉混合而发出近似白光。通常是将发黄色（用银激活的硫化锌镉）和发蓝色（用银激活的硫化锌）光的两种荧光粉按一定比例均匀混合，用特殊的黏结剂将这种复合荧光粉均匀地黏附于屏玻璃的内表面，可按人们喜爱的屏幕底色选取两种荧光粉的混合比。常用荧光粉的发光效率都大于 5 烛光 / 瓦，有的高达 10 烛光 / 瓦，而白炽灯泡不超过 2 烛光 / 瓦。

电子束是从屏幕左上角逐点地扫描到屏幕的右下角而构成一幅图像的。为保证先后两幅图像不重合，而又不使观众产生一明一暗的闪烁感觉，应保证荧光粉具有适宜的余辉时间。常用余辉时间在 0.005 秒左右，属于中短余晖的荧光粉。此外，还要求荧光粉能耐高温、耐疲劳和有良好的化学稳定性等。屏幕的亮度、分辨力和对比度至关重要。亮度除取决于荧光粉本身的发光效率外，还决定于电子束的动能，它与屏幕电压和电束电流有关。屏幕尺寸较大的显像管，屏电压较高（如 9 英寸 23SX5B 显像管的屏电压为 9 千伏，19 英寸 47SX13B 显像管的屏电压为 16 千伏），亮度也高。

射束电流通常为几十微安到 200 微安。当增大射束电流时，虽可使亮度高些，但打到屏幕上的电子束的动能大部分消耗在使屏幕发热、打出二次电子、辐射紫外线等方面，使荧光物发光的只是余下的小部分能量。因此，射束电流过大会烧坏荧光粉。另外增大电流又使电荷之间互相排斥力增大，电子束聚焦困难，光点尺寸变大，使分辨力降低。分辨力就是图像的清晰程度，它不仅与电视机的高频和视频部分有关，而且与光点尺寸大小有关，聚焦性能越好，光点尺寸越小，图像越清晰。但光点太小会影响到亮度，因此必须兼顾分辨力与亮度。最佳光点尺寸是图像高度与电子束扫描行数之比，一般在 0.2 至 0.5 毫米之间。

当时黑白显像管屏幕中心区的分辨力为 550 线，即荧光屏水平扫描为 550 行时在屏幕中心区正常人眼正好能分清相邻两行扫描线。可见线数越多，图像越细腻清晰。理想的分辨力应等于水平扫描线的行数。实际上由于种种原因达不到这一水平，特别是屏幕四角处更差些。分辨力可按电视测试图上清晰线条数目来确定。高质量显像管的分辨力在屏幕中心区不应低于 600 线，四角处不低于 500 线。

对比度是屏幕上最亮处与最暗处亮度的比值。对比度较高的显像管可适应在外界光线较强时，甚至在白天收看电视。当对比度为 15 到 20 时，可得到满意的图像。继续提高对比度，图像改善并不显著。对比度主要由屏玻璃的透光率和造型来决定。灰度等级是与对比度具有类似物理概念的名词，它表示从屏幕最亮处到最暗处可分清的明暗层次（观察电视机测试图）。通常要求灰度等级达 8 级，即可获得令人满意的图像。

在紧贴荧光粉后面附有一层很薄（0.5~1 微米）的铝层，铝层与高压相接，这样可使屏幕电位相同且处于最高电位。光亮如镜的铝层还起到反射光线的镜面作用，可提高屏幕亮度 30%~40%。铝层能遮挡管内的杂乱光线，可提高屏幕对比度。铝层还能阻挡质量比电子大得多的负离子撞击屏幕中心，防止了负离子斑的出现，因此电子枪上也不需要离子阱。

电子枪的功用是产生电子射束，并要求它在荧光屏上形成尖锐的聚焦。电子枪由五个电极构成。阴极外形是圆筒，圆筒顶端涂有氧化物热电子发射材料。阴极被灯丝间接加热后，便向外发射电子。紧靠阴极的调制极，中间小孔供电子束穿过。顾名思义，它的作用是调制射束强弱。当加在它上面的图像信号，使它的电位对阴极而言负得少一些（正向激励）时，到达荧光屏上的电子数量就多些，受击荧光体小单元就比较亮；反之，当调制极电位对阴极来说负得多一些（负向激励）时，到达荧光屏上的电子就少些，受击荧光体小单元就暗些。由于调制极电位对阴极来说发生相应于电视信号的瞬时变化，所以屏幕上不同部分的亮点也随之发生明暗的变化。而电子束的扫描运动与发送端摄像管同步，于是在荧光屏上重显了电视图像。调制极对阴极电位刚好使电子打不到屏上去（其他电极加额定电压），此时调制极电压称为截止电压。调制极通常加对阴极而言几十伏的负偏压，它决定了屏幕的背景亮度。

调制极后面是加速极，也是中心开有小孔的圆筒，其作用是使阴极发射的电子向荧光屏飞去。其电压较低，相对于阴极为 +200~+500 伏。阴极、调制极与加速极的作用类似于普通收信放大三极管的工作原理。第二阳极由电位相同的两节圆筒构成，由弹簧片与锥体内壁导电层和荧光粉后面的铝层连通，其上加 12 千伏左右的高压，以保证电子束有足够动能轰击荧光粉而发光。在第二阳极之间有个直径较大的圆筒称为聚焦极（或第一阳极），其直流电压可在 –100~+425 伏变化，其作用是使电子束在屏幕上获得最佳聚焦。

上述五个电极由两根或三根玻璃杆将它们烧在一起，形成一个坚实的整体。电极材料都选用无磁不锈钢，以免对磁场的干扰。当电子飞出第二阳极后，期望它们能直线飞射到屏上去。故在第二阳极与屏之间应是个等电位空间，这就是锥体内壁要涂覆导电层的原因。电子束的行（水平）扫描与帧（垂直）扫描是靠套在锥体后部的由两组（水平与垂直）绕组构成的马鞍形磁偏转线圈来实现的。紧靠磁偏转线圈的是中心位置调整磁铁，它是个微调装置，用来补偿电子枪轴心、偏转线圈中心线与管径中心线之间在装配上的误差，从而保证图像出现在屏幕的中心位置。

显像管外壳由屏、锥体、管颈等组成。由于管内是真空，玻璃表面积很大，故玻璃外壳应经受得住很大的大气压力。这就要求玻璃有相当的厚度，以保证有足够的抗大气压力的能力。在玻璃的造型上也很有讲究，从收看效果来讲，希望屏玻璃尽量趋近于平面，一方面增大有效画面，另一方面可消除四角处图像的畸变。但此种理想造型抗大气压能力差，玻璃容易炸裂。实际上荧光屏都做成曲率半径大于600 毫米的圆弧面。

屏、锥、管颈都是同类型的玻璃原料，在锥体上有高压引出线，尾端有管脚引出线，这些都涉及玻璃与金属的封接工艺。封接处有较大的封接应力，是外壳的薄弱环节，在该处容易出现炸裂或慢漏气弊病。当发现屏幕亮度显著下降，或是电子枪及管颈处出现蓝色或粉红色辉光放电时，这是管内进入空气的象征，应仔细检查金属与玻璃封接处有无微裂痕，高压引出线有无锈蚀。

玻璃的颜色有两种。一种是透光率较高（在 80% 以上）的玻璃，此种玻璃的屏幕亮度较高；另一种是烟色玻璃（灰色），其透光率在 60% 左右，这种玻璃屏幕上的图像亮度要低些，但依靠玻璃本身吸收杂散光线的能力提高了图像的对比度，在白天或是外界光线较强的环境下也能收看电视。锥体外壁涂有石墨导电层，它与内壁石墨层形成 500~1 000 微法的电器容，起高压整流器的滤波作用。

北京牌 840 型和 840-1 型晶体管黑白电视机的电路结构及采用的元器件完全相同，只是屏幕（显像管）尺寸不同，840 型的屏幕尺寸为 40 厘米，840-1 型的屏幕尺寸为 47 厘米。全机使用了 27 只晶体三极管（其中包括频道选择器中用的 3 只三极管）和 19 只晶体二极管（包括 1 只稳压管），采用 110° 偏转角 40 厘米或 47 厘米黑白显像管。它具有性能稳定，使用维修方便，耗电量少，结构简单，所耗原材料少，标准化程度较高等优点。其图像清晰度中心为 400 线，100 伏稳压电源为独立装置，便于调整。印刷电路板上的元器件按 5 毫米坐标格进行排列，便于生产装配，从电路图上来看十分整齐、有序。印刷电路板为立式装置，可做水平方向转动，以减少灰尘堆积并便于维修，其结构件少，对机械加工能力要求较低，结构也便于装卸。

产品直流稳压电源输出为 100 伏、98 伏，属于"高压方案"。直流电压直接馈送到扫描部分、视放末级及音频功率输出级，因此对上述各部分的晶体管要求选用

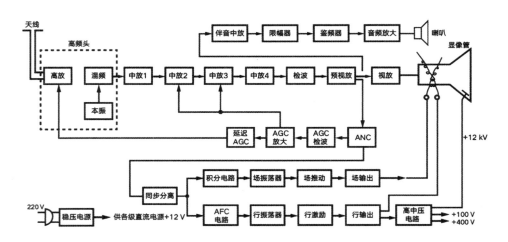

图 2-12　黑白电视机功能组成框图

高反压、小电流的管型。综上所述，产品追求的是中级标准，在考虑当时各工厂的制造水平与产品水平之间做了平衡。

四、品牌记忆

黄仕机，广东江门人，1931年出生，教授级高级工程师。1953年3月毕业于广州华南工学院电讯系，分配到国营天津无线电厂（又称为712厂）。1957年下半年接受电视机的设计任务，1958年3月主持研制成功我国第一台黑白电视机，命名为"北京牌"，开创了我国自力更生、独立生产电视机的历史。1969年领导天津市电视技术人员开展彩色电视机制式的攻关工作。

1971年，积极支持中央广播事业局确定采用PAL制作为我国暂定彩色电视机制式，并很快试制出PAL制彩色电视机。1972年年底，参加了我国第一个赴日本的彩色显像管及彩色电视机制造技术考察团，编写了《日本彩色电视工业概况》，对发展我国彩色电视机工业有较大的推动作用。1979年，编写出版了我国第一部相关领域图书《彩色电视接收机原理与实践》。1986年，指导改进北京牌PAL/SECAM制彩色电视机的性能，通过难度较高的西德FTZ标准认定，获得了国际金奖。1992年，成为"中国电子学会会员"。当选为第五、六、七届全国人大代表。在40年的电视技术工作中，参加了电视机标准的起草和制定工作，还参加了许多电视机新产品的方案讨论和鉴定工作。

据黄仕机回忆，为尽快攻下电视机的研制任务，填补国家空白，厂里成立了专门课题组，共8人。他们都是厂里的顶级技术人员和工人，可都没见过电视机，更谈不上深入了解和掌握电视机的有关知识了。在资料极其匮乏的情况下，大家感到无从下手，但立志开创祖国电视机事业的8人小组决心迎难而上，边干边学，变外行为内行。

1957年下半年，国营无线电厂的8人攻关小组向国内外专家请教，在消化吸收了各电视机电路、结构、元器件性能、外观造型和使用维修方便性的优点后，确定了以"旗帜"牌电视机为主参考的设计方案。当时我国电子工业配套水平与国外尚有较大差距，许多电视机用的元器件和材料还没有发展和生产，不可能照抄国外样机的设计。要短时内拿出国产电视机，只能根据国情自力更生，走自己的路。1958年年初，确定了"采用国产电子管器件，电视接收和调频接收两用，控制旋钮在前方"的电视机设计方案。接下来是对设计各部分分块试验，所遇到的许多技术问题是国内首次接触的。当时没有电视专用仪器，没有广播电视信号用以检查电视机的实际接收质量，只能靠一般的简单仪器来进行试验。往往测试一个电视宽频带的幅频特性就得逐点进行，费时费力。攻克每个难关都需要在无数次的失败中摸索答案。如大电流磁偏转技术、超高压产生和绝缘技术、电磁干扰隔离和屏蔽技术以及电视图像和伴音质量的高保真技术等。

历时2个月，大家彻夜不眠，终于胜利完成了分块试验。1958年3月初，第一台试验电视样机组装出来了。这台样机的试验并不是一帆风顺的，出了很多意想不到的问题，突出的问题是电视机特有的电磁干扰图像。针对样机在性能和结构上存在的问题，大家群策群力，再接再厉，采取了各种有效措施，奋斗到了3月中，我国第一台电视机终于诞生并通过试用考核。

1970年12月26日，我国第一台彩色电视机在同一地点诞生，从此拉开了中国彩电生产的序幕。1979年，天津无线电厂更名为天津通信广播公司，建成我国第一条"北京牌"彩电生产线。1986年，北京牌彩电在国内同类产品中率先进入国际市场。1987年4月，北京牌8303型47厘米彩色电视机在捷克斯洛伐克布尔诺国际消费博览会上为中国电视机行业赢得了首枚国际金质奖章。北京牌电视机还多次获国家优质产品质量金、银奖。1988年，时任天津市市长李瑞环访问朝鲜，将北京牌电视机作为国礼赠送给金日成。

作为天津通信广播公司副总工程师的黄仕机提出了发展多用途彩色电视机并将其作为家用视听终端的设想。1988年，他在公司内部刊物《通信与电视》上撰文指出：未来电视节目传输和制作的新手段日益增多，层出不穷，包括即将进入家庭的AV设备，都要求彩色电视机作为它们的终端装置。因此，未来新型的彩色电视机必

图 2-13　1958 年第一次试播电视节目的所在地现已建设为北京电视台

须具有多用途的接口和相应的电路匹配。他建议从战略的眼光发展我国多用途彩色电视机，制定多用途电视机的接口标准，以适应 AV 产品发展的需要。

　　他具体写道，由于电子技术发展速度很快，电视节目的传输和制作手段日新月异，这些新手段（新媒介）已逐步进入家庭，例如：闭路电视、卫星传送、文字广播、可视数据、电缆电视、磁带录像机、电视唱盘机、摄像机以及家用计算机、游戏机等，它们都要求彩色电视机作为终端显示装置。因此，彩色电视机所肩负的任务愈来愈重，它在家用视听（AV）设备中的地位日益重要，对它的要求也日益增多。

　　随着电视节目制作新手段的增多，电视机已开始从被动娱乐工具向主动娱乐方式过渡。首先是即将进入家庭的磁带盒式录像机，它可以把预先录好的各种节目，随意选择播放，以高频或视频信号方式送到彩色电视机中，这就要求彩色电视机的高频输入端备有特定的接收频道，或具有视频信号输入插口，显示录像机播放的节目，以供欣赏。

　　同样，激光电视唱机也很有发展前途，用户可以将喜好的激光视频唱片节目放在电视唱机中播放，以高频或视频方式送到彩色电视机的相应输入接口中。其次是家用（或专业用）彩色摄像机，可以将现场或即兴的表现拍摄下来，或传送到录像机记录下来，或直接传送到彩色电视机的视频信号输入接口，即时显示监看。如采用

图 2-14　北京牌电视机生产流水线

新式的摄录一体化机器，可以把摄录好的实况，在任意时间把信号送到彩色电视机中显示欣赏。另外，家用电子计算机可以用高质量的彩色电视机作为显示器，而不用购买专门的显示装置，这时，彩色电视机应有较高的清晰度和专用的输入信号插口。与此类似，电视游戏机是一种已编游戏程序的电视信号发生装置，也可以用高频或视频信号方式送到电视机的相应接口，进行显示和游戏操作。

随着电视信号的多工传送技术的实现，电视机不但可以收到正常的电视节目，而且可以从中分解出附加的图像或文字信息。例如，在文字多工广播中，它在正常电视信号的未被利用空度（场逆程内）传送各种有用的文字信息。只要在彩色电视机中增加一个特定制式的附加解码器，即可解出三基色（RGB）的文字信息信号。这时，彩色电视机要有一个视频输出接口及一组 RGB 信号的输入接口，以显示和观看有用的文字信息，例如商业情报、交通状况、旅游指南、天气预报……同样，在图像数据系统（VIEWDATA）中，有用的文字信息或大量数据也可以通过电话线路传送，加到带有附加解码器的彩色电视机中，显示所需的文字信息。因此，彩色电视机也要有视频输出和 RGB 信号的输入接口。

在上述附加解码装置中，有时为使外围设备与彩色电视机协调工作，还要将同步脉冲加到彩色电视机，或从彩色电视机中取出同步或消隐信号。因此，彩色电视机需要有相应的接口。此外，立体声电视广播节目也是多工传送技术之一，左、右声道的立体声信号可以通过两个不同载频或两种不同的调制方式传送。而在彩色电视机增加一个特定制式的立体声解码器，就可以解出左、右声道的立体声音频信号。这时彩色电视机要有左、右声道音频输出接口，将左、右声道的立体声信号接至组合音响设备中，以重现优美洪亮的立体声音响效果。如果带有左、右喇叭的立体声彩色电视机设有左、右声道的音频输入接口，就可以作为立体声扩音装置。

他的结论是：随着电视信号传送手段的增多，电视机不但可以接收当地电视台发出的信号，而且可以通过光缆传送精彩的闭路电视信号。这时，彩色电视机需要有相应频道的调谐器，例如，欧洲的 S 频段，美国的 A、AA、AAA 等英文字母编号频段。其次，电视机可以接收卫星跨洋传播到地面的电视信号。卫星传播信号的频率、带宽、调制和编码方式不同，接收到的信号需通过特殊的解码变换器产生视频或 RGB 信号，加到彩色电视机的相应接口中，以显示卫星传来的图像。彩色电视机作为家庭视听设备的终端显示装置，它对高频、视频、音频、RGB、左右声道音频及控制信号等都要有较方便的输出、输入接口，实现多用途的目的。

20 世纪末北京牌电视机逐步淡出了人们的视线，对于北京牌电视机的消失，国家广电产品质检中心高级工程师安永成说道："新中国成立之初，国营天津无线电厂曾仿制过苏联莫斯科人牌电子管收音机。莫斯科是苏联首都的名字。国营天津无线电厂仿制、生产的收音机也就被称为北京牌了，因为北京是新中国的首都。后来该厂生产了我国第一台黑白电视机，沿用了'北京牌'这个名字。北京牌电视机是华夏第一屏，其意义代表了中国人艰苦奋斗、自力更生的创业精神。可惜，这个代表新中国一代人骄傲、自豪的品牌在 20 世纪末被韩国的三星公司买断，从此北京牌电视机从中国广播电视发展历史进程中消失，这对中国人来说不能不说是一个遗憾。当初决策者的功过是非，只有等待历史和后人来评述了。"

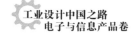

第二节　飞跃牌电视机

一、历史背景

上海飞跃电视机厂的前身是上海无线电十八厂，该厂的前身则是云北电工电讯器材厂，主要生产继电器、变压器和仪表、电子管扩音机。1966年10月，更名为上海无线电十八厂。1972年研制成功9英寸黑白电视机，次年正式批量投产。1975年11月，由国家投资630万元、面积为18 266平方米的电视机装配大楼投入使用。1977年后，该厂陆续将变压器、扩音机转给外单位生产，先后并进了上海电讯器材厂和上海国光口琴厂电视机车间的技术人员，电视机生产能力大幅度提高。1979年，该厂电视机产量达到194 266台。9D3型、12D1型、19D1型电视机在全国第二届黑白电视机质量评比中均获一等奖。 1980年，该厂把"飞跃目标——世界先进水平，飞跃精神——一切为用户着想"定为企业方针。1982年，生产星火牌电视机的上海人民无线电厂并入上海无线电十八厂。至1983年年底，该厂黑白电视机形成系列，共研制了36个新品种，批量生产的有24种。当年，该厂荣获上海市质量管理奖和全国工交系统经济效益先进单位称号。此后，为了迅速解决产量大幅度增长与生产场地极度紧张的矛盾，该厂一方面抓紧内部技术改造，另一方面在上海原松江县九亭和江苏太仓等地建立黑白电视机生产厂。1985年，两条自制彩色电视机生产线投入使用，使该厂彩色电视机年产量突破10万台大关。

二、经典设计

飞跃牌9DS1型定位于中国普通家庭使用，属低端产品，因此控制成本，以期让老百姓都能消费得起是最初的目标。在功能上设计成电视机和收音机两用方式，由于采用了晶体管元件，所以产品更加小型化，俗称"9 英寸电视机"。由于当时电视台每天播送节目时间并不长，所以单一功能的电视机显得有些浪费，而购买一件产品却有两件产品的功能，也是该产品深受消费者欢迎的原因。

从整体来看，产品并未因为小而失去品质感，相反，在"人－机"界面上有充分考虑。首先，其整体造型是由长方体切除一块斜面形成了前面板，这种是设计师现代主义设计的典型手法，同时还能够提供良好的观看效果，使电视机屏幕处于与人水平视线往下 15 度夹角视线垂直的状态。其次，"收视""收音"功能使得分级按钮指示清晰，穿插排列有序，屏幕下方"红、白"横向按钮是"一级按钮"，决定"收视"还是"收音"；刻度盘下的大旋钮、中旋钮为"二级按钮"，决定频道选择；下方的"三级按钮"决定频道微调及音量，看得出设计师为追求产品人性化做出的努力。

图 2-15　飞跃牌 9DS1 型电视、收音两用机

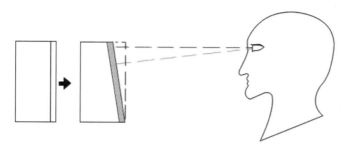

图 2-16　倾斜 15 度的屏幕使得人们在观看时不会因调整眼球角度而导致人眼过度
疲劳

　　就式样而言，该产品属于卧式电视机造型，是一种比较老式的造型。为什么这么老款的造型依然能够有良好的市场表现？除了当时物质稀缺因素之外，其在设计方面下的功夫是其成功的主要原因。首先，卧式的造型方棱折角，前脸（面板）和中框（机壳）采用直线造型，易与当时家庭环境及家具配套，可以认为该产品的"神"是一种具有融合性的形态设计。其次，显像管周边的深色相框设计采用宽边型，虽然没有任何装饰，但"很纯粹"，营造了产品的"气场"，而周边镀铬线条的装饰则使之更加耀眼。

　　在产品外壳上限于当时的技术只能用木材，但在贴面色彩处理上用深褐色，使之倾向于相框和面板的黑色，它们属同一色调。另外，面板上有关功能提示的中文

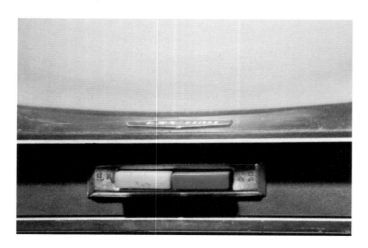

图 2-17　收音、电视功能选择的按钮

图 2-18 右侧旋钮对应电视频道选择，右侧旋钮对应收音机波段选择

图 2-19 "亮度""对比度"旋钮使用频率不及上方旋钮，所以设计得很小

字设计得很细、偏小，使用深灰色而不是黑色，这些细节设计都突现了这一件平民产品的科技魅力。9D 系列产品由上海飞跃电视机厂骨干技术人员担任项目负责人，经过几次细节变化充分赢得了市场的认可，由于全国各地都在踊跃上马电视机制造项目，依据当时的市场消费能力和新上马的工厂技术条件，9 英寸小型电视机最符合人们的消费能力，所以 9D 系列自然被"相中"。通用设计的基本目标是使电路进一步合理化，主要元器件符合标准化、通用化标准，可以在同类型机上互换，有利于生产和维修。在这种背景下，飞跃牌 9D3 型 23 厘米晶体管黑白电视机诞生了。从后来实际的情况来看，这次通用设计对提高中国晶体管电视机设计、制造水平发挥了重要的作用，但由于主要部件的设计相同，加上各个工厂造型设计能力的欠缺，推出的产品大同小异，有些除了品牌名称之外则与 9D 系列完全相同，更有一些设计完

图 2-20 产品黑色的框架显得大气而简洁

全违背了产品的设计原则，呈现出怪异的面目，这也是通用设计带来的负面效应，这是在当时的经济管理体制下不可避免的问题。

9D3 型在整体造型没有改变的情况下，设计上着重调整机体右侧面板的设计，突出了频道选择操作按钮的设计，使之十分突出，而将亮度、对比度、音量小旋钮竖向统一排列，增加了面板的节奏感，在十分有限的条件下为产品带来了新意。

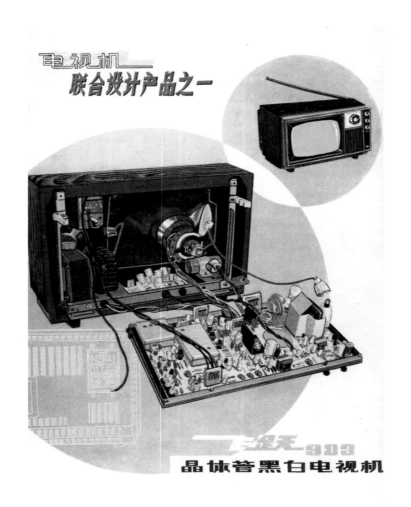

图 2-21　《无线电》杂志介绍的飞跃牌 9D3 型晶体管黑白电视机

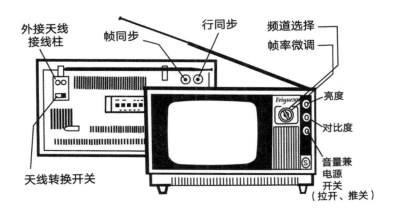

图 2-22　飞跃牌 9D3 型晶体管黑白电视机功能操作说明

三、工艺技术

飞跃牌 9D3 型 23 厘米晶体管黑白电视机作为联合设计产品，其主要工艺技术基础来自 9D 系列产品，其重要贡献在于其工艺、技术的示范效应。在电路设计工作全面展开前，先设计了基本概念图，即"方框图"。9D3 型的"方框图"显得更加重要，因为是通用设计，电路要更加合理，考虑到不同厂家以后生产的可能性，同时要考虑元器件的标准化、通用性要求。该产品电路采用了印刷电路。

产品的主要性能指标是：图像规格为 140 毫米 × 180 毫米，接收频道 12（VHF），中心画面 400 线，电源消耗功率约为 25 瓦，整机质量约为 7.5 千克。

重要部件设计如下：

1. 输入电路笔高频头（又称为"频道开关"或"调谐器"）

自天线来的信号先经过天线内接、外接转换开关 $1K_1$ 及"近程""远程"开关 $1K_2$，送至频道开关。如用外接天线时，还经过 300-75 欧阻抗匹配器。采用 Kp12-2 型频道开关，系联合设计标准器件。它包括：高通滤波器、输入回路、高放（3DG56B）、本振（3DG80B）和混频（3DG80B）等电路。频道开关的作用主要是将高频电视信号转变为中频信号，其次是给以一定的选择性和增益以及转换接收频道。

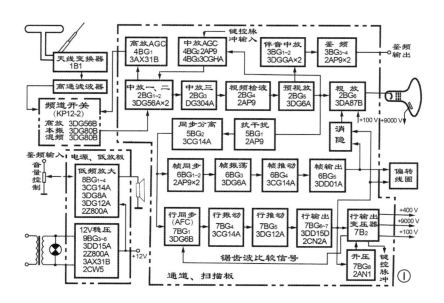

图 2-23　飞跃牌 9D3 型电视机的"方框图"

高通滤波器的频率特性是只让高于一频道频率（49.75 MHz）的信号通过，而抑制例如短波广播、高频电热器件等干扰，提高了中频抑制力与抗干扰能力。

输入回路通过 $1L_1$、$1L_2$、抽头与 75 欧馈线相匹配；以 $1C_1$、$1C_2$（$1C_3$）分压，与高放管输入电路相匹配。输入电路调谐于所接收的中心频率上。因为高放管 1BC1 输入电容对高频道和低频道影响不同，因此 1 ~ 5 频道分压电容用 $1C_3$ 和 $1C_1$，6 ~ 12 频道用 $1C_2$ 和 $1C_1$。

同样原因，在高放回路中，高低频道回路电容也有区别，例如 $1C_5$ 和 $1C_7$（$1C_{12}$），$1C_{15}$ 和 $1C_{18}$（$1C_{20}$）等。

高放管 3DG56B 加有正向 AGC（自动增益控制，保证产品在不同条件下能正常工作，输出优质图形与声音）电压控制。AGC 电压由 $1R_4$ 加至高放管基极，调整 $1R_6$ 可改变高放管发射极电压（3 V ± 0.15 V）。$1C_8$ 为中和电容，$1C_9$ 的作用是提高高频的增益。

本机系改进型共集电容三点振荡电路，其频率稳定性较好，采用有预先机构的独立微调式（调 $1L_5$ 磁芯）。混频器的负载为双调谐耦合变压器 $1B_2$，为了与 75 欧的电缆匹配，次级用 $1C_{29}$ 和 $1C_{30}$ 作为压降阻抗。

2. 中频放大器

本机中频放大器共有三级（$2BG_1$、$1BG_2$、$2BG_3$）。三级中放虽全是变压器耦合，但与一般三级参差调谐电路稍有差别。本机的一、二级中放的回路电容用得比较大（$2C_9$、$2C_{14}$），且并联的电阻 $2R_5$、$2R_9$ 阻值较小，因此回路的 Q 值很低，通带较宽，并调谐于中频信号的中心频率上。它的通带较宽，显著改善了 AGC 工作时频率特性的变化，对中放管要求不高，调试容易，也便于大批生产。

对中放选择性的要求，主要由三级中放双调谐负载回路所提供。这里耦合采用外电容式，改变耦合电容 $2C_{21}$ 可以调整带宽和双峰谷点的凹度。增大容量时通带加宽，

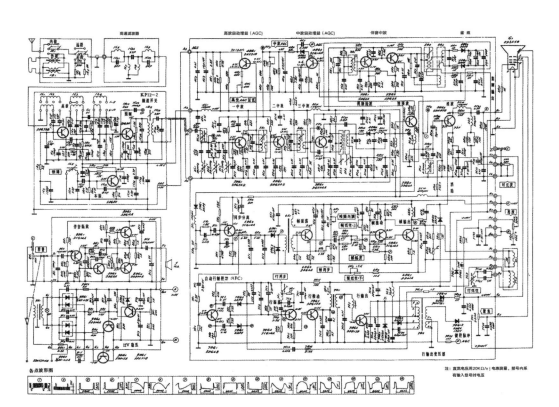

图 2-24　飞跃牌 9D3 型电视机的电路

凹度增大。三级中放的增益约为 20 dB。三级中放的总增益在 60 dB 以上（包括视频检波损失），一、二级中放通过 $2R_2$、$2R_7$ 加有正向 AGC，控制能力约为 40 dB。

3. 视频检波及视频放大器

本机的视频检波与一般典型电路的一样，以二极管 ZAP9 ($2BG_4$) 做检波，$2L_7$、$2C_8$ 及 $2C_{26}$ 等做高通滤波，并补偿视频中的高端频响。检波管的负载为 $2L_9$ 及 $2R_{20}$。$2R_{21}$、$2R_{17}$、$2R_{16}$ 为预视放管的偏置电阻，通过 $2R_{17}$，使检波二极管略带正偏压。

预视放 $2BG_5$ 对图像信号来说作为射极输出，以减少对检波级的影响。电感 $2L_8$ 及电阻 $2R_{19}$、$2R_{36}$ 用以防止释放自激。$2L_{11}$、$2C_{28}$ 及 $2C_{29}$ 为 6.5 MHz 陷波器，用以抑制伴音干扰，并在 $2BG_5$ 的集电极负载回路中获得较大的（6.5 MHz）第二伴音中频信号。

另外，在视放输出管的射极电路中比一般电路多加一个 $2C_{38}$(430 pF)，其目的是提高图像的清晰度。电阻 $2R_{35}$ 串联在视放输出和显像管阴极之间，用以防止显像管高压在阴极跳火时损坏视放管。帧、行消隐电压分别通过 $6C_9$、$6R_{20}$ 及 $7BG_9$、$7R_{21}$ 加至视放输出管的发射极，加强消隐效果。

4. 伴音中频放大器及鉴频器

伴音中频放大器由 $3BG_1$ 及 $3BG_2$ 组成反馈对，工作比较稳定，电路也比较简单。鉴频器采用一般的不对称比例鉴频器，它的限幅特性较好。为了改善由温度变化引起的失调，回路电容 $3C_7$ 及 $3C_9$ 都选用温度系数较小的云母电容。

5. 自动增益控制 (AGC) 及同步分离电路

本机的自动增益控制采用键控式电路，而高放采用延迟式电路。为了保证同步分离电路同步稳定，在同步分离管 $5BG_2$ 前有一个二极管截止式抗干扰电路 ($5BG_1$)。在正常工作时，$2BG_5$ 上约有 +2.8 V 的正向偏置电压，故 1.2 V（峰—峰值）的视频信号（包括同步头）能顺利地通过二极管 $5BG_1$ 而加至同步分离电路。当有较大的干扰脉冲时，其峰值超过 $5BG_1$ 的正偏压，因而被削峰，限制了干扰的影响。增大 $5R_2$ 阻值，可改善抗干扰效果，但也不能过大，因为过大会影响同步信号的通过。同步分离为一般饱和导通式电路，5BG$_2$ 加有适当正偏压，用以提高其分离灵敏度。电感 5L$_1$ 用以抑制高频脉冲，保护 5BG$_2$ 发射。

6. 扫描电路

帧振荡采用变压器反馈的间歇振荡电路。此电路的优点是电路简单，频率也较稳定。电容 6C$_5$ 为锯齿波形成电容，要求耗损角小。电阻 6R$_{10}$ 和 6R$_{22}$ 用以补偿帧幅及帧线性变化。为了使工作稳定，偏转线圈经推动管 6BG$_4$ 的发射极电阻接地，形成电流负反馈。另外，由于 6BG$_4$ 及 6BG$_5$ 使用不同极性的管子，故推动管 6BG$_4$ 的发射极和输出管 6BG$_5$ 集电极的电位相同，所以帧输出管集电极与偏转线圈间无须接隔直流电容。6R$_{14}$ 及 6R$_{21}$ 用以调整输出管 6BG$_5$ 的 IC，一般在 160 mA 左右。接在 6BG$_1$ 同步输入线圈上的二极管 6BG$_2$ 用以防止 6BG$_3$ 发射结被反向电压击穿；6BG$_1$ 二极管则用以单向隔离，不使帧振电压影响同步分离管及行同步的工作。

行扫描振荡器采用自举式电感三点振荡器，其特点是电路简单，频率稳定。这种振荡器属于压控式振荡器，当 7R$_{10}$ 或 7BG$_4$ 的 β 变化时，会影响输出脉冲宽度和频率。当 7R$_{10}$ 下降，β 上升时，将使脉冲增宽，压控灵敏度下降，即行同步引入范围减小；反之，行同步引入范围虽可增大，但易引起激励不足，输出管工作电流加大，高压低，损耗增加，严重时会烧坏输出管。一般 7R$_{10}$ 选取 33 ~ 43 kΩ，7BG$_4$ 的 β 选取 60 ~ 80。此时脉宽约为 18 μs，行同步引入范围大于 1 kHz。

行推动采用反极性激励，7BG$_5$ 导通时 7BG$_8$ 截止。行输出级采用了"自举升压"电路，提高了行输出管的工作电压 (24 V)，这样可使：①流过偏转线圈和行输出管的电流减小，从而减小了偏转线圈中直流电阻和输出管内阻对线性的影响，因而改善了线性；②可以减小激励功率，降低推动管耗损；③由于高压变压器初级逆程电压升高，故高压侧线圈圈数也可减少，且易于绕制。但对行输出管的耐压要求也增高一倍左右。至于自举升压，是利用 7BG$_8$、7C$_{20}$ 来形成的，其原理和电子管电视机中利用阻尼管来升压类似。

这种电路虽有上述优点，但电路复杂一些，且由于升压充电回路对行频来说内阻很小，故充电峰值电流很大（实测达 8A_{p-p} 左右），但时间很短（约 10 μs）。因

此要求 $7BG_8$ 允许峰值电流大些，工作频率高些。本机选用 2AN1，其 $U_R = 120\text{ V}$，$t_{rr} < 2\ \mu\text{s}$，$I_{max} > 10\text{ A}$，可以胜任。为了使阻尼管 $7BG_7$ 提前导通，防止光栅中出现竖条干扰，将 $7BG_7$ 的连接位置较输出管集电极升高一圈。

伴奏低放采用直接耦合互补对称，无输出变压器推挽电路。$8W_2$ 用以调整末级中点电压。$8R_{10}$ 热敏电阻用以补偿温度变化时末级静态电流的变化（正常电流为 $5 \sim 10\text{ mA}$）。$8R_5$、$8R_6$、$8C_4$ 及 $8R_4$、$8C_3$ 组成负反馈网络，提升低频（150 Hz 左右）约 2 dB。$8C_7$、$8C_9$ 及 $8C_5$ 用来防止高频自激。

本机稳压电源采用一般简单串联式稳压电路。在放大管 9BG4 的基极上接一个容量较大的电解电容器 $9C_7$，其目的是当市电电压太低、稳压器失去稳压作用时，将稳压器转做电子滤波器，使纹波不致太大，保证电视机仍能工作。本机可以使市电电压降至 160 V 时输出纹波电压不大于 10 mV。

四、品牌记忆

上海无线电十八厂以飞跃牌电视机为拳头产品，在激烈的市场竞争中不断发展自己。曾任该厂厂长的欧昌林认为："产品质量是企业各生产要素结合的最终成果，贯穿于产前、产中、产后的各个环节，落实到'设计与试制'环节，特别是产品设计阶段，要求设计师根据国外情报、市场信息、用户意见和国际标准，来搞好新产品的'可靠性'设计，即做到投产一个，优生一个，绝不使产品带病投入生产。"由于强调"可靠性"设计，加之有 60 多个影响工序质量的主导因素控制，包括像 9D3 型在内的产品无故障工作时间超过 10 000 小时，后期开发的彩色电视机更是超过 15 000 小时，早期返修率为 0.19%。

上海科技情报中心蒋建华曾在《电视机行业新品开发及发展综述》一文中写道："早期开发的国产电视机有四大缺陷，分别为'多瑙河之波'（屏幕上多有波浪线）、'看不见的战线'（图像不清晰）、'冲破黎明前的黑暗'（瞬间画面变亮）、'今天我休息'（完全不能使用），针对这种情况，欧昌林厂长率先提出了'飞跃精神——

图 2-25　上海无线电十八厂电视机产品检测线

一切为用户着想，飞跃目标——世界先进水平'的企业方针，并始终以产品质量控制和产品造型设计为两大重点进行攻关。"

1975 年，27 岁的郑自华买了一台电视机回来。当时，向阳院（注：当时以里弄为单位开展群众文娱教育活动的一种形式）有一台 12 英寸黑白电视机，放在弄堂里开阔的地方。每到播放电视节目的时候，弄堂挤满了人，"不要讲屏幕上人头看不出，连声音也听不清爽"。想来想去，他决定自己买一台回来"改善生活"。

当时，上海的轻工业处于国内领先水平，飞跃、金星、凯歌、上海、英雄等沪产品牌主宰了本地市场。由于货源紧张，郑自华托了在五金交电公司工作的朋友，才买到一台飞跃牌 9 英寸两用黑白电视机，价格为 245 元，相当于他七八个月的工资。所谓"两用机"，指的是这台机器不仅可以收看电视，还有无线电功能。"两用机比单用机多 20 块。我心想等于多买了只无线电，蛮划算的。"郑自华说，"调整天线找信号是项技术活。看一频道天线要向左一点，二频道要向右一点，三频道天线要拉长一点……再不行，手要一直捏牢。始终在调，不停问看的人：'清爽了伐？清爽了伐？'"尽管画质不佳，但看电视依旧是那个年代人们乐于参与的事情。郑自华回忆说："每到晚上要看电视，好了，闹猛了。楼上楼下，隔壁邻居，同学朋友都要找借口来了。放《大西洋底来的人》，哦哟，屋里厢轧十几个人不稀奇。"

他还记得，1978 年电视台重播徐玉兰、王文娟 1962 年主演的越剧电影《红楼梦》，他的两个阿姨特意从虹口区提篮桥赶到他位于杨浦区渭南路的家里观看。由于 9 英寸电视机实在太小，只有大约一本书那么大。为了看得更清楚，市面上出现了一种"电视放大器"，相当于一块架在电视机前的玻璃放大镜。"我真的买过一块。"郑自华说，"从前面看，人物确实变大了。但是有个缺点，稍侧一点看图像就要变形了。"上海人把图像放大后仍不满足，还想要把黑白电视机变成彩色的。"市面上又出现了一种涤纶片，通过三色原理制造出彩色效果。"他说，"但是画面滑稽到啥程度呢？看到后头往往会出现红头发、黄面孔、绿下巴。"回想起当时人们的发明创造，郑自华有些莞尔。"不过这也说明阿拉上海人聪明，永远不满足，永远追求进步，对生活有一种高标准。"他自豪地说。

第三节　金星牌电视机

一、历史背景

上海电视机一厂是机械电子工业部骨干企业，是生产彩色、黑白电视机的专业工厂，产品使用金星牌商标。该厂的前身是金星金笔厂，生产钢笔零件，组装钢笔。从新中国成立到 1969 年，该企业蓬勃发展，生产规模不断扩大，经济效益逐年提高，为 20 世纪 70 年代开始晶体管和电视机的研制和生产打下了坚实的基础。

1969 年春，国家发出发展电子工业的号召，不安于现状的金星金笔厂在上海市轻工业局制笔工业公司的支持下，在保证金笔正常生产的同时，成立晶体管试制小组，开始研制 3DG6 型晶体管产品，工厂由此而逐步跨入电子行业。

在当时一无翔实的技术资料，二无专业设备的情况下，该厂依靠自身力量，派出技术骨干赴兄弟厂学习取经，同时组织了一支有丰富经验的金加工队伍，从真空锻模机入手自制晶体管生产专用设备和测试仪器，不到半年时间，建成了一条在当

图 2-26　金星品牌标志

时居行业领先地位的 TTL 集成电路和晶体管生产线，3DG6 型晶体管投入批量生产，当年就获得利润 10 万元人民币。

1969 年下半年，上海市成立电视机会战办公室，着手组织有关单位进行电视机研制。这时，已经在晶体管开发过程中取得成功的金星发出了"我们也要搞电视"的强烈呼声。经上级同意，该厂立即联合上海交通大学、上海大学工学院、浙江大学等大专院校，调集力量投入研制。同年 12 月 26 日，成立了六人电视机试制小组。他们从分析、研究国外电视机产品入手，开始自行试制。次年 4 月 26 日第一台金星牌 23 厘米（9 英寸）全晶体管黑白电视机诞生了。

1970 年 3 月，上海市电视机会战办公室明确了金星厂试制彩电的任务：负责电视导演控制桌和视频交换立柜项目，并从上海电视台等单位抽调了十多位工程技术人员支援金星厂，加上金星厂自身挖掘培养的一批技术力量，组成了从事电视机产品开发的骨干队伍。同年 5 月，金星厂彩电会战组成立并提出了"苦战两个月，拿出彩色电视机，向党的生日献礼"的口号。在全体成员的齐心努力下，七一前夕，我国第一台 47 厘米（18 英寸）轮换调频制全晶体管单枪三束彩色电视机在金星金笔厂问世，填补了我国电视工业的一项空白。经与上海电表一厂、亚浦耳灯泡厂、南京 714 厂等 40 多家单位和大专院校联合攻关，试制组解决了激光源、电光晶体、帧行扫描三大难题。于当年 12 月 18 日研制成功 1.8 m×1.3 m 彩色激光大屏幕电视机，将其用作我国第一座卫星地面接收站的显示终端接收了美国阿波罗14号、15号飞船登月飞行的实况转播信号。会战组与大专院校配合，开始研制我国第一台彩色电视试播导演控制桌和视频交换立柜，两年后取得成功。1970年6月底，试制成功国内第一台C47轮换调频制47厘米全晶体管单枪三束彩色电视机，填补了国内空白。1970年12月26日，全国彩电试制工作交流会在北京召开，金星厂派出9人参加，两台最新研制的彩电参加了展出。1971年4月29日，金星牌第一台49厘米(19英寸)全晶体管彩电又告诞生。由于当时彩色显像管还没有稳定的供应渠道，加上彩电成本与消费者需求的矛盾，彩电批量生产的条件尚未成熟，因此从实际出发，金星厂开始集中力量研制黑白电视机。1971年8月，金星牌40厘米（16英寸）混合式黑白电视机研制成功。

为了提高全晶体彩色、黑白电视机关键元器件的质量，金星厂还先后试制成功3DG111～118型高反压中功率管、3DD101、102型高反压大功率管、2DL型高压硅堆、3DG01型超高频低噪声小功率三极管、偏转线圈、行输出变压器、电源变压器等产品，为国产电视机实现全晶体管化奠定了基础。其中，3DD系列高反压大功率管后来被选用于毛主席纪念堂工程。

1972年5月，我国第一台40厘米全晶体管黑白电视机——金星牌B40-725-A型——试制成功并投入批量生产。为解决国产显像管暗角、几何失真等问题而研制成功的1100型大屏幕偏转线圈也应用到该机上。1974年研制成功的C47-312型彩色电视机，是全国第一代电子调谐三枪三束彩色电视机。1978年，金星金笔厂更名为上海电视机一厂。同年，国家批准该厂引进全国第一条彩电生产线。

1980年，该厂从日本引进年产20万台彩色电视机的流水生产线及全套质量保证系统。经过近10年的引进、消化、吸收、创新，产品实现了多元化，并形成了规模经济，至1990年，彩色电视机年生产能力达100万台。

金星彩电选择的发展思路是"适度规模，适当份额""高科技含量，高品质质量"。其市场定位主要针对上海本地，提出金星精品彩电要同上海作为全国经济、金融、贸易中心的地位相适应。也先后推出过图文电视、数码系列产品等高新技术产品和16：9宽屏彩电、等离子彩电、全平彩电、43英寸背投彩电等。

金星产品获得过很多奖项，1978 年 1 月，B40-725 型机在全国首届黑白电视机质量评比中获第一名。1984 年，在全国第四届黑白电视机评比中，金星牌 B35-1U 型模拟立体声电视机获外观造型单项一等奖。1987 年，金星牌 B35-7 型黑白电视机获中国专利局颁发的"日日新款"专利证书。1989 年，金星牌 C514 型彩色电视机获全国行业评比唯一的外观款式设计优秀奖。20 世纪 90 年代，其开发设计的大屏幕彩色电视机开始进入国际市场，其设计是中国相关产品设计的风向标。

二、经典设计

《上海地方志·专业志·仪表电子行业志》中记载，电子行业是较早实现产品设计项目负责制的行业，同时也是较早地提出了"设计程序"概念的行业。作为金星产品设计的核心人物之一，陈梅鼎曾作为中国电视机行业的优秀设计师而被韩国相关杂志介绍。笔者在查阅资料时发现他有一篇文章题为《严格设计程序　提高设计水平——电视机造型设计程序简介》，详尽地描述了在电视机设计中，设计师的作用和工程师的分工及作用，思路清晰，针对电视机造型设计的特点着重强调了下列程序。在"准备设计阶段"，提出要成立设计小组，"避免一个设计一个方案，最终让领导认同一种方案的冒险现象"，"要吸收所有商品的先进性，诸如参考服装、汽车、建筑等设计"等。在"设计阶段"提出应用"希望点列举法""移植法"进行设计，并且将构思用草图表现出来，"画到自己再也想不出方案"。在"完美阶段"提出与工程师协调与造型相关的问题，落实造型设计中采用新工艺装饰的厂家，并最终确认其质量，要设计产品使用说明书、合格证等，要参加销售，听取用户意见，汇总信息，为下一个造型设计提供依据。正是在这样的方法引导下，金星产品设计走过了以下历程：

20 世纪 50 年代中期以前，上海广播电视制造业的产品设计靠实验摸索。使用的仪器仪表多为通用示波器、万用表、稳压电源等。设计文件不齐全。产品投产后，设计人员一起参加调试、修理。

20 世纪 60 年代后，一些企业建立了产品设计负责人（主设计者）制度，对新产品实行设计定型。设计手段有了发展，采用了标准信号发生器、扫频仪、宽频带示波器等专用和通用仪器仪表，对产品进行定量分析。

以上两个阶段虽然有一些开拓性的产品问世，但真正实现市场销售的不多，大部分是技术性的突破，因而在造型设计方面建树不多。

20 世纪 70 年代中期以后，通过狠抓产品质量，产品寿命从几百个小时提高到几千个小时，其中 B31-1 型黑白电视机已实现大批量生产，并且获得 1979 年全国第二届、1981 年全国第三届电视机质量评比一等奖，同时被评为上海市优质产品。

20 世纪 80 年代初期，实行新产品设计开发的管理、程序、准则等制度，对外形设计、结构设计和整机进行质量评审。这个阶段设计的金星牌模拟立体声黑白电视机已经将卧式电视机造型设计发挥到较高的水平。这自然与 1978 年国家计划委员会决策从日本引进彩色电视机生产线有关，时任金星厂厂长率领一个 5 人小组与日方谈判，通过与日立、东芝、松下、三洋等企业的接触，进一步认识到电子时代自身产品设计的特点，更加重要的是看到了日本企业通过设计提升市场竞争力的方法。所以 1982 年设计成功的 B35-1U 型基本上可以认定为一件具有"商品"价值的设计，它完全区别于前代产品中立足于技术的造型语言。从技术上看，采用集成电路使得产品体积大大缩小，同时塑料材料的大量应用使得产品的造型变得更加容易控制，更加有利于设计师展开想象。在与日本同类产品类比的基础上， B35-1U 型产品设计在整体上显得十分有机，因而有利于对消费者造成一种亲近感，特别是顶部提手的设计，放下时正好与机箱合为一体，扬声器部位的矩阵内小圆孔的设计为产品增加了活泼的要素，银灰色、深灰色、黑色系列的色彩设计增加了产品的科技感。在塑料制品表面装饰工艺的发展中，全塑薄型机壳加工、两次喷涂、大面积烫印、标志移印、高光切削铭牌等新工艺都提高了电视机的质量。

20 世纪 80 年代后期，上海广播电视制造业充实设计机构，有的企业把设计科扩建成研究所。设计手段有了变化，逐步采用了计算机辅助设计（CAD），缩短了新产品设计周期。从 1989 年 7 月到 1990 年 6 月，借助企业的技术、工艺优势，金

图 2-27 金星牌 B35-1U 型模拟立体声黑白电视机

星厂将其 14 英寸、20 英寸、21 英寸、22 英寸产品设计全部由卧式改为立式，实现了遥控操作。得益于从日本日立公司引进的两套彩电生产线以及以此为基础进行的一系列技术改造，历经开发设计直角平面电视机的成功，20 世纪 90 年代金厂星将下一步目标确定为主要针对国际市场开发大屏幕彩色电视机，为此金星厂专门从日本进口了 4 000 克大型注塑机，在前期为世界各地不同制式产品的代加工和外贸出口产品的生产的过程中也积累了一定的经验。1991 年 12 月，尝试性地推出了 C711 型 28 英寸彩色电视机，与此同时另一款同样规格的产品已经设计完毕，这就是金星牌 C718 型 28 英寸彩色电视机。

产品由创立不久的深圳蜻蜓工业设计公司提供设计，批量的机壳、多块印刷电路板则由由金星厂技术人员在三个月内完成，两者都创造了"中国设计的历史纪录"。上海金星电视机厂的 28 英寸彩色电视机是我国第一代大屏幕显像管产品，并为之命名"金星—金王子"，定位于引领金星品牌的高端产品。当时上海金星电视机厂资深设计师力邀深圳蜻蜓工业设计公司为金星设计新产品，并在设计过程中建议在机身下方加一条"金色的装饰线"，增加产品的"语义"特征，以此增加消费者的美誉度，并促进销售。遥控器的设计十分人性化，曲线设计贴合手掌，造就了和蔼可亲的界面，色彩则沿用了金色与黑色的组合。这是当时通过设计将产品的"高科技"特征充分展现的示范案例。1992 年 4 月 28 日，上海金星电视机厂专门举办了新产品发布酒会，产品主要出口海外市场。

设计师陈梅鼎认为，这款电视机的设计令人耳目一新。给彩电款式命名，在我国电视机设计史上本身就是一件新鲜事，再加上这个命名又传神地刻画出这款大屏幕彩电的设计立意和形态特征，则更使人享受到工业设计师们所创造的无限情趣和意韵。严峻而理性的设计品位，传达出大屏幕彩电蕴有的视听功能的内涵并提高了人们的审美情趣，它毫不哗众取宠，不夸张其商业性的噱头。事实也证明，这一产品上市后，其款式深受全国广大用户的喜爱和行家的好评。其电源按钮的设计亦颇引人注目，圆形的按钮与整体的双曲面如此紧紧地吻合起来，其表面呈球面，这样，电源开关让人按动的人机关系在这里被设计得十分准确，又不失美感。这一切皆与蜻蜓公司设计的理念不谋而合：设计是一种爱的行为。设计与其说是出自双手不如说是出自情感和爱心，打动消费者的往往是产品背后凝聚的匠人匠心。金星牌 C718型 28 英寸彩色电视机设计的成功是当时工业设计行业的一个重大事件，这种具有示范作用的设计活动，让中国的制造企业、设计行业的从业人员都看到了设计带来的改变，使工业设计不再停留在概念层面。

陈梅鼎最后总结道：蜻蜓工业设计公司是一个优秀的设计群体。公司的信条是产品即人之观念的物化，设计是一种爱的行为。公司总经理俞军海和总设计师傅月明一再强调，他们在设计中使用的一个点、一条线、一个面都是真挚情感的袒露，他们的每一件产品无不倾注自己全部的爱心。因此，他们设计的产品与其说是出自双手，不如说是出自情感和爱心，要力求让设计师的爱深深地打动消费者。工业产品的设计不应该仅仅传达产品的功能，而应该同时真挚地传达设计师所认识到的人类普遍情感，一种关于情感的形式。那么，如何才能正确地捕捉、占有和把握情感，从而使情感内容不需要严格意义上的理解，而是用一种普遍的形式便可呈现给人们呢？蜻蜓工业设计公司的设计师们在设计实践中终于找到了令人满意的答案：可以通过创造某种宏观对象来达到上述目的。所谓"宏观对象"，是指无论对企业还是设计公司自身都具有重大战略意义的设计项目，金星牌 C718 型 28 英寸彩色电视机设计的成功确实是当时工业设计行业的一个重大事件。通过这种具有示范作用的设计活动，中国的制造企业、设计行业的从业人员都看到了设计带来的改变，使工业设计不再停留在概念层面。

三、工艺技术

《上海地方志·上海广播电视志》记载：1979 年 10 月，（金星）在全国电视机行业中首创电视机 40 摄氏度高温老化筛选工艺，产品开箱合格率从 60% 上升到 90%，其工艺得到国家广播电视总局的肯定，并在电子工业部召开的济南会议、南京会议上得到推广。在以后的各个阶段中都坚持技术、工艺服务于产品质量的信条，同时还要考虑以此来降低产品成本。金星新品开发第一战役是要把原来在生产的基本款 14 英寸到 22 英寸各种规格的卧式彩电全部改为立式遥控机。从 1989 年第三季度到 1990 年第二季度，在不到 300 天的时间内就推出 14 英寸、20 英寸、21 英寸、22 英寸 4 个规格的 8 种机型立式遥控新产品，实现了彩电外形从卧到立的转变。彩电实现立式遥控后消费市场出现了一股追求直角平面彩电的热潮。金星做出了尽快开发直角平面系列彩电的决策，在已有 21 英寸 C541 型机的基础上开发了新的 C542 型机。由于结构设计上改进产品，所以一上市就受到用户欢迎，该机很快成为热销产品，成为金星系列中的拳头产品。与此同时开发了 17 英寸 C451 型、19 英寸 C491 型直角平面彩电，形成 FS 系列产品。由于上市的时间比行业中其他厂早几个月，所以达到了占有市场的目的。1991 年，金星又看到了大屏幕彩电的潜在市场需求，由于开制大型彩电机壳模具需要较长时间，因而采用"拿来主义，为我所用"的办法，由机壳供应商提供了匹配的机壳，在 1991 年 12 月 28 日，推出了 C711 型 28 英寸大屏幕彩电，尽管数量不多，但作为对大屏幕彩电市场的火力侦察收到了预期的效果。

"快中求省，发展 TDA 系列机芯"是当时的原则。市场竞争的激烈，必然会导致价格竞争。要保持产品在市场竞争中的优势，就必须努力通过工艺、技术降低产品成本，形成价格竞争优势，这样才能使产品在市场竞争中立于不败之地，经久不衰。彩电优化电路中 TDA 二片电路具有外围电路简单，元器件数量少，装配、调试简便的优点，比 TA 二片机芯成本要低 60 元左右。1991 年，金星厂新品开发的目标中提出了要形成 TDA 机芯系列，设计开发了 C3711 型 14 英寸、C491 型 19 英寸、C543 型 21 英寸三种 TDA 新机芯，基本形成了 TDA 机芯彩电系列。

为了进一步开发市场，使金星产品能满足不同层次用户的需求，1991 年金星厂完成了大屏幕彩电生产线改造，重点是大屏幕彩电。按机电部要求通过联合设计使产品在图像、伴音质量方面有所提高，同时抓紧工艺、技术的落实及生产准备等工作，保证 1992 年有批量生产的 28 英寸、25 英寸、29 英寸大屏幕彩电上市场。彩电从引进机芯开始，必然要发展到自主开发。1983 年起，金星对计算机辅助设计进行摸索和准备，先是借用兄弟单位的计算机，将 Spice 程序移植后进行电路分析，SAP-S 程序移植后进行机械分析，最终完成了电路的仿真设计，在微机上建立起电路 CAD 系统和印板排版。在此基础上又对 CAD 的硬件、软件进行充分的调研，建立了 CAD 系统并培养了设计人员。基于 CAD 系统完成了 TDA、TA 大机芯的电路分析、仿真优化设计，完成了 C543、C542 两个机型的设计。其 CAD 系统在 1990 年、1991 年两次全国彩电优化设计评比中取得较好成绩，1992 年在进行 C493 型 TDA 机、C718 型 TDA 机、C718 型机芯的 CAD 设计时发挥了积极的作用。采用新的设计手段大幅度地提高了新产品的可靠性和先进性。

四、品牌记忆

《闪光的金星》一书中记载：电视机试制的不断成功并进入批量生产阶段，标志着金星厂从制笔向生产电视机方向的一大转折，成为我国最早研制、生产电视机的厂家之一，取得了先声夺人之势。然而，由于当时的设备、仪器比较简陋，技术基础薄弱，工艺水平不高，国产元器件的产量、质量难以满足批量生产的要求，所以产品的价格也相当昂贵。在金星牌 40 厘米黑白电视机投产时，单机成本高达 1 470 元，批量生产后虽有所下降，也要 1 300 多元，每生产一台就要亏损 103 元。金星厂出于战略考虑，果断提出了"笔、机并举，以笔养机"的经营决策，即一方面继续巩固金星金笔这一名牌的地位，扩大生产，加快新品开发，积极组织出口；另一方面用金笔获得的利润来扶植电视机，为电视机的研制和生产提供资金保障。

1973年初，国家向金星厂投资，在斜土路厂区新建5 600平方米的电视机装配大楼。金星厂开始组建电视机整机车间和高线（调谐器、行输出变压器、偏转线圈）车间，并开始招收技校生，定向培养电视机生产技术工人。随着三大件（调谐器、行输出变压器、偏转线圈）和晶体管的成批生产，电视机成本不断降低，到1973年年底，40厘米黑白电视机单机成本已降至954.74元，1974年进一步降至821元。

1973年5月，金星牌C47-P型47厘米(18英寸)全晶体管单枪三束彩电试制成功，并先后参加了北京、上海、成都、西安等地彩色电视节目的试播。1973年，金星厂的金笔和电视机生产都得到很大发展，金笔产值达969万元，电视机产值达233.6万元，都比1972年有大幅度的增长，这是"以笔养机"的初步胜利。

1974年，金星牌C47-312型全国第一代电子调谐三枪三束彩色电视机研制成功，再次填补国内空白。以后又不断有新型彩电试制取得成功。1975年，为进一步扩大"以笔养机"的成果，努力向"以机代笔"的方向过渡，金星厂发动广大职工大搞技术革新，一年中技术改造项目就完成329项，电视机生产亏损的情况明显好转。至此，金星厂在电视机生产方面已具备了一支实力较强的设计、生产、管理队伍，并设有一个彩电车间、一个黑白电视机车间、一个高线车间和一个晶体管车间，电视机生产已初步形成体系。"笔、机并举，以笔养机"的经营方针取得了巨大成果，既保证了电视机批量生产的顺利进行，又保证了企业利润指标的完成。1977年，金笔生产获利235.5万元，电视机亏损82万元，结果仍大大超额完成了当年计划利润20万元的指标，利税总额达153.5万元。

1976年，金星电视机产量达9 627台，1977年为18 566台，提高近一倍，如此迅速的发展势头，标志着金星厂已经具备了"以机代笔"、全面转产电视产品的条件。1977年年底，根据上级指示，金星厂的晶体管生产下马，金笔生产划转市轻工业局制笔公司所属其他厂家。1978年年初，金星厂开始转产，金星金笔从此停产。当时全厂共有职工1 300多人，其中直接或间接从事电视机生产的超过800人。1978年

3 月，工厂改名为上海电视一厂。"金星"历史的前半部分，即"金星金笔厂"的历史就此结束。

1990 年年底，上海电视一厂同朝鲜大同江电视机厂签订合同，由上海电视一厂向朝方输出彩电生产技术和成套技术装备。经过项目小组全体成员的努力，1991 年年底大同江电视机厂引进的彩色、黑白电视机兼容生产线及配套设备全部安装完毕，并验收投产。上海电视一厂技术输出项目取得圆满成功，创利 600 多万元人民币。从 20 世纪 80 年代初到 90 年代初的短短 10 年间，上海电视一厂从由国外引进到第一个向国外输出彩电技术，从本厂的翻版生产线到为外方设计、制造、安装生产线，实现了历史性的飞跃，为我国电视机生产技术和设备的出口在世界上争得一席之地。这是上海电视一厂发展的一大里程碑。

1991 年，国内彩电市场再度出现疲软，严峻的局面再次困扰彩电行业。为摆脱困境，外省市许多厂家因自行取消彩电"特别消费税"而活跃起来，而上海各家彩电生产厂由于种种原因，失去了时机，因而陷于不利的境地。上海电视一厂清楚地认识到，彩电市场的竞争已由"新品大战"转化为"价格大战"。要转不利为有利，必须抓好质量、新品和销售三个环节，尤其是销售这一关！全厂要树立"销售围绕市场转、生产围绕销售转、全厂围绕生产转"的思想。企业决策层提出作为具体对策的"八字方针"：

质：抓好产品质量，不论是"新品大战"还是"价格大战"，质量是前提，是关键。

销：突破传统观念，拓宽销售渠道，实行铺底销售、服务销售和跟踪销售，多销售，多创收。

挂：挂税销售，在平等竞争中发挥"金星"优势。

扣：扩大销售部门的"扣率"自主权，及时抓住机遇，迅速做出决策。

压：在自我消化的基础上，压低产品成本，增加经济效益。

活：在政策许可范围内，方法要活，以奖促销。

保：确保全年承包指标完成。

快：以上七个字都要迅速到位，慢了就会失去机遇，失去市场，失去效益。

工厂通过展开"找一条差距，提一条建议，订一条措施"的"三个一"活动，全厂职工的"自满感""荣誉感""轻松感"减少了，"危机感""紧迫感""责任感"明显增强。

企业新成立了市场科，一批政治素质好、业务能力强的同志被充实到销售第一线，及时捕捉信息，采取灵活的营销策略，避开大城市，占领小城市，开辟新的销售渠道。1991年7月到10月，门市部售出彩电25 000台，直接回笼资金5 000万元。同年8月，上海电视一厂十二车间（后改为九车间）两条彩色、黑白电视机兼容生产线开始安装，11月竣工并投入生产，提高企业年生产能力20万台以上。由于抓住了重点，把握了时机，加上全厂上下齐心协力，1991年上海电视一厂的产量、销售额和利税总额全面超过1990年，再创历史最高水平。

五、系列产品

金星在20世纪70年代借助晶体管技术研制并推出了更加成熟的产品，而20世纪80年代初推出的B31-2型黑白电视机可以认为是全面开启中国老百姓视听生活的关键产品，整机使用元件量大大下降，采用了日本的集成电路，产品可靠性大大提升，

图2-28　金星牌B31-2型黑白电视机的广告

图 2-29　韩国杂志 *DESIGN JOURNAL* 中国特刊中刊载的陈梅鼎及其设计的产品

而机壳则采用了全塑料结构。与后来相继推出的 B40-3 型黑白电视机、B44-3 型黑白电视机、B35-1 型黑白电视机一样，主要由该厂设计师陈梅鼎主持设计，成为中国电视机晶体管技术时代产品设计的代表，曾经在韩国 *DESIGN JOURNAL* 中国特刊上有过介绍，至 B35-1U 型黑白电视机，已经将卧式电视机设计到了极致。

　　在已有的 21 英寸 C541 型产品的基础上改进设计的 C542 型产品开创了金星直

图 2-30　金星牌 C7411 型全制式彩色电视机

角平面电视机的时代，此时日本的同类产品已经进入中国市场，受到消费者的追捧，无奈售价太高令人望而却步，金星直角平面电视机的问世无疑能够满足消费者的需求，很快成为金星厂的拳头产品。根据产品发展规律，金星厂又沿着这个思路相继开发了 19 英寸 C491 型、17 英寸 C451 型直角平面电视机，形成了一个系列，这个系列的产品上市早于同行数月，又配置了强大的营销团队，在各种媒体广告的配合下一举占领了市场。其中 C542 型产品于 1991 年获国家质量银质奖、电子工业部优质产品、第一届中国国家电子贸易博览会金奖、上海市优秀产品，于 1993 年获第二届上海科技博览会优秀奖。19 英寸 C491 型、17 英寸 C451 型也获得多种荣誉。1992 年，以 C718 型彩色电视机为开端，进入了大屏幕彩色电视机开发的时代。2004 年推出了金星 C7411 型全制式彩色电视作为市场主打产品，当时产品只在中低档市场有销路。

第四节　长虹牌电视机

一、历史背景

国营长虹机器厂创立于 1958 年，是中国第一个五年计划期间的 156 项重点工程之一，当时是国内唯一的机载火控雷达生产基地。20 世纪 70 年代末至 80 年代初，国家实施军转民战略，长虹一手抓军品，一手开始电视机的研制。

1986 年，长虹引进松下彩电生产线，这是国内引进的最后一条彩电生产线，也是当时国内单班生产规模最大、自动化程度最高的彩电生产线。1988 年，由国营长虹机器厂独家发起并控股的上市公司——四川长虹电器股份有限公司——成立。1989 年 8 月，长虹彩电在全国范围内全面降价，引发中国彩电史上第一次价格战，国产彩电开始走出计划经济时代。1993 年，长虹自行设计制造的技术先进的大屏幕彩电生产线建成投产。1999 年，长虹超大屏幕数字网络背投影彩电投产。2000 年

12月8日，完全由长虹设计、制造、安装的等离子壁挂彩电（PDP）生产线正式投产。2002年7月，中国屏幕最大的液晶电视在长虹研制成功，这台被誉为"中华第一屏"的液晶电视屏幕尺寸达到了30英寸，表明长虹继精显背投后再次强势进入彩电高端主流行业。2002年12月25日，长虹液晶电视批量下线。1997年至2003年，长虹涉足空调、DVD、电池、机顶盒等产业，开始进行多元化延伸。

2004年至今，长虹开始3C战略转型。2005年，具有自主知识产权的55英寸液晶电视和65英寸等离子电视在四川长虹诞生。2007年6月1日，长虹与彩虹集团宣布，将联合建设国内第一条液晶玻璃基板生产线。2007年9月，长虹集团控股四川华丰集团（四川华丰为神舟飞船提供连接器）。2009年6月21日，长虹与台湾友达光电共同出资，在绵阳组建合资公司生产液晶电视模组。

2010年12月3日，奥维咨询（AVC）即时彩电市场零售监测数据显示：2010年1至11月，长虹3D电视在3D电视市场中零售量名列国产品牌第一名，市场占有率为46.7%，远远超过第二名与第三名的总和，顺利跻身3D第一阵营。2010年，长虹3D电视荣获"2010年度卓越成就奖""球迷选择奖""2010年3D电视行业贡献奖""中国3D领军大奖""绿色创新奖""2010中国3D TV创新大奖""节能之星"等多项行业殊荣。

2011年8月25日，长虹在深圳长虹科技大厦隆重举行长虹智能战略发布会，强调以价值和规模增长为路径，全面推进并实施智能战略。会上，长虹多媒体产业集团展示了包括智能电视、智能手机、智能家庭在内的全系列数字多媒体智能产品，让人们切身感受到智能改变生活。

2013年3月18日，中国家电行业首个U-MAX客厅电视标准在成都发布，大屏超高清、影院级音画、多终端协同等三大指标勾勒出客厅电视的真容，拥有超高清画质和多终端协同双重身份的长虹智能大平板成为电视行业的新趋势。长虹通过客厅电视实现对手持终端、电脑、空调、微波炉、洗衣机、电冰箱等智能家电的互联互控，形成了以客厅电视为中心的娱乐和信息服务系统。

2013年11月6日，在由中国电子视像行业协会主办的"2013中国音视频产业技术与应用趋势论坛暨中国数字电视产业链建设报告会"上，长虹凭借在简约智能、4K 超清显示、独有 U-MAX 客厅放映系统方面的优势和创新，一举将"2013 中国音视频产业技术创新"和"2013 中国音视频产业产品创新"两项大奖收入囊中。

2014 年 1 月 18 日，长虹召开 2014 年春季电视发布会，宣布推出基于家庭互联网形态下的差异化电视新品——CHiQ 电视。CHiQ 电视是国内第一款完全实现三网融合的电视产品，在家庭 Wifi 的情况下能够和移动设备进行多屏协同，完全实现实时"大屏观影小屏控"，让用户彻底扔掉遥控器，从根本上改变电视的交互方式。CHiQ 电视的"多屏协同"能够在 1/10 秒的时间内将电视信号转移到移动设备上"带走看"，大屏和小屏之间共同构成一个系统，实现设备间"互联、互通、互控"的多屏协同。

2015 年 3 月 26 日，2015 春季长虹 CHiQ 二代产品发布会举行，长虹宣布推出全球首台移动互联电视，使智能电视融入移动互联生态。2016 年 3 月 28 日，长虹电视春季新品发布会在北京举行，长虹首款搭载 U-MAX 影院系统的 CHiQ 电视 Q3T 隆重亮相。2016 年 7 月 28 日，长虹推出全球首款人工智能电视——长虹 CHiQ 三代电视，该电视是全球首款具有自适应能力、自学习能力、自进化能力而越来越懂用户的人工智能电视。

二、经典设计

长虹在传统的电视机产品设计方面几乎走过了与其他品牌一样的道路，只不过是用了比较短的时间来完成这一过程的。20 世纪 90 年代，长虹设计的红太阳一族系列产品是与日本东芝公司合作的成果，开创了大屏幕电视机设计的先河，产品设计中具有东芝产品的"高技术"特征，整体造型十分简洁。

DLP 背投电视机由四川长虹电器股份有限公司工业设计中心设计，从超薄式设计来体现当时家电产品造型的流行趋势。首先，设计结合加工工艺，运用了悬浮屏陷入面框的方式，打破了以往背投面框设计的旧思路。其次，面板和面框运用金属装饰条分割的镜面效果，金属装饰条提升了产品科技感和品质感。该造型运用了上面框和下面板的一体设计，从侧面看，面框和面板是一个整体；从前面看，装饰条把面板和面框有机分割。这种局部分割和整体统一的设计手法结合整个造型深色调（铁灰色）所体现的产品肌理美及上下结构连为一体的组合设计方式、面板简洁流畅的造型法则充分体现了产品本身的市场定位。

市场上的背投式彩电屏幕尺寸一般为 41～61 英寸，巨大的屏幕使电视图像更具真实感。与普通电视相比，背投式彩电不是利用显像管，而是采用先进的投影光学系统，使电视亮度和清晰度得到极大提高，同时再配以高质量的扬声系统，营造出一种强烈的现场感。

传统显像管彩电大多仍采用隔行扫描技术，包括一些进口的背投彩电也还在使用隔行扫描技术。行间闪烁严重，看久了会使人眼睛疲乏。而现在的背投彩电基本采用逐行扫描技术，如长虹"精显王"背投彩电在全球首次采用逐行扫描 +60/75 Hz 变频的精密显像技术，消除了行间闪烁及图像大面积闪烁现象，图像稳定、细腻、

图 2-31　长虹牌 DLP 背投电视机

层次清晰。而且背投电视机的自动数字降噪和清晰度提高电路能对输入的图像内容逐幅进行检测，动态地控制降噪电路及降噪量，使图像质量得到提高。没有噪波的图像就不会被由噪波电平所控制的滤波器处理，获得噪波和清晰度均较佳的图像。背投彩电的水平观看角度为160°，垂直视角为70°、屏幕亮度提高到350尼特的水平，完全可以符合观看要求。长虹背投式显示系统采用的是封闭的投射光路，完全避免了外界光线干扰，因此使得屏幕亮度大幅提高。普通投影机亮度在1 000流明左右，而背投电视的亮度为4 000~5 000流明，这样不会有黯淡的效果，使得图像更加艳丽逼真。如长虹"精显王"背投彩电采用由双凸透镜、菲涅尔光学透镜、保护透镜组成的三层均匀增益屏幕，具有超高亮度，还消除了环境光线反射的影响，保护眼睛不疲劳。另外，过去背投彩电由于投影管高热问题没有被有效解决，包括许多进口背投彩电仍只有1.5万小时左右的使用寿命，而长虹公司对投影管中起冷却作用的冷媒采用了独特配方，延长了使用寿命。长虹"精显王"背投彩电的使用寿命为2.5万小时，即每天看3~4小时可使用20年，是一些进口背投彩电使用寿命的1.67倍。背投彩电一般都拥有VGA或SVGA接口、高保真音响等，连接电脑后可上网冲浪，观看股票行情，玩电脑游戏等。因其屏幕大，故图文更清晰，视听更震撼，为消费者提供了更多、更好的增值服务内容。

传统显像管电视的工作原理是靠高压电子枪打出高速电子流在显像管的荧光粉涂层上发光成像的，在这个工作过程中会产生如X射线这样的电磁辐射，而且屏幕越大，辐射越强。背投电视机的工作原理是用三只投影管先把光束投射在机内镜面上，再由镜面反射到屏幕上成像，这一过程中均是光的运动，所以没有辐射的危害。而且DLP背投电视机采用全数码处理，这样就避免了普通CRT显示器所必需的扫描屏幕的过程，因此也就避免了图像的闪烁，使图像显示更加稳定。也正是这个原因，背投显示也就没有必要采用高压扫描电路，所以也没有X射线辐射，完全实现了零辐射要求，减少对人体的伤害，更符合现代绿色环保和健康的潮流。

早在2007年9月，有关机构的一份研究报告就预测背投电视机将在2011年结束其历史使命。随着索尼、三星和日立相继退出背投市场，长虹也转向了平板电视

图 2-32　长虹企业发展历程回顾展上展出的系列产品

的研发与生产。

自从长虹实行转型以来，其电视机设计走过的道路几乎与金星电视机一样，只是所用的时间比较短暂，技术引进的能级比前者高，这从其举办的企业发展历程回顾展中可以看出。因此不再列出系列产品做介绍。

三、工艺技术

背投就是背后投影的电视机，是一种利用投影和反射原理，将屏幕和投影系统置于一体的电视显像系统。在投影显示设备中，按其投影方式分为正投影和背投影两种方式的设备。正投影最直接的应用就是投影机，是指光线投射到屏幕正面显像的机器。而背投影其原理简单来说是将投影机安装在机身内的底部，信号经过反射，投射到半透明的屏幕背面显像。背投电视就是这种原理的产物。

背投彩电与普通彩电的成像原理不同，它是在普通彩电的基础上结合了投影技术研制开发而成的。从其工作原理上看，接收部分的原理与普通彩电基本相同，而最大的区别在于接收电视信号后的处理上。普通彩电收到视频信号后通过显像管直接显示到屏幕上，而背投彩电接收到信号后，通过电路处理，再经会聚电路和数字

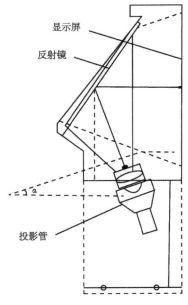

图 2-33 背投彩电投影机投射原理

滤波电路优化处理，将其传输给并排放置的红（R）、绿（G）、蓝（B）3 只单色投影管。3 只投影管产生的电视图像分别经过透镜放大，再经反射镜反射到投影屏上合成为一幅完整的大屏幕彩色图像。普通彩电所用的显像管尺寸和电视的尺寸是一致的，如普通的 25 英寸电视用 25 英寸的显像管，而背投影彩电用的是 3 个 7 英寸的小管子，这 3 只管子分别发出红、绿、蓝 3 种颜色的光，它们叠加在一起投影到屏幕上，形成完整的图像。

投影机投射图像要经过几次反射才能投射到荧幕上，所以背投式投影对于反射镜有很高的要求。首先是不能变形，其次是反射率要高。在反射率方面，它和普通光学玻璃反射的方法不同，背投式投影采用反射率较高的正面反射方式。投影机是投影显示系统的重要部件，其性能参数主要有亮度、对比度、解析度等，其性能决定了荧幕的显示质量。

背投彩电的图像质量与扫描技术密不可分。第一代背投产品产生于 20 世纪 80 年代末，由东芝、索尼等日本著名家电企业研制成功。第一代背投采用的是 50 Hz

隔行扫描技术，每秒钟只能显示 25 幅图像。图像清晰度差，亮度低，存在大面积闪烁，无法在日光下观看。第二代背投彩电在 20 世纪 90 年代中后期出现。其主要特征是"100 Hz 隔行扫描"和"50 Hz 逐行扫描"两种扫描模式，两种模式都是每秒钟显示 50 幅图像，在"100 Hz 隔行扫描"模式下表现为图像虽不闪烁但清晰度低，在"50 Hz 逐行扫描"模式下表现为图像清晰度虽较高但仍存在大面积闪烁。实际上，真正意义上的 100 Hz 逐行扫描背投还不存在。第三代背投产品是 60 Hz 逐行扫描背投彩电。60 Hz 逐行扫描背投运用了"数字变频 + 逐行扫描"技术，每秒钟显示 60 幅图像，圆满地解决了清晰度和图像闪烁的问题。第四代背投产品采用 75 Hz 数字变频逐行扫描技术，每秒钟显示图像高达 75 幅，每帧图像扫描线在单位时间内达到了创纪录的 1 520 线，图像清晰度、画面透亮感、稳定性都显著提高。第五代背投产品采用的是数字视频处理技术和 3D 画质改良方案，像素值达到了 206 万，显像管灵敏度提高近 300%，清晰度、亮度均得到大幅的提升；另外还配备了 HDTVReady 数字电视接口，全面兼容数字电视信号。中国市场上背投电视消费主要集中在长虹、东芝、索尼、飞利浦、三星、LG 等品牌上。

根据采用的投影机种类，背投技术可以分为 CRT（阴极射线管）、LCD（液晶）、LCOS（硅基液晶）、DLP（数字光处理）等几种。CRT 背投电视的技术最为成熟，生产规模较大，性价比高，依然是国内背投电视市场的主流产品。但 CRT 背投电视依靠荧光粉发光，很难提升亮度，容易使显像管老化，时间长了，画面会变暗，清晰度降低。LCD 背投电视的成像方式为透射式，成像器件为液晶板，是一种被动式的投影方式。它利用外光源（金属卤素灯或 UHP 灯），因此只要提高灯泡的功率就可以提升亮度。它利用比较成熟的液晶投影技术，色彩还原性好，亮度和对比度都优于 CRT 背投电视。LCD 投影机根据液晶板的片数分为三片式和单片式。三片式投影机是液晶板投影机的主要机种。DLP 是指数字光处理技术，这种技术要先把影像信号经过数字处理后再投影出来，其投影显示质量很好。与 LCD 背投的透射式成像不同，DLP 为反射方式。其系统核心是由德州仪器公司开发的数字微镜器件 DMD。DMD 是显示数字可视信息的最终环节，它是在厘米 OS 的标准半导体制程上，加上一个可调变反射面的旋转机构形成的器件。通常 DMD 芯片有约 130 万个铰接安装的微镜，一个微镜对应一个像素。DLP 背投电视的原理是用一个积分器将光源均匀化，通过一个有色彩三原色的色环，将光分成 R、G、B 三色。微镜向光源倾斜时，光反射到镜头上，相当于光开关的"开"状态。微镜向光源反方向倾斜时，光反射不到镜头上，相当于光开关的"关"状态。其灰度等级由每秒钟光开关的开关次数比来决定。因此采用同步信号的方法，处理数字旋转镜片的电信号，将连续光转为灰阶，配合 R、G、B 三种颜色而将色彩表现出来，最后投影成像，便可以产生高品质、高灰度等级的图像。

四、品牌记忆

对于长虹而言，除了创始的艰苦、转型的阵痛、价格大战的刻骨铭心、"豪赌"背投产品的记忆以外，品牌突出重围的时刻也是一种有价值的记忆。虽然这个时刻离现在并不遥远，但是对长虹这种转型的企业而言的确是一个继往开来的新起点。2014 年 1 月 18 日，长虹推出了第一台真正实现"不用遥控器且带走随时看"的电视，即 CHiQ 一代。CHiQ 一代电视不仅具有"带走看、随时看、分类看、多屏看"功能，而且具备了和智能手机、智能冰箱、智能空调等智能终端进行无线连接与内容协同的强大拓展应用，并且从业绩、市场、外部评价、用户比较方面都得到了认同，CHiQ 一代电视用户平均激活率达到了 86%。2015 年 3 月 26 日，长虹在四川绵阳召开 2015 春季 CHiQ 二代产品发布会，宣布推出全球首台移动互联电视并同步上市。董事长赵勇亲自站台，CHiQ 产品经理陈科宇担纲发布，著名艺人邓超倾情代言，共同见证 CHiQ 二代电视的面世和长虹在 2015 年的震撼开局。

CHiQ 二代电视机通过长虹公司全球首创并完全拥有自主知识产权的 DCC（设备连接及控制）协议，实现独创的"M+ 双芯"智联技术，构建了一整套从驱动到应用层的软件框架。通过自动组网、设备整合，达成了内容、存储、外部设备等资源的协同，从而让拥有移动芯片的终端与电视自由融合、无缝对接，不但可以让用户

图 2-34　CHiQ 二代产品发布会现场

通过电视尽情畅游移动互联世界，还赋予了电视前所未有的内容交互、信息运算与存储的强大处理能力，更让电视配置可升级。长虹自豪地宣称：CHiQ 二代电视是真正意义上的"全球第一台移动互联电视、全球第一台可升级电视和全球性能最强电视"。CHiQ 二代电视的推出，使电视真正成为在物联网形态下整套智能家居系统跨网跨界协同、内容交互和信息推送等应用的移动互联生态中心，是长虹在聚合国家相关创新资源，实现依靠软件融入并定义硬件的一项重大科技成果。

　　长虹的 CHiQ 二代电视被称为"给年轻人看的超级电视"，这款升级版智能电视的口号是"不做低头族，Lookup！"，旨在让众多被智能手机变成"低头族"的年轻人回归电视。全球独创的"M+双芯"智联技术及"DCC 协议技术"极大地提升了电视机的运算处理性能，让用户可以在电视上直接运用原本基于移动终端开发的音视频、游戏等应用软件，将海量内容带到观众眼前，让观众可以享受到直播推荐"订制玩"，家里家外"同步玩"，大屏飙车"极速玩"等电视新玩法。中国电子商会副会长说："在这个到处都是互联网思维和家庭互联网战略的家电市场，曲高和寡没有意义，只有真正和消费者玩到一起的品牌，才能获得消费者的认可。长虹的 CHiQ 二代电视做到了这一点。"

五、系列产品

长虹 CHiQ 电视的中文名为"启客"。其最突出的特点即解决了过去电视"人机交互体验差，电视无法移动，内容搜索不方便"等痼疾，以"多屏协同、云账户、智能服务"等一系列技术创新的系统解决方案，实现"电视带走看，直播随时看，节目分类看，便捷多屏看"，让观众扔掉遥控器，实现以移动终端如智能手机或 PAD 来操控电视。

2016 年 7 月 28 日，长虹在北京 751 D·PARK 北京时尚设计广场召开人工智能新品发布会。该产品最大的特点是能在 3 秒内快速响应语音搜索，根据用户的收视习惯自动推荐个性化内容，并且能够在 30 米范围的超远距离之内达到精准识别效果，语音识别率可达到 97%。长虹 CHiQ 二代电视搭载长虹独创的"M+ 双芯"智联技术，拥有 22 项国家专利，并通过了国家广播电视产品质量监督检验中心的评测。移动芯和电视芯智能组网，使 CHiQ 二代进入移动生态领域，成为全球首台移动互联电视，也是全球首款配置可按需升级的电视。视频智能推荐功能，让长虹成为全球首家在终端上实现直播节目实时收视统计的公司。Q2C 是长虹 CHiQ 二代系列高端曲面 4K 智能电视机，具有 20 核顶级配置，搭载长虹独创的"M+ 双芯"智联技术，屏幕有 65 英寸和 55 英寸两种规格，配置安卓 4.3.3 系统，外观造型为曲面屏，时空幻月造型，结合玄月白金底座、幻月呼吸灯和全钢一体化制造工艺。屏幕是国内首创的采用 BM-less COT 技术的曲面屏，同时配合专业曲面背光模组，实现超高对比度、超广色域、超级暗场景现实，让画质达到顶级。4k 分辨率下应用 MEMC（高频动态补充技术），有效消除影像运动过快产生的抖动拖尾现象，增强图像流畅度和稳定度。其中 Q2N 是长虹 CHiQ 二代系列中最新的超轻薄 4k 电视，最薄处不足 1 厘米。

2016 年 7 月 28 日，长虹推出全球首款人工智能电视——长虹 CHiQ 三代电视，该电视是全球首款具有自适应能力、自学习能力、自进化能力且越来越懂用户的人工智能电视。同年 12 月 21 日，长虹在北京召开超影 FILM 体验会，推出全球首创超高效远心激光机和柔性菲涅尔光学屏幕的 CHiQ 激光影院，宣布进军电视超大尺寸市场。此次推出长虹 CHiQ 激光影院由激光机、光学屏幕两部分组成，采用了动态消散斑技术和远心光路系统，首创地提出集成式单轴双轮颜色系统技术方案，减小了透反射式荧光轮光路转折带来的光机尺寸增大，并解决了双轮旋转中引入的颜色系统不同步的问题。创新超短距伽利略光学望远系统、大广角激光收光技术、高集成分光匀光技术，在技术上大幅简化光路，有效提升光学效率，降低功耗。在外观方面，长虹 3D65B8000i 型电视机以黑色为主色调，配以极致窄边框设计，总体给人时尚大气之感。此外，在机身四周带有一层金属包边，做工精细，可以满足现在用户对产品外观的苛刻需求。产品还集成了高清内置摄像头，用户无须安装驱动程序就能正常使用，支持 QQ 等网络视频聊天工具。一体化设计的好处不言而喻，既避免了 USB 摄像头容易丢失的问题，又减少了 USB 插头反复插拔容易接触不良的现象。

图 2-35　长虹牌 3D65B8000i 型电视机

第五节　康佳牌电视机

一、历史背景

1979 年 4 月 2 日，光明华侨电工厂在广州成立，由广东省华侨企业公司与香港港华电子企业有限公司合作经营。1979 年 12 月 25 日，广东省光明华侨电子工业有限公司正式兴建，首期投资 4 300 万港元，内地公司控股 51%，香港公司占 49% 的股份。1980 年 5 月 21 日，光明华侨电子工业有限公司正式投产经营，这一天被定为康佳诞生日。同年 11 月，确定公司产品商标为康佳"KONKA"，注册商标图案为"KK"。

1983 年 11 月 3 日，康佳电视中央信号源建成，标志着公司产品结构由收录机向电视机转变。1984 年 1 月 20 日，第一条电视机整机生产线建成并投入批量生产，第一批生产了 14 英寸 7701A 型、14 英寸 7701D 型遥控彩电各 500 台。1987 年 7 月 15 日，康佳牌 KK-T3820 型、3818 型、3706 型彩电被广东省经委批准为替代进口产品。1987 年 12 月 30 日，康佳取得电子工业部颁发的彩色电视机生产许可证。1989 年 6 月，康佳编辑出版第一本《质量管理手册》。

1989 年 7 月 15 日，经深圳市工商局批准，公司名称由广东省光明华侨电子工业有限公司更改为深圳康佳电子有限公司。 1990 年 6 月 24 日，康佳技术开发中心正式成立，一年以后康佳模具开发中心成立。1991 年 12 月 13 日，公司更名为深圳康佳电子（集团）股份有限公司。 1993 年 10 月 4 日，康佳在全国同行业中首家通过 ISO 9001 质量管理体系国际、国内双重认证。1995 年 9 月 15 日，公司更名为康佳集团股份有限公司。1998 年 11 月 27 日，康佳在国内同行业中首家通过 ISO 14001 环境管理体系国际、国内双重认证。1992 年 3 月 27 日，康佳 A、B 股股票在深圳证交所挂牌上市。1992年5月，康佳首次跨入中国最大工业企业百强行列。1992年9月14日，康佳"KONKA"商标被评为深圳市十大著名商标第一名。1992年10月12日，康佳"KONKA"商标被评为广东省著名商标。同时以自己的品牌为资产进行大规模的拓展和运营，1993年4月20日，东莞康佳电子有限公司经批准成立。1993年2月15日，牡丹江康佳实业有限公司正式开业，康佳控股60%。1995年10月28日，陕西康佳电子有限公司开业。1997年5月21日，安徽康佳电子有限公司正式开业。1999年4月7日，康佳印度HOTLINE、香港伟特公司合资组建康佳电子（印度）公司，这是康佳在海外建立的第一家合资企业。

在国际合作方面，1999年9月26日，中国第一条高清数字电视生产线在康佳正式启用。2000年9月，美国康佳康盛实验室成功研制出中国彩电行业第一块电视机MCU控制芯片。1999年10月7日，康佳与朗讯公司举行签字仪式，合作开发新一代移动通信产品。2000年6月21日，康佳从日本东芝公司引进专用设备、自行设计开发的第一条背投电视整机生产线正式建成投产，这标志着康佳在超大屏幕彩电的研发生产上迈出了崭新的一步。2004年12月18日，康佳集团与国际知名IT厂商日本精工爱普生株式会社在深圳香格里拉大酒店举行盛大的新闻发布会，宣布双方在液晶背投领域进行技术合作。2004年11月，汤姆逊投资集团参股康佳，成为康佳第四大股东，使康佳的股份制结构更趋多样化，加快了康佳的国际化步伐。

康佳的产品为品牌和企业带来了许多的荣誉。1991年12月，荣获1990年度全国十大外商投资高营业额、外商投资高出口创汇企业称号。1990年10月，康佳KK-T920型彩电获"中华人民共和国质量奖优质奖"奖牌。1991年4月，康佳牌KK-T920C型彩电荣获第二届北京国际博览会金奖。同年10月，荣获第一届中国国际电子贸易博览会金奖。1992年4月，康佳获国际行业领导俱乐部授予的第二届"国际领先企业奖"，成为中国电子企业首家获此荣誉的企业。2000年1月9日，在美国拉斯维加斯举行的国际消费类电子产品展上，康佳DVD/TV二合一产品获"创新2000奖"，这是中国消费类电子产品首次荣获国际大奖。2007年7月，康佳在2007年中国国际消费电子博览会上获得"2007年度消费者最信赖平板电视品牌"和

"2007 上半年度平板电视最佳市场表现奖"，同时获得"中国工业设计优秀奖"等众多的奖项和荣誉。

康佳的成就是中国改革开放成就的缩影，也是中国通过融入世界经济体系以后进一步基于电子革命的成果谋求发展的典范。企业通过早年的代工生产（OEM）积累了发展资金，学习了国际先进的技术和生产管理模式，通过ODM学习了产品设计的方法，认识了市场和品牌的力量，其设计发展模式不同于上述传统的的企业，在以后新的一轮发展中必将表现出强劲的动力。

二、经典设计

2000 年，康佳设计了一款专门针对都市年轻时尚女性的 LC2ES68Q 型产品，设计灵感来源于安徒生童话《海的女儿》中的美人鱼，以女性优美的身体曲线进行提炼，创造出简洁流畅的产品外观效果。多种时尚靓丽的配色方案，满足不同消费者的需求。便携式把手及 10 度视觉倾角等人性化的设计，VGA、HDMI、耳机等多种接口，能当电脑显示器用，实现了一机多用的功能。创新性的电路板水平底置设计，使机身底座一气呵成，机身越显纤薄，同时免去底座的钢材支架，大大降低了成本。产品具有独特的优良散热系统设计，通过十多次不同形式的温升试验，证明在底面开大面积的散热槽，后壳上方开少量的散热槽，形成"烟囱效应"是最佳的散热方式，同时保持了后盖造型的完整性。该产品生命周期并不很长，它满足了小众的消费需求，其产品的作用是强化"康佳"的品牌效应，推动其与其他品牌产品的差异化，进一步淡化康佳 OEM 的形象。另外，一个不可忽视的因素是，在中国南方由于制造的配套要素比较完善，因而具备了极强的"换壳"能力，这也为这一类产品的设计创造了优势。如广州昌毅股份有限公司长期以来一直为各种电视机提供外壳，自身具有很强的工业设计团队，国内诸多的电视机整机厂都与之有长期的合作，而该公司也会主动提供各种新设计供前者采购，如此紧密的合作才能造就优秀设计的产品。

2006 年，国内 CRT 电视的销量超过 3 000 万台，权威机构当时预测，2007 年

图 2-36　康佳牌 LC2ES68Q 型电视机

也将保持 2 800 万台以上的市场规模，仍占据着彩电市场超过 70% 的份额。至 2010 年，全球 CRT 彩电市场的总出货量仍将达到 4 亿台，在国内市场的需求规模将超过 1 亿台。从消费市场结构来看，当时我国人均消费与发达国家和地区相比还处在较低水平，特别是我国幅员辽阔，经济发展不平衡，地区差异、城乡差别显著。CRT 电视具有技术成熟、性价比高等相对优势，对于广大普通消费者来说，是一个更为理性的消费选择。在二、三级市场，特别是广大的农村市场，CRT 电视的市场空间仍然十分广阔。基于以上对彩电产业特别是以超薄为核心的新兴市场趋势的研判，在康佳多媒体总体 i-More 战略部署中，首先推出了"康佳 i-slim"高端 CRT 子品牌产品。

康佳牌 SP21TK668 型电视机的设计吸取了平板电视机产品设计的特点，以"薄"为设计目标，设计有多种色彩，通过各种色彩的设计丰富产品的语言，开创了 CRT 电视机产品设计的新理念，使之没有停留在"过渡产品"的层面，而是积极创造了新一代产品的形象，服务于企业发展战略。在这代电视机产品十分耀眼的"造型"背后，中国彩电产业正孕育着一场深层次的变革，从数字技术、显示技术到供应链、渠道变革，无一不引起各界的广泛关注。新的产品技术和设计理念正不断地被引入产业中。超薄、宽屏、数字等理念给新一代 CRT 产品带来了全新的活力，大大拓展了产业的生存发展空间。

康佳规划并导入最薄的 X-slim 系列、最强的 King-slim 系列、最酷的 Q-slim 系列及超前的 Top-slim 系列产品，从追求个性时尚，多元功能组合的客厅、卧室市场，到高端的多媒体数字家庭娱乐中心，都有相应的产品满足不同层次的消费者需求。2006 年年底，康佳在全球率先推出 X-slim 第二代短管 CRT 新品，机身厚度与平板电视已经相差无几，并拥有更为时尚的设计和人性化的功能。产品一上市就受到了广泛青睐，成为业界关注的焦点。为了进一步强化产品功能创新能力，保持核心技术优势，康佳与上游芯片厂商展开深度合作，不断推出高附加值、高性价比的系列新品。同时，发挥了其"采销一体化"的组织优势，积极推进与彩管厂商技术交流与合作，同步开发新一代 CRT 实现技术。

值得关注的是，i-slim 系列产品推出的时候，康佳 CRT 电视的总体销量已经占据市场总额的 16.1％，蝉联第一，且在逐行、16：9 宽屏和超薄 CRT 电视等重要细分市场占有率均排名第一。其设计的意义是在回归传统市场的同时激发新的消费可能，设计不再局限在造型、色彩等要素的发挥，更是扮演了整合、平衡的作用，这是与早期电视机产品设计截然不同的地方。虽然同时代的其他品牌也在进行类似的工作，但康佳表现得更加突出，在互联网时代更是要将这种设计思想贯穿在整个产品策略、技术、设计的过程中。

随着生活水平的提升，人们开始追求生活品质。电视产品在外观"硬件"上有了较大的变化，部件主要是以显示屏为主，而硬件部件的工艺技术越来越通用化，设计的重点是其"软件"，特别是与互联网技术的融合方面表现得特别突出，将其

图 2-37　康佳牌 SP21TK668 型电视机

作为电视机的一个功能模块而进行设计成为当代产品的一个特点。基于这种情况，交互设计成为重点，设计特定的场景帮助使用者实现操作，以达到以用户为中心的设计目标。用户界面（User Interface，UI）设计成为产品设计的重点，这是一种人机交互、操作逻辑、界面美观的整体设计，这一变化表现在当代的所有电子消费类产品中。

2015 年，康佳 LED55G9200U 型液晶平板电视采用精工制造，在香槟色边框的调剂下，设计看起来很大气，可以说是一款有格调的产品。它采用了高度艺术化的边框设计，使香槟金色与黑色互相融合装扮，给人一种美的享受。底部设有呼吸灯，当电视处于待机状态时，呼吸灯自动开启。用户可以通过呼吸灯来辨别电视是否已经关机。在蜘蛛人底座的支撑下，能够很好地立在电视柜上。从侧面看，电视如同悬浮在空中一样，大气又稳重。

康佳 LED55G9200U 型液晶平板电视搭载了智能系统，YIUI 易柚 5.0 基于 64 位芯片获得了全面的优化升级，支持和手机进行互动。首次启动电视时，系统会有开机导航，使用遥控器就能快速设置完毕。比较有意思的是，该款电视带有四款模式可选择，它们分别是爸爸、妈妈、长辈和宝宝模式。如果不调整，那么系统默认的是爸爸模式。开机时可选择系统操作模式，主页布局合理，便于用户准确地查找资源，视频栏上悬浮的是最近热播的在线影视作品。电视反应和遥控器操作基本同步，系统运行灵敏，能够跟上用户的思维。

图 2-38　康佳 LED55G9200U 型液晶平板电视

图 2-39　康佳 LED55G9200U 型液晶平板电视内容选择

相较于天天熬夜追剧，越来越多的用户喜欢将影视"养肥"了看在线影视版。这样不仅不用等待间歇性的广告干扰，还能够一口气看多集，不用闹心地等待。康佳 LED55G9200U 型液晶平板电视拥有正版优酷内容，可观看的在线影视有很多，而且片源也有保障。如果遇到喜欢的影视剧，还可以将它收藏起来，需要时可到"我的收藏"里反复收看。

在 10M 网络环境下观看在线影视节目，康佳 LED55G9200U 型液晶平板电视能够流畅地播放影视内容，无卡顿、缓冲等现象。如果遇到 4 : 3 的在线影视内容，还可以通过菜单键调整在线影视画面，操作起来也简单。通过"呼吧"功能可进行声音设置、一键加速、亮度调整和图像设置等功能，还能在电视上进行虚拟遥控操作，感觉很科幻，操作起来也方便。

还可以通过安装第三方应用软件来进行内容的扩充，热门影视剧、音乐 K 歌、游戏、教育、健身等资源应有尽有，让智能生活更丰富，更有趣。康佳集团已经与云看天下（北京）科技有限公司达成深度战略合作，针对电视教育业务，整合精品内容资源，开发家庭教育资源平台——云看爱教育。它锁定了全年龄段教育资源，为孩子提供了较为全面的学习内容。中小学以辅导及高能提分的素质培养内容为主，成人类内容以职场充电及健身休闲生活内容为主，中老年以养生保健内容为主。家庭中的每个成员都能从云看爱教育中找到自己需求的内容。

康佳 LED55G9200U 型液晶平板电视采用了全球顶尖 4 色 4k 屏幕，其真彩背光技术采用当时最先进的 LED 灯。4 色 4k 屏能更精准地调节单个像素点的色彩浓度和亮度，使层次更加分明，颜色更丰富，4 基色能呈现出远超 3 基色屏的色阶效果，通过蓝光 LED 激发 RG 荧光粉发出白光，色域可超过 80%。

通过对电视进行普通 4k 视频测试、专业 4k 片源测试可以看出，康佳 LED55G9200U 型液晶平板电视的解码能力挺强，它能够较好地解码超高清影视。电视在播放 4k 视频的时候没有明显卡顿，也没有拖影现象。人物、鲜花、动物、水晶和口红等画面表现生动细腻，色彩准确度也很高。在 64 位 8 核 +8GB 内存 +32GB 存储的顶级配置驱动下，康佳 LED55G9200U 型平板液晶电视在语音、游戏等评测中表现出色。相较于其他同一级别的电视来说，它在游戏和娱乐互动中运行得比较给力，加上语音操作、优酷视频、云看爱教育等资源，为产品提升了不少魅力。

康佳早期产品工艺技术与金星电视机大致相同，在互联网时代电视产品的造型主要以"屏"为主体，在技术上进一步融入互联网技术。这些都可以从上述经典设计的表述中看到，故此节不再单独列出工艺技术内容。

三、品牌记忆

在长期的产品设计和营销过程中康佳体会到，智能电视的生命力在于一软一硬，但是电视制造最终还是要回归硬件制造的本质。为此，康佳推出了 4k 曲面旗舰产品——X80U 型嫦娥电视，其设计完美地诠释了硬件带动软件的概念。曲面屏幕设计拥有 4 000R 黄金曲率，角度切合人体眼睛结构，适合家居观看。其搭载 64 位架构芯片，开创了 4k 曲面"6"时代，系统运行零卡顿，带来极限速度与激情享受；它还采用 YIUI 易柚 5.0 操控系统，其针对 64 位芯片进行了全面优化、适配。作为最专业的 64 位电视操控系统，其具有占用资源少、操作流畅、轻量灵巧等特点。此外，康佳嫦娥电视的 YIUI 易柚操控系统具有个性化的定制功能，可以设置爸爸、妈妈、长辈、宝宝四个角色，针对不同人群推送相应视频内容，定制个人喜欢的电视节目。而且它具备超级语音操控功能，可以智能语音操控电视及其他家电。在色彩方面，

图 2-40　康佳 QLED55X80U 型嫦娥电视

它采用康佳独有的真彩色轮引擎，通过电视内部的 IC 芯片，智能处理 R、G、B 三种颜色，还原 687 亿种色彩，是普通 10 bit 电视 10.7 亿色的 64 倍，使电视画质更真实、自然。其同时采用真彩 HDR 技术，超高动态对比度打造顶级画质，画面栩栩如生，给人带来绝佳的视觉体验。值得一提的是，康佳嫦娥曲面电视打破了技术限制，价格更为亲民，让技术创新真正惠及民众。

四、系列产品

1997 年 10 月 30 日，康佳 T3488P、T2988P、T2588X、V28、T5429 五个机型通过部级鉴定。次年年底，康佳销售额达到 105 亿元，成为深圳市首家营业额超百亿元的企业。1999 年 1 月 7 日，中国第一台高清晰数字电视——康佳 T3298 型——在美国拉斯维加斯全球消费类电子产品展上亮相，美国数字电视联盟（ATSC）主席格拉维斯当场授予康佳"美国数字电视聪明会员单位"荣誉称号。1999 年 10 月 1 日，康佳两台高清数字电视登上天安门城楼，作为直播 50 周年国庆庆典的显示器。

2001 年 8 月，康佳荣获中国首届外观设计专利大赛特等奖"局部镶嵌式电视机外壳（2）"和中国首届外观设计专利大赛二等奖"电视机外壳（1）"。2001 年 9 月，康佳彩色电视机被评为中国名牌产品。次年 1 月，国内首创的可在普通 DVD 与逐行扫描电视之间实现数字连接的"数码流"技术在康佳诞生。2003 年 4 月，康佳彩电市场占有率跃居全国第一位。2004 年 2 月 20 日，康佳集团在上海举行康佳 3G 计划启动会暨 3G 快车启动仪式，率先布局 3G 计划，吹响中国企业向 3G 市场进军的号角。

2004 年 11 月 2 日，康佳集团在北京召开多媒体新品发布会，会上推出了国内最大、全球最清晰的"平板双雄"——55 英寸液晶电视和 76 英寸的等离子电视。

2005 年 4 月，康佳荣获"中国液晶彩电年度成功企业"荣誉称号。2005 年 7 月，康佳液晶 LC-TM3718 型获 2005 年度中国十佳平板彩电大奖。2005 年 9 月，康佳建成国内最大平板电视生产基地。

2008 年，中国第一台 240 Hz 运动高清液晶电视在康佳诞生。2009 年，康佳建成亚洲最大的液晶模组生产基地，产品供相关厂家使用。2009 年，中国第一台应用 12 bit 色轮护眼技术的液晶电视在康佳诞生。2010 年，全球第一台超薄（1.99 厘米）液晶电视在康佳诞生。2011 年，第一台搭载原生态安卓系统的智能电视全球首发。2012 年 7 月，全球第一台搭载原生态安卓系统的智能双通道同步云电视在康佳诞生。2013 年 9 月 2 日，康佳召开新品发布会，正式推出康佳彩电线上品牌——KKTV，传统彩电企业触网转型的步伐在互联网和 IT 等智能电视新生企业的刺激下，越发迅速。

第六节　其他品牌

1. 牡丹牌电视机

牡丹品牌曾经是北京家电的一面旗帜。牡丹牌电视机的制造商北京牡丹电子集团是中国电子工业的大型骨干企业，而其前身就是北京电视机厂。1973 年 11 月，北京电视机厂刚刚成立的时候只能生产 9 英寸的黑白电视机，而且产量极少。20 世纪 70 年代后期，随着中日两国邦交关系的逐步恢复，双边经济关系持续升温，日本的松下、日立等品牌的彩色电视机开始进入中国市场，售价动则上千元人民币的价格让普通中国人望而却步，于是中国生产彩色电视机的想法步入了当时国家有关部门的规划议程。牡丹牌电视机作为中国最早一批生产电视机的厂家，被赋予了"生产彩电满足人民日益增长的文化生活需求"的使命。1977 年，北京电视机厂开始研制 31 厘米黑白电视机，至 1984 年先后设计定型、生产定型 31H1 型、31H2 型、31H3 型、31H4 型、31H5 型、31H8 型、31H8A 型、31H8B 型、31H8C 型等多种型号黑白电视机，至 1985 年共生产 38 万余台。

1985 年之后，各地开始建立自己的电视机厂，但是由于技术不过关、经验不足等原因都到北京电视机厂取经，而牡丹牌电视机也成了他们主要考察学习的对象，这在一定程度上加速了牡丹品牌的传播。在 1992 年到 1995 年间，牡丹牌电视机连

图 2-41 牡丹牌电视机

续4年获得"全国最畅销国产名牌商品金桥奖",并获得"中华名牌彩电"殊荣。彩电业的火爆导致各地争相上马彩电项目,北京电视机厂的技术骨干到各地去指导建厂,现在很多家电企业都是当时他们援建的。现在的家电巨头当时从牡丹电视机厂受益颇多。各家的生产线都差不多,提升机、传送带、生产线都是很表面化的东西,后来国内很多工厂的生产线基本都是由北京电视机厂这套班子来设计、安装的,甚至在引进日本松下生产线的过程中成立的一套技术班子也经常活跃在全国各地。随后,国家控制了从国外引进生产线的数量,这时候北京电视机厂又担当起"母亲"的角色,生产设备由北京电视机厂卖给其他厂家。至此北京电视机厂在中国家电业老大哥的地位树立起来,而牡丹牌产品也几乎占到了中国市场的半壁江山,商场里抢购牡丹牌电视机的场景屡见不鲜。

到了20世纪80年代初,牡丹牌彩色电视机设计成功并投放市场后反应很好,属于紧俏产品,价格昂贵。到了20世纪80年代中期,中国人的家庭里开始逐步有了彩电,随着市场经济逐步推进,北京电视机厂也开始直面市场的挑战,艰难的转

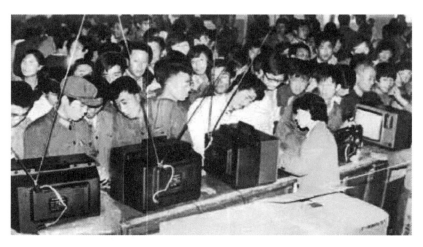

图 2-42　百货大楼里抢购牡丹牌电视机

型道路从此开始。经历过 20 世纪 90 年代的大浪淘沙，牡丹牌电视机淡出了人们的视野，牡丹产品和品牌失去了往日的娇艳。

从 1996 年开始，彩电市场竞争日趋激烈，特别是在长虹等厂家相继推出的价格攻势面前，牡丹牌电视却迟迟没有反应，市场销售直线下滑。北京电视机厂浓厚的国企色彩造成了冗员过多，因资金不足而无力在市场上做出反击，决策失误更进一步加速了其衰落的进程。到了 2000 年，牡丹牌彩电已经基本停产，北京电视机厂靠生产"贴牌机"维持运转。

2002 年 9 月，北京牡丹电子集团公司将自有设备资产同"牡丹"商标投入江苏赛博电子有限公司，成立了江苏赛博牡丹电子有限公司。昔日的国内电视机第一品牌牡丹牌电视机正式下嫁江苏镇江。2003 年 7 月，牡丹牌彩电终于又悄然重现，主要目标以出口为主，而在国内市场以 1 500 元以下的低端产品起步。但是业界对这样的低端定位并不看好，在北京等主要市场上还是难觅"牡丹"踪影，但是它却在全国人民，尤其是北京人民的心中留下了很深的品牌烙印。

2. 昆仑牌电视机

1970 年，北京东方红无线电二厂参照国外一台黑白电视机，试制出昆仑牌 J201 型全晶体管 23 厘米电视、收音两用机。1971 年 4 月，开始小批量生产，成为国内第一家批量生产晶体管黑白电视机的工厂。1970年,国家经委召开第一次电视工作会议,决定组织工厂与科研单位开展彩色电视机的研制,并在北京、上海、天津、四川成立四个会战协作区。1971年,参加北京协作区的北京东风电视机厂试制的样机图像稳定,此后,北京东风电视机厂和北京无线电技术研究所开始小批量生产。1970年,北京东方红无线电二厂开始研制晶体管小屏幕黑白电视机。1971年4月,生产出国内第一批晶体管电视机(J201型),当年设计定型,1972年生产定型,1977年共生产1.49万台。

1974年,北京东风电视机厂在全国联合设计技术协调会上提出23厘米黑白电视机方案。1975年10月,BSH23-1型黑白电视机,在设计过程中贯彻平战结合、军民兼顾的原则,性能可靠,图像清晰、逼真,耗电量小,使用维修较方便。1976年3月生产定型,至1981年共生产6.49万台。

图 2-43　昆仑牌电视机的广告

1979 年，更名后的北京东风电视机厂在引进日本三洋牌 12-T280U1 型电视机的基础上，通过消化、吸收、国产化研制出 B351 型机。该机采用三块集成电路，1981 年设计定型、生产定型，产品寿命为 5 000 小时以上，至 1990 年共生产 58.9 万台。1981 年 2 月，该厂研制出 B351 型黑白电视机，1983 年通过技术鉴定，继而又先后研制出 B351-1 型、B3510A 型等多种型号黑白电视机。至 1990 年共生产 117.79 万台，其中 B352-2 型机被评为全国第四届黑白电视机一等奖。1983 年后，该厂分别开发出 B441、B442 型黑白电视机，并于 1984 年和 1986 年先后通过技术鉴定，至 1990 年共生产 18.42 万台，其中 B441 型机 1987 年获全国第五届黑白电视机评比一等奖，成为北京市达到国际水平的优质产品。

3. 凯歌牌电视机

1960 年 7 月，80 余家小厂合并到开利无线电机厂，改名为上海无线电四厂，主要生产五灯电子管收音机、电唱收音两用机等。上海无线电四厂是国家骨干企业，主要产品为电视机、船用导航雷达、汽车收音机、应用电视等，使用凯歌牌商标。1961 年 10 月，全国第三届广播接收机评比中，该厂生产的 593-2 型、593-4 型收音机名列前茅。1962 年 11 月，上海仪表专用机械厂并入该厂。1963 年 10 月，该厂开始试制舰船用导航雷达。1964 年 12 月，制成 751 型船用导航雷达，填补国内空白。同年，研制生产了 4B3 型袖珍式晶体管收音机、4262 型电唱收音两用机、4B4 型汽车收音机、4D1 型电子管黑白电视机、4D2 型工业电视等。

20 世纪 70 年代，该厂形成电视机、汽车收音机、雷达、应用电视 4 大类电子产品的生产格局。从 1972 年开始，试制生产 4D4 型 23 厘米晶体管黑白电视机。1974 年，产量突破 1 万台。同时自行生产电视机高频头、行输出等 5 大件。1975 年，研制生产 31 厘米晶体管黑白电视机。1979 年，研制成功 31 厘米集成电路黑白电视机。同年，在全国第二届黑白电视接收机质量评比中，4D4 型 23 厘米晶体管黑白电视机获一等奖。该厂装备类电子产品有船用导航雷达和军用雷达，是第四机械工业部的定点生产厂。1972 年，研制成功 4G1 型应用电视，五路遥控。1974 年，研制成功 4G4 型 X 射线应用电视，适用于医学方面。该产品于 1979 年全国第一次科学大会获重大科

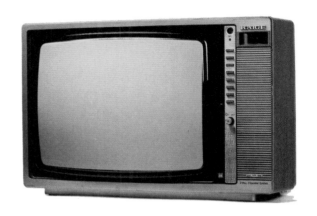

图 2-44　凯歌牌电视机

技成果奖。该厂是国内唯一的汽车收音机生产工厂,从 1970 年到 1979 年,先后研制生产 4B9 型系列 9 个品种。

　　1982 年起,该厂进行技术改造和技术引进,自筹资金 7 825 万元,扩建电视机、汽车收音机、雷达装配大楼,建筑面积达 31 937 平方米,还建造了彩色电视机、汽车收放音机生产线。同时,从日本、英国引进电视机、汽车收放音机、雷达、应用电视 4 大类电子产品的技术和关键设备,实现了产品更新换代。该厂还在吸收国外先进技术的基础上,研制生产多制式、直角平面、红外遥控等多功能的大屏幕彩色电视机。1984 年,引进国外技术,研制生产供远洋轮使用的避碰雷达。

　　1987 年,该厂先后承接了从黄山"小三线"返沪安置的井冈山机械厂、立新配件厂,在闵行开发区投资 5 000 万元,新建 33 000 平方米厂房,设立了上海无线电四厂一分厂、二分厂,生产凯歌牌电视机、洗衣机。同年,上海微型电机厂洗衣机分厂并入该厂,成立了上海无线电四厂三分厂,生产凯歌牌全自动洗衣机。截至 1990 年,该厂有 8 个产品获国家质量银质奖,23 个品种 45 次获部、市级优质产品奖。电视机类产品获上海市名牌证书。此外,该厂还分别获得电子工业部质量管理奖、企业管理优秀奖和上海市文明单位等荣誉称号。1990 年,被评为国家一级企业。

4. 友谊牌电视机

1973 年，上海试验设备厂研制成功友谊牌 40 厘米全晶体管黑白电视机，是当时屏幕较大的产品，因此在 1979 年第二届全国电视机质量评比中获同类产品第一名。与此同时，该厂在国内率先研制、生产黑白投影电视机和彩色投影电视机，成为国内独家生产 50 ～ 200 英寸多种规格投影屏幕的专业工厂。1981 年，从日本引进彩色投影电视机进行组装。1985 年，从美国引进彩色投影电视机散件进行组装。20 世纪 80 年代后期，该厂生产的彩色投影电视机形成投射式、背投式、顶吊式系列，产品广泛应用于工业、科技、军事、航天、教育、娱乐等部门。1986 年，JD35-32U 型黑白电视机获上海市优质产品奖。1987 年，JD44-36U 型黑白电视机获上海市优质产品奖。1989 年，JD44-47X 型黑白电视机获机械电子工业部优质产品奖。从 20 世纪 90 年代起，该厂陆续转型设计、开发并生产了电热宝、电暖气、电子吸尘宝等小型家用电器。

5. 熊猫牌电视机

1959 年 9 月，南京无线电厂开始试制黑白电视机，以一台苏联红宝石牌 49 厘米黑白电视机为样机，用两个多月的时间就设计出了第一台黑白电视机，并于 1960 年 3 月投入小批量生产，定名为熊猫牌 D21 型 49 厘米黑白电视机，测试性能与样机相当，收看效果较好，同时，该厂还投资引进设备，建立了一条具有年产 1 000 台黑白电视机能力的装配线，当年生产 100 台。自于缺乏社会配套能力，又面临国家经济困难，1960 年国家有关方面决定电视机生产项目下马。

20 世纪 70 年代末，黑白电视机进入了成熟发展阶段。为开展集约化生产，1987 年 5 月，南京无线电厂率先成立了跨 21 个省市、由 162 个单位组成的熊猫电子集团。1988 年，集团生产熊猫牌电视机达 180 万台，出口创汇 1 702 万美元。

1984 年，南京无线电厂和苏州、无锡、南通电视机厂分别以日本松下、索尼、夏普公司的产品为对象，引进生产技术与设备以及具有 20 世纪 80 年代国际水平的整机产品质量保障系统和元器件质量认定设备等。1985 年，完成四条生产线，新增年产 70 万台彩色电视机能力，当年生产彩色电视机 2 558 万台，比 1984 年增长 702 倍。为了尽快实现彩电国产化，1985 年 3 月，江苏省电子工业厅成立彩电国产化领导小组，研讨分析后开展东芝、三洋、松下、夏普、索尼、飞利浦等多种机型的实践，在总结经验基础上，决定以由 TA 两块集成电路组成的夏普 NC-2T 型机芯为统一优选机芯，并由南京无线电厂和无锡电视机厂牵头，联合全省各整机厂共同开发生产。NC-2T 型机芯具有技术指标先进、生产工艺性好、彩电质量水平高等优点，为国内 16 家工厂所采纳，创造了较好的社会效益。1986 年前后投产的如熊猫牌 DB47C3-1 型、DB47C4 型，虹姜牌 WCD-25 型，孔雀牌 KQ-47-36 型以及三元牌 47SYC-2 型、47SYC-3 型 47 厘米彩色电视机，MTBF 可靠性达到国际标准（15 000 小时以上），国产化率达到 80% 以上。1988 年，江苏省彩色电视机获国家质量银奖 7 个、部优质产品 10 个。产量增加到 9 075 万台，彩电占全省电视机产量的比重自 1985 年的 11.5% 增加到 1988 年的 24%。

1987—1990 年，南京无线电厂在机电部三所、天津大学和上海工业大学联合设计优选的 47 厘米 8801 型彩电机芯基础上，进一步应用计算机辅助设计技术，优化产品设计，加以改进并延伸开发出一种带屏幕显示、自动搜索、自动存储、多功能遥控等功能的熊猫 3635 型 54 厘米彩色电视机，该机 MTBF 可靠性实测达 26 000 小时，远远超过国际 15 000 小时的标准，国产化程度达 98% 以上。

"熊猫"被誉为中国电子工业的摇篮。十二五期间，中电熊猫集团大力推进消

图 2-45　熊猫牌 LE65D18S 型电视机

图 2-46　熊猫牌 LE22M19 型电视机

费类电子、电子装备、电子元器件和现代服务业 4 大产业的发展，形成 4 个事业部、20 家专业公司的事业发展架构。作为世界 500 强企业和中国电子信息产业的国家队，中国电子全面推进从玻璃基板、液晶面板、芯片模组，到终端整机的平板显示全产业链发展蓝图。产业链纵向一体化战略，使中电熊猫集团成为中国彩电行业最具上下游产业链优势的企业。

多年来，"缺芯少屏"一直是我国电视机行业的瓶颈，熊猫牌电视机率先打破了屏与芯片领域由国外品牌垄断的格局，导入世界领先的紫外光垂直配向（以下简称 UV2A）技术液晶面板生产线，该技术是日本夏普第十代光传递技术，可精密控制液晶分子的偏转方向，有效提高光的利用率及液晶分子开口率，使更多光可以透过液晶面板，拥有更高的峰值亮度。同时，采用 UV2A 技术的液晶面板，可以精确控制光线通过，有效杜绝液晶屏背光灯产生的"漏光"顽疾，使黑色更加深邃浓郁，使白色更加清澈明晰。可以通过手机、PAD 轻松实现照片、音乐、视频分享和点播。22 英寸小型电视机设计则外表纤薄，最厚处为 3.6 毫米，运用真彩 LED 背光技术，改变传统灯管发光方式，实现了光源平面化，从而提升画面层次感。隐藏式音箱增加听觉品质。

6. 西湖牌电视机

1970 年开始，杭州东风电视机厂借鉴其他品牌电视机的图纸、资料先后试制了 35 厘米（14 英寸）、41 厘米（16 英寸）、49 厘米（19 英寸）电子管黑白电视机，以及 23 厘米（9 英寸）黑白电视机、23 厘米（9 英寸）收音电视两用机、23 厘米（9 英寸）和 31 厘米（12 英寸）全晶体管黑白电视机。1977 年 10 月，杭州电视机厂开始试制西湖牌 12HD1 型黑白电视机。该机为全晶体管 31 厘米黑白电视机，电、光、声性能良好，图像清晰，从设计到工艺均稳定可靠。1981 年，我国从日本东芝公司引进 TA 集成电路，国家第四工业机械部要求杭州电视机厂进行应用三块集成电路（TA7611AP、TA7176AP、TA7609AP）的黑白电视机试制。经过近一年时间，在西湖牌 35HJD1 型黑白电视机上研究成功，终于使电视机屏幕干扰问题得到解决，在全国推广该技术。

杭州彩色电视机研制始于 20 世纪 70 年代初，曾生产 731 型全晶体管彩色电视机，后又生产 47 厘米西湖牌彩色电视机。但受条件限制，当时处于技术储备阶段。1978 年，试制成功西湖牌 C191 型 49 厘米 (19 英寸) 彩电。1983 年，杭州电视机厂试制成功 37CD2 型 35 厘米（14 英寸）彩电，在此基础上进行彩电国产化工作，开发出 37CD5 型彩电。1985 年，在消化吸收日本机芯技术的基础上设计出 37CDT 型彩电，整机性能达到国外同类产品水平。开发研制的 47CD3 型彩电元器件的国产化比例达 90%，整机性能达国外同类产品水平，平均无故障时间为 15 000 小时。47CD4A 型彩电采用立式结构，还留有安装遥控板的位置，机芯可以配上遥控装置，具有 10 个预选开关，机芯线路设计先进，可靠性大大提高。

7. 黄山牌电视机

1992 年，安徽省生产的电视机品牌有黄山、熊猫、上海、扬子、华贝、三圈、珊瑚、美多、多棱竹和三洋等，其中合肥无线电二厂生产的黄山牌电视机在安徽省的影响力较大。黄山牌 AH4724C 型彩色电视机 1987 年通过部级鉴定并生产定型，采用国家优选 Mμ 两片集成电路，集成度高，整机元器件少，灵敏度高，色彩自然逼真，图像清晰，抗干扰性强，安全可靠，单机国产化率达到 98%。同年，在全国彩色电视机质量评比中获一等奖，并被评为电子工业部优质产品。

黄山牌 18 英寸彩色电视机采用先进的集成电路，重要部分均由自动系统控制，安全可靠，外形新颖美观。设有 8 个电脑记忆选台键，足够接收及预选记忆各电视台节目。采用先进的频率控制式高压开关电源，稳定范围宽，效率高，控制简便，色彩层次自然、明亮、清晰。接收系统完备，配有先进的电子 VHF/UHF 调谐器，加上自动微调系统，即使接收较远的电视台信号或在恶劣环境下，也能收到稳定完美的彩色画面。

黄山牌 AH18U 型 14 英寸集成电路黑白电视机是全频道电视机，用 3 块 TA 集成电路，整机元器件少，设计合理，有效地消除了 TA60P 引起的行干扰。图像清晰稳定，声音洪亮悦耳。畅销全国各地，深受用户欢迎，1985 年被评为电子工业部优质产品。在此基础上改进的黄山牌 AH18-2 型黑白电视机，不仅继承了原机芯的优点，而且针对原机芯的缺点进行了改进，提高了整机的弱信号收看效果和抗干扰性能，扩大了电源适用范围，提高了可靠性，增提性能良好。外形装饰采用新工艺，外观更加新颖美观。1984 年获全国质量评比二等奖，1985 年被评为电子工业部优质产品，是全国十大名牌产品之一。

黄山牌 AH4416-1 型全频道黑白电视机采用先进的 D 型集成电路和稳定可靠的新颖器件，结构合理，外形美观大方，性能稳定可靠。主要性能指标：接收频道 VHF 1~12 频道，UHF 13~57 频道。在全国第五届黑白电视机质量评比中获一等奖，1986 年被评为安徽省优质产品，1987 年被评为电子工业部优质产品。

黄山牌 AH3519 型全频道黑白电视机采用大规模集成电路 MONO-MAX 系统，设计合理，结构先进，灵敏度高，图像清晰，稳定可靠，调试简便。黄山牌 AH4419 型全频道黑白电视机采用大规模集成电路 MONO-MAX 系统，电路先进，外形美观，功能齐全，图像清晰，抗干扰能力强，可靠性好。采用对称式 4 喇叭音量输出，伴音洪亮，音质优美。在全国第五届黑白电视机质量评比中获一等奖，1986 年评为安徽省优质产品，1987 年被评为电子工业部优质产品。

黄山牌 AH3520 型全频道黑白电视机采用 3 块先进的集成电路和性能优良的新型元器件，线路合理，工作可靠。装有 VHF 和 UHF 频段，可接收 1 ~ 57 频道的电视节目；灵敏度高，抗干扰性能好，图像清晰、稳定；装有双喇叭，有音调调节功能，伴音洪亮，音质优美；外形新颖美观，设有录音、耳机插孔，方便用户，1986 年被评为安徽省优质产品。

8. 美乐牌电视机

1979 年 9 月，国营新乡 760 厂组装了第一个民品车间，开始试制与电视机配套的 KP-12 型机械调谐器，同时与港商签订了电视机、收录两用机的来料装配（SKD）合同，品种达 10 个，次年完成组装黑白电视机 1.4 万部。1981 年，建立电视机车间，可年产 12 万台黑白电视机。1981 年，开始试产美乐牌黑白电视机，大部分元器件仍采用进口件，至 1983 年共生产 326 型 35 厘米黑白电视机 10 万台。1984 年，开始自行设计完全国产化的 326B 型 35 厘米黑白电视机和 380 型 44 厘米黑白电视机，一年内完成设计定型和生产定型，当年即生产 326B 型 35 厘米黑白电视机 64 419 台，380 型 44 厘米黑白电视机 49 937 台。1985 年，生产了改进型 326C 型及 329 型 35 厘米黑白电视机。1987 年，开始试制并批量生产 44 厘米 90 度偏转角的 380B 型黑白电视机。在产量迅速扩大的同时，质量也不断提高，美乐牌 326B 型 35 厘米黑白电视机和 380B 型 44 厘米黑白电视机分别获 1985 年河南省优质产品和全国评比二等奖。美乐牌 380 型 44 厘米黑白电视机是新乡 760 厂于 1984 年自行设计研制的完全国产化的集成电路黑白电视机，曾获 1987 年全国同行业评比二等奖，并获河南省优质产品称号。

9. 青岛牌黑白电视机、海信牌电视机

1969 年 9 月，海信的前身青岛无线电二厂成立，职工十余人，生产半导体收音机。1974—1975 年，该厂试制 9 英寸晶体管黑白电视机 300 台，由于达不到技术指标而在次年削价销售。1976 年 2 月，该厂成立新的 9 英寸和 12 英寸晶体管黑白电视机试制组，主设计人员两次去上海进行技术考察，制订试制方案，购买试制两种电视机的零部件，并索取飞跃牌 9 英寸电视机结构件模具资料做参考，然后组织模具设计和制造会战。同年 12 月，投入批量生产，生产中采用了自动绕制线圈机，安装了三条简易装配流水线，各项技术指标达到部颁标准。1977—1979 年，共生产 9 英寸晶体管黑白电视机 1 659 台。

1976 年 12 月，设计 12 英寸机，试制出 3 台样机，次年又试制样机 10 台，型号定为 31HD1 型，年底参加了全国黑白电视机首届质量评比和 12 英寸新品样机观摩展览，受到好评。之后又试制生产 80 台，经天津七一二厂例行试验站和北京无线电研究所定型试验，该机技术指标全部合格。1978 年，31HD1 型机通过生产定型试验投入批量生产，并加工成功全套模具，当年生产 1 100 台。1979 年 2 月，青岛电视机总厂成立，被山东省和电子工业部批准为电视机定点生产厂家。同年 9 月，青岛牌 31HD1 型 12 英寸晶体管黑白电视机在全国第二届电视机质量评比中获二等奖。同年，设计、试制成功 31HD1-J 型集成电路 12 英寸黑白电视机。1980 年，通过生产定型鉴定。1981 年，31HD1 型 12 英寸黑白电视机产销两旺。

1982 年年初，设计、试制成功成本较低、式样新颖的 12 英寸 31HD5 型、14 英寸 35HD1 型和 17 英寸 44HD1 型晶体管黑白电视机，并组织 17 英寸电视机模具会战。1983 年 6 月，35HD1 型和 44HD1 型黑白电视机同时通过部级生产鉴定。44HD1 型机还在 1983 年全国第四届电视机质量评比中获二等奖。1984 年 12 月 26 日，引进日本松下技术和设备生产的第一台 14 英寸彩电下线。

1988 年，青岛电视机厂试制成功并批量投产 44HD4 型和 44HD6 型 17 英寸以及 35HD5 型 14 英寸集成电路黑白电视机，产品技术和质量达到国内先进水平。其中，35HD5 型机采用三块集成电路，全频道，双喇叭，全塑料机壳，交、直流电两用。由贾珍玉等设计的 44HD4 型机，采用三块集成电路，全塑料机壳，图像清晰，音质优美，1986 年荣获国家质量银奖。44HD6 型机采用一块集成电路，技术先进，灵敏度高，可交、直流供电，有外接录音机和耳机接孔，适合广大城乡、山区用户使用。

青岛牌晶体管和集成电路黑白电视机，到 1988 年累计产量为 820 247 台，其中 9 英寸 1 969 台，12 英寸 162 002 台，14 英寸 307 341 台，17 英寸 348 935 台。1988 年，该厂黑白电视机总装线和大板流水线可日产黑白电视机 500 台，产品可靠性达到 1 万小时以上，年产量 19.5 万台，占山东省黑白电视机总产量的 71.7%。

1992 年，海信进入快速发展壮大时期，1993 年，修正的《中华人民共和国商标法》颁布，公司大胆决策，在全体员工中发起征名活动。中标者为当时的总工程师钱钟毓，将"青岛牌"正式更名为"海信"，将"海纳百川、信诚无限"确立为企业与品牌的内涵。当年 3 月，新商标正式注册。次年，海信集团公司成立。2004 年，海信牌 TLM3277 型液晶电视机由海信工业设计中心设计，前面板采用时尚的曲面造型，增强了产品的亲和力，控制按键和输入 / 输出接口巧妙的设计，使造型既简洁又符合人机，玻璃材料的运用增加了产品的科技感，音箱的设计尽可能节省空间，使侧面显得更加超薄。

2005 年 5 月，在俄罗斯纪念卫国战争胜利 60 周年庆典上，海信的产品——4277 型液晶电视——被作为国礼赠送给俄罗斯老战士们。同年 6 月 26 日，海信集团在京正式发布 hiview "信芯"。对于这款民族彩电第一芯的重大研发成果，时任信息产业部副部长等高调出席发布会并对其给予充分肯定。同年 7 月 2 日，当装有"信芯"的彩电在青岛海信破壳而出时，中国彩电产业掀开了一个新的篇章。同年 8 月 4 日，海信全球第 13 个生产基地——海信新疆工厂——在新疆喀什正式开工投产。同年 12 月 9 日，海信牵手 CCTV 高清频道，标志着中国的高清电视节目迅速地走进千家万户。

2007 年 9 月，海信电视液晶模组生产线投产，这是中国彩电业第一条液晶模组生产线，打破了外资垄断的历史。2011 年，海信成为国内首家获得亚洲质量卓越奖的企业。2012 年，围绕"智能化战略"，海信进行了一系列产业布局：斥巨资投建江门产业园，扩建平度产业园，开工新研发基地，新建南非产业园以及深圳南方管理总部。为支撑国际化发展目标，海信还大规模地在海外抢夺智能设计领域的国际人才。

海信于 2013 年 4 月率先推出以"四键直达"为特色的 VIDAA 极简智能电视，专为年轻消费者定制研发，是当时国内操作最简单的智能操作系统。软件特点：四键直达，瀑布式极速换台，人性化记忆，傻瓜式操控，持续升级。稍后设计的第四代 VIDAA 曲面为 4 000R，特别适合观看各种场面宏大的体育赛事，为海信跃居中国电视机制造企业的第一梯队立下了功劳。目前海信在青岛、深圳、顺德、美国、

图 2-47　海信牌 TLM3277 型液晶电视机　　图 2-48　海信牌 LED65M8600UC 型电视机

欧洲等地建有研发中心，确立全球研发体系，在南非、埃及、阿尔及利亚等地拥有海信生产基地，在全球设有 20 余个海外分支机构，产品远销 130 多个国家和地区。科学高效的技术创新体系，使海信的技术创新工作始终走在国内同行的前列。

10. 泰山牌电视机

1973 年，山东广播器材厂朱金义、周牧群等试制成功 711-1A 型 9 英寸晶体管黑白电视机，并着手进行工装模具准备工作，厂里成立了电视机生产车间。但因显像管供应不足，无法批量生产，1974 年仅生产几十台。1976 年，该厂试制成功 711-1B 型 9 英寸黑白电视机。1977 年，生产 237 台。1978 年，仅生产 5 台即停产。

1976 年，采用全国联合设计电路，试制成功 714 型 12 英寸晶体管黑白电视机，次年通过设计定型并试产 10 台。1978 年正式投产，年产量达 3 852 台，成为该厂的主要产品。1979 年，该厂收音机车间转产电视机，年产量达 30 201 台，产品供不应求。同年 9 月 14 日，山东省和济南市政府决定将山东广播器材厂与山东电影机械厂合并，成立山东电视机厂。1980 年 8 月，济南市政府针对这种情况批准分厂经营，原山东广播器材厂仍称山东电视机厂。分厂后山东电视机厂积极发展生产，开发新产品，增加了 714-1A 型、HP31-1 型和 HP47-1 型 3 个新品种，到年底共生产黑白电视机 46 211 台。1981 年，大力加强销售工作，在山东省内建立了 38 个销售和维修门市部，在山东省外设立了 4 个销售和保修点，促进了产品销售和生产发展。1982 年，采取以销定产的办法，积极试制生产适销对路的新产品 HP35-2/4 型 14 英寸晶体管黑白电视机。1983 年，销量达 47 000 台，超过了年产量，减少了库存。1984、1985 年，山东电视机厂黑白电视机年产量分别达到 6.5 万台和 10.6 万台。

1986—1988 年，该厂在积极发展彩色电视机的同时，仍根据市场需要，批量生产黑白电视机，年产量 1987 年为 8.5 万台，1988 年为 5.8 万台。泰山牌黑白电视机的品种不断更新，技术性能和产品质量不断提高。其中，714 型 12 英寸晶体管黑白电视机在 1978—1984 年，累计生产 16.3 万台，HP35-2/4 型 14 英寸晶体管黑白电视机在 1982—1986 年共生产 16.6 万台。这两种机型成为当时该厂的主导机型和畅销产品。从 1982 年起，开始试制生产集成电路黑白电视机，并逐步成为新的主导产品。

1982年4月，周牧群等试制成功的HP31-1型12英寸黑白电视机，采用六块集成电路，全塑机壳，截至1984年共生产35 447台。1983年7月，试制成功HP35-3/5型14英寸黑白电视机，采用三块集成电路和声表面波滤波器、一体化行输出变压器等新部件，到1985年共生产22 885台。1985年设计、试制成功的HP35-7型14英寸黑白电视机，1986年设计、试制成功的HP44-7型17英寸黑白电视机，均采用三块集成电路；设计、试制成功的HP44-9型17英寸黑白电视机采用一块集成电路，使电视机的可靠性大大提高，达到全国先进水平。1987年，HP44-7型机获全国第五届电视机质量评比一等奖、机电部及山东省优质产品奖，HP44-9型机获全国评比二等奖和山东省优质产品奖。1988年，HP35-7型机产量为17 354台，HP44-7/9型机产量为40 555台。

11. 双喜牌电视机

1985年3月，淄博电视机厂厂长等在青岛小交会上与日本厂商进行引进彩电生产线的洽谈，当月30日，与日本电气公司（NEC）签订了关于引进该公司彩电生产线关键设备的合同。同年12月，引进设备进厂安装。1986年2月，引进的彩电生产线全部安装完毕，一次试车成功。同年9月，从陕西彩色显像管厂购进900套14英寸彩电散件，在引进生产线上试生产出双喜牌CT-1402PDB/G型14英寸彩电712台，并通过了机电部组织的彩电生产线验收，淄博电视机厂被列为全国彩电生产定点厂之一。1986年年底，机电部又批准该厂5 000台18英寸彩电的试车计划。淄博电视机厂与日本NEC公司签订了引进5 000套18英寸彩电散件的合同。1987年，生产CT-1803PD型18英寸彩色电视机5 044台。

1987年，广州春季交易会期间，外商对淄博电视机厂展出的14英寸彩电样机很感兴趣，荷兰狄克公司派人到淄博电视机厂签订了第一批购买3 600台双喜牌14英寸彩电的合同。外商参观了彩电生产线，对彩电质量表示放心，年底又追加订购15 000台。这一年，国家下达给淄博电视机厂生产18英寸彩电2万台的计划。同年8月，该厂又与日本NEC公司签订了按国产化机型引进关键配套件的合同。次月，为保证出口机的需要，又与NEC公司签订引进4 000台14英寸彩电关键配套件的合同。

为了进一步发展彩电生产，1988 年 2 月，淄博电视机厂与香港雅乐公司签订了引进 14 英寸、18 英寸彩电机壳模具和喷涂线关键设备的合同。同年 4 月，又与 NEC 公司签订引进 25 000 套 18 英寸彩电散件的合同。1988 年，淄博电视机厂共生产彩电 48 859 台，向新西兰出口 14 英寸彩电 6 000 台。稍后试制成功了 4710NC2-2 型 18 英寸彩色电视机，采用两块集成电路，电路简单可靠，组装方便，全塑机壳，立式造型，美观大方，图像清晰逼真，音质优美动听，受到用户好评。1988 年，在全国彩电质量评比中获得一等奖，并被评为山东省优质产品。

12. 山茶牌电视机

云南电视机厂建立于 1968 年，是一家国有老企业，属于国家二级企业，20 世纪 60 年代开始研制和生产电视机，是全国起步较早、发展较为领先的国有家电生产厂家。多项产品被评定为部、省级优质产品，是电子工业部彩色、黑白电视机定点生产厂。当时，云南生产的山茶牌电视机、天津生产的北京牌电视机、上海生产的上海牌电视机成为中国百姓见到的第一批电视机。

面对几乎是一片空白的国内电视机市场，作为全国第一批电视机生产企业的云南电视机厂生产的山茶牌黑白电视机的销售业绩取得了跨越式的发展。山茶牌电视机在鼎盛的时候在全国的二十多个省、区、市都建立了销售网络。除此之外，山茶牌电视机还出口到朝鲜、越南、缅甸、独联体等地，并以其过硬的质量受到了用户的一致好评。特别是越南边民们一致称赞道："中国货，质量好！"

在二十世纪八九十年代，山茶牌电视机的市场占有率很高，销售情况一直不错。云南电视机厂对技术和产品的创新也一直没有停止过。当时云南电视机厂和日本著名的家电生产企业如东芝、三洋等都保持了紧密的联系，云南电视机厂生产的电视机 SC-J47A 型是当时国内最先进的产品。在 1992 年，该厂曾经到美国的一家科技企业进行洽谈，准备在云南制造当时很尖端的液晶显示屏。当时大多数人都还不知道液晶是怎么一回事，甚至还没有听过液晶的概念。云南电视机厂准备了 700 万美元引进液晶显示屏的生产线，当时国内没有丝毫液晶显示屏的生产制造能力，这一产品无论在国内还是国际上都属于高端的新兴科技产业，但是后来由于种种原因，

图 2-49　山茶牌电视机

这个项目被搁置了下来。

之后，在四川长虹的带动下，电视机行业掀起了第一轮价格大战，云南电视机厂因为生产规模较小，企业的财务本来就很紧张，在价格大战的冲击之下，马上伤到了元气，最终走到了破产倒闭的境地。1997 年年底，云南电视机厂被南京同创兼并。2002 年，云南电视机厂宣告破产。

当时云南电视机厂有一个陈列室，里面摆放了该厂生产的所有型号的电视机，其中就有一台外形被火烧得面目全非的电视机。原来这台电视机是被一个昆明的消费者买走的，但是这位消费者的家里失火了，所有的东西都被烧毁了，只剩下一台烧破了的山茶牌电视机。云南电视机厂免费给这位消费者换了一台新电视机。工作人员把这台烧破了的电视机搬回厂里后发现，电视机除了外观残破外，接上电源竟然还能正常工作。

13. 海尔牌数字流媒体电视机

海尔牌数字流媒体电视机由青岛海高设计制造有限公司设计，一体化可拆分设计，"薄晶"镶嵌面板，全新触摸感应按键，开启娱乐新视界前置及后置流媒体接口，

图 2-50　海尔牌数字流媒体电视机

与 U 盘、MP3、移动硬盘等储存器以及 SD、XD、CF、MD 等多种数码相机、摄像机数据存储设备无缝连接，兼容网络及各种流媒体文件，为全球首款"流媒体"电视机。

14. 厦华牌电视机

厦华电子公司是以液晶电视机、等离子电视机、数字高清晰电视机为主的彩电制造商。公司成立于 1985 年，拥有 1 家上市公司、22 家合资企业及 5 个配套厂，是福建省最大的电子企业和中国最大的彩电出口企业之一，行销网络遍及世界五大洲 100 多个国家和地区。2004 年，厦华名列"中国电子信息百强"第 26 位。厦华是国务院确定的首批"中国机电产品出口基地"，获得了"中国驰名商标""中国名牌产品""名牌出口商品"等多项荣誉。

厦华的市场定位为中国高端彩电的领袖品牌和标志性企业。战略定位是以厦华自有品牌为旗帜，以高端产品 LCD、PDP 等离子显示板等产品为龙头，以高端产品和技术输出为盈利点，产品的性价比最高。具有微晶全能芯、画面重显技术、3D 数字图像处理、高分辨率、超广域视角技术和特性。外观设计简约时尚，可旋转底座，局部细节做圆润处理。拥有厦华电视机特有的微晶双核六色处理系统，在三原色的基础上，运用三补色进行加强补偿，达到红、绿、蓝、青、黄、紫共六色显像。这不仅大大保证了画质，而且使电视机的性能也得到了很大的提高。

图 2-51　厦华牌蓝海系列 LC-47R35 型液晶电视机　　图 2-52　厦华交互智能平板 88 系列产品

PS-42D88 型厦华 PDP 等离子电视机不仅美观实用，在功能上更是呈现多样化。它搭载了 Android 和 Windows 双操作系统，除了触摸灵敏、智能交互之外，4K2K 超高清显示更让人宛如立于窗前，纤毫毕现！屏幕的平滑性和抗干扰性非常强，能够在书写时智能识别并记忆手指、板擦等不透明物体。提笔即写，挥手可擦，让消费者充分体验在指间舞动智慧灵感的乐趣。

15. 福日牌电视机

福建福日电视机有限公司创建于 1981 年，是中国电子行业第一家中外合资企业，也是国内首批彩电生产厂家之一。1981 年和 1984 年，福建日立电视机公司和厦门华侨电子企业公司先后建成投产，开始生产福日牌 HFC-230 型 51 厘米彩色电视机。由于福日的合资双方是福建省和日本国株式会社日立制作所，所以具有较强的技术实力，曾先后创造了 18 项中国彩电技术的"第一"，第一台单片机芯彩电、第一代数字化高清彩电、16∶9 宽屏幕彩电的发源地。1991 年 4 月，福日公司设计成功并试产福日牌 HFC-1925 型平面直角 49 厘米彩色遥控电视机。1994 年，福日牌彩电产销量突破百万台，跻身国内彩电业五强之列。为了进一步开发设计新产品，福日曾经委托当时的中央工艺美术学院工业设计系设计新产品，学院动用了汽车设计用油泥制作了比例为 1∶1 的模型，这是中国电视机设计中极少的做法，但是的确很好地表达了设计的意图。

1998 年，面对国内日趋白热化的彩电价格战，福日公司选择避开锋芒，将战略发展重点转向海外市场，国内市场销售的彩电改为"日立"品牌，福日彩电在国内市场消失了 4 年之久。实际情况是年产能只有 100 万台的福日彩电，与年产能 1 000 万台的业界老大长虹、康佳等自然无法处在一个重量级别上，就是与同处于第二梯队而且同处福建一省的厦华相比，福日也略逊一筹。

1999 年 5 月，福日股份上市，当年 9 月就与福建华融电子集团签订协议，注资 1 500 万元到福建华融电子有限公司，成为第一大股东，并按软件、硬件、网络三大业务进行重新整合，这是福日股份淡出彩电业、向 IT 业进军的第一步。2000 年 9 月，福日股份正式成立 IT 事业部，标志着福日股份全面进军 IT 产业。

2000 年年底，福日股份又接连发布公告，宣布董事会通过一系列资产运作方案，置出该公司所持有的福建日立电视机有限公司 50% 股权，置入该公司控股股东福建福日集团公司持有的中华映管（福州）有限公司 5% 股权，收购福建优泰电子有限公司 50% 股权，接着又公告变更对多媒体彩电技改项目 3 923 万元和数字化彩电技改项目 3 907 万元的募集资金投入。上市两年多来，福日股份进行了一系列资本运作与产业投资，注资 1 500 万元进入福建华融电子有限公司成为第一大股东，通过收购福光公司 50% 的股权，进入光学器件产业，通过与中科院福建物质结构研究所联合组建福建福日激光技术公司，进入激光应用产业。至此，福日股份从电视机制造业全身而退，扔掉包袱，走向了 IT 战场。

经过一系列的资本运作，2002 年福日经过改制重组重新面对国内市场。2003 年，随着彩电升级换代开始，传统彩电领域的价格战渐趋平静，日立公司也不再生产经营普通彩电，福日公司决定在国内市场重新启用"福日"品牌。恢复原来停产的生产线，并且全线推出液晶、背投、等离子彩电等高端产品。

2016 年 9 月 12 日召开的福日电子部分产品经销商会议上，福日展示了其全新推出的福日彩电全系列产品，福日智慧家电及物联网产品，福日太阳能 LED 路灯、庭院灯、照明灯、太阳能光伏发电系统等。

16.TCL 牌电视机

TCL 集团股份有限公司创立于 1981 年，其前身为中国首批 13 家合资企业之一——TTK 家庭电器（惠州）有限公司，从事录音磁带的生产制造，后来拓展到电话、电视、手机、冰箱、洗衣机、空调、小家电、液晶面板等领域。

1981 年，在惠阳地区机械局电子科的基础上组建惠阳地区电子工业公司，开始 TCL 集团的早期创业。1985 年，兴办 TCL 通讯设备有限公司。1986 年，TCL 商标在国家工商行政管理局商标注册。当年开发出我国最早的免提式按键电话，通过生产鉴定，创立"TCL"品牌。之后 TCL 电话机产销量跃居全国同行业第一名并一直名列前茅。自 1991 年在上海成立第一个销售分公司后，又在哈尔滨、西安、武汉、成都等地建立销售分支机构，成为今天 TCL 全国性销售网络的雏形。

1992 年，研制生产 TCL 王牌大屏幕彩电，投放市场一炮走红。1993 年，TCL 将品牌拓展到电工领域，成立 TCL 国际电工（惠州）有限公司。1993 年，TCL 电子（香港）有限公司成立，TCL 通讯设备股份有限公司股票在深交所上市，是国内通信终端产品企业中第一家上市公司。1994 年，率先推出国内第一部无绳电话。1996 年，TCL 集团兼并香港陆氏公司彩电项目，开创国企兼并港资企业并使用国有品牌之先河。1997 年，重组为 TCL 集团有限公司。

1999 年以后，TCL 在发展的基础上寻求自我突破，抓住机遇开始走出去。通过国际并购、遭遇挫折、绝地重生，为 TCL 布局全球架构和竞争力开了先河，为中国企业走出去积累了宝贵经验。当年，TCL 国际控股有限公司股票在香港成功上市。1999 年，TCL 斥资控股翰林汇软件产业公司，大举进军信息产业。

2001 年，TCL 移动通信全年销售手机 130 万台，销售收入突破 30 亿元，成长为集团又一重要经济增长点。2002 年，TCL 手机在中国市场排名第三，位列国产手机首位。2004 年，TCL 集团在深圳证券交易所正式挂牌上市。2005 年，TCL 彩电销量雄居全球首位。

2007 年，TCL 彩电核心技术获美国国家电视学院艾美奖，这是中国公司历史上首次获得该奖项。2008 年，TCL 集团公布 2007 年盈利性年报并摘掉"ST"帽子。

2008 年，中国彩电业年度行业总评揭晓，TCL 一举夺得"中国数字电视年度国际成功大奖""年度液晶电视大奖""年度绿色健康产品大奖""消费者最喜爱的彩电品牌"四项大奖。2010 年，由深圳市政府和 TCL 集团共同投资 245 亿元的华星光电 8.5 代液晶面板项目隆重开工。2012 年，TCL 集团发布公告，2012 年度 LCD 电视销量达 1 578.10 万台，跻身全球彩电三强，这也是中国彩电企业首次冲入全球液晶彩电第一阵营。

2012 年，在第 45 届国际消费电子展（CES）上，TCL 荣获技术创新单项大奖"年度智能云计算电视"奖，同时蝉联全球消费电子 TOP 50 和全球电视品牌第 6 名。当年，由华星光电研制成功的 110 英寸 4 倍全高清 3D 液晶显示屏"中华 TCL 之星"在京正式发布。

2014 年，TCL 集团发布互联网转型时代下全新的转型战略——"智能＋互联网"与"产品＋服务"的"双＋"战略，以互联网思维全面构建 TCL 集团的战略转型和新商业模式，重新定义 TCL 集团以用户为中心的新价值观和愿景。

2014 年，TCL 宣布投资 5 亿元启动 O2O 平台项目建设。同时宣布成立 TCL 文化传媒公司，发力内容建设。2015 年 12 月 18 日晚，在"第五届娱乐营销论坛暨 5S 金奖"颁奖典礼上，TCL 独揽三项 2015 年度娱乐 IP 营销大奖，成为当晚最大赢家。TCL 所获的三项大奖包括：话剧《开心晚宴》《夏洛特烦恼》、电影《我是证人》、电视剧《大猫追爱记》，涵盖话剧、电影、电视剧三大领域，这背后体现了 TCL 的传播对市场的精准把握和高超的娱乐营销水准。

2016 年 2 月 23 日，TCL 携手紫光集团在北京举行产业并购基金启动发布会。发布会上，双方共同宣布，将充分利用双方在各自行业强大的影响力、产业上下游丰富的投资经验及横跨境内外的资本市场平台优势，协同打造百亿元规模的产业投资平台，兼具产业协同效应和资本效应，促进中国半导体和消费电子产业的转型与升级。

《2016（第 22 届）中国品牌价值 100 强研究报告》在美国波士顿揭晓。TCL 集团品牌价值为 765.69 亿元，连续 11 年蝉联中国电视机制造业第一名。同年 9 月 28 日，

TCL 2016秋季新品发布会在广州亚运城体育馆隆重举行。发布会上，TCL宣布推出高端品牌XESS创逸及旗下X1、X2电视机产品和S1移动大屏产品，并宣布郎平成为XESS创逸电视机产品的形象代言人。XESS创逸以领先科技、高端配备、艺术设计、品位个性为四大支柱，汇聚TCL 35年科技的精髓。XESS X1搭载了当时全球最前沿的悦彩量子点显示技术，实现了超高的110% NTSC色域覆盖率，一举打破传统显示技术色域天花板，同时，在画质上XESS X1还采用了银河多分区背光控制技术、绮丽画质处理引擎和全生态HDR等多项尖端技术，呈现出其他电视机难以企及的画质表现力。在音质方面，XESS X1搭载了通常使用在豪车内的哈曼卡顿音响，并且达到了业内最高的S级品质标准。

2016年，TCL继续保持中国市场曲面电视机零售量份额第一，成为消费者最喜爱的曲面电视机品牌。中怡康线下监测数据显示，当年1—10月，TCL曲面电视机零售量份额高达29.4%，超越三星成为曲面市场的真正王者。其中超薄曲面的C1型是主力。TCL L55C1-CUD型曲面电视机还拥有ATET和腾讯游戏两大游戏板块，可以根据用户的需求来下载游戏等，可以说内容比较丰富。除了上述主要功能外，还可以通过TCL L55C1-CUD型电视机实现很多有趣的玩法，比如用微信控制电视机、播放存储设备内容、下载各类APK应用软件等。紧随其后的是P2型和4K曲面机王P1，由此形成了产品矩阵。当年统计数据显示，TCL电视全球市场份额飙升至7.6%，稳居全球第三。

图2-53　TCL L55C1-CUD型电视机

第三章 电风扇

第一节　华生牌电风扇

一、历史背景

　　20 世纪初，作为中国民族工业发展的黄金时期，多个中国著名品牌在这个时期崛起，而中外闻名的华生电风扇便在其列。1914 年，时任裕康洋行账房先生（会计）的杨济川发现很多电器舶来品建造原理并不复杂，而仅仅是因为远洋舶来便身价大涨。商业嗅觉敏锐且精通电器原理的他在好友叶友才、袁宗耀的帮助下模仿美国奇异（GE）电风扇试制了两台电风扇。几人讨论后认为制造电风扇难度不大，虽然进口电风扇整机价格不菲，但是其材料、零件却不贵。于是由袁宗耀劝说其好友扬子保险公司经理祝兰舫给予支持。在获得了资金支持后，杨济川将其创办的品牌取名"华生"，寓意"中华民族更生"，即中华民族在不远的将来必定会挣脱贫困和压迫，获得新生，并于 1916 年 6 月在上海创办了华生电器制造厂。

　　1907 年，著名的德国工业同盟成员彼得·贝伦斯（Peter Behrens）为当时德国

图 3-1　华生电器制造厂旧址

图 3-2　设计师彼得·贝伦斯（Peter Behrens）
为 AEG 设计的台扇

最大的电器工厂德国电器联营公司（AEG）设计电风扇时，主要从产品使用功能需求出发，用标准零部件进行组装，形成可以用机器大批量生产的产品，电风扇的基本造型风格也由此确定。美国 GE 公司紧随其后，稍做设计改动，在中间醒目位置打上了自己的商标，并通过大量的广告来推广自己的产品。

　　杨济川分别汲取了两位"先辈"的长处，从而在第一代产品问世之际就有了相当的成熟度。此后即以小修小改的设计延续产品的风格，因而早期华生牌电风扇的设计一直强调平面性的装饰。

　　1929 年，经销美国奇异电风扇的慎昌洋行想以 50 万美元收购"华生"品牌，被杨济川拒绝，继而想以削价竞销挤垮"华生"，华生厂沉着应战，一方面确保"华生"牌电风扇的质量，维护"华生"商标的声誉，宁可减产或停产，也不轻易降价；另一方面再创一个价格较低的新商标"狮牌"电风扇，与"奇异"开展市场竞争。美国奇异牌电风扇在中国市场步步后退，最终完全退出中国市场，华生厂的"狮牌"商标也未正式推向市场。1931 年，邹韬奋先生以"落霞"笔名在《生活》周刊上发表长文《创制中国电风扇的杨济川君》，表彰他自励奋发的事迹，时人称杨济川为"中

图 3-3　华生电器制造厂创始人——杨济川

国的爱迪生"。

1924 年，华生电器制造厂首批生产出电风扇 1 000 余台。1926 年，"华生"牌在国内注册，成为国内最早进行注册的商标之一。随后华生牌电风扇风靡海内外。1929 年，荣获菲律宾"中华国贸展览会奖状"。1930 年，获得泰国"中华商会国贸陈列场奖凭"。

1933 年，华生电器制造厂易名为华生电器厂，专制电器及特种电风扇，并在上海市内按部件分类建成 10 个分厂，组织结构日臻健全。1935 年，华生股份有限公司成立，拥有 50 万元资金，年产电风扇 3 万余台，当年获利 20 万元，同时以"国货"的名义进行推广，由此华生厂进入全盛时期。

在制造电风扇初期，华生电器制造厂有工作母机上百台，除普通机床外，还有由工人沈再昌设计制造的台扇网罩半自动加工机、台扇电动机起步圈加工机和轴类零件自动车床等专用设备。1932 年，华通电业机器厂从德国进口大号拉伸冲床、100 吨牛头冲床、六角车床和螺丝车床等专用于电风扇生产。1935 年，华生电器制造厂和华通电业机器厂共有通用机床 178 台。1947 年，华生电器厂、华通电业机器厂和华南电器厂等 6 家主要企业共有冲床、车床、钻床等通用设备 332 台。进入20 世纪 60 年代，上海电风扇生产设备加速更新，华生电机厂研制的冲床单机自动、铝合金前后盖加工专用组合机床、125 ～ 400 吨压铸机、粉末喷涂专用设备、电泳涂漆流水线、静电喷涂流水线、电风扇电机绕组自动滴漆流水线、网罩电镀自动生产流水线和电风扇成品装配校验线等先后投入使用。

图 3-4　华生牌电风扇中、西文名称注册的商标

图 3-5　20 世纪 30 年代的华生牌　　　　图 3-6　华生牌电风扇宣传广告
电风扇产品

　　自 1984 年起，华生电扇总厂陆续引进一批制造电风扇的关键设备和技术，主要有日本的电机绕组半自动加工设备、DC135 及 DC250 型卧式冷室压铸机、PDA-125L 高速冲床、意大利的风叶注塑机等 9 种设备。为 20 世纪 90 年代以后的新产品生产奠定了技术基础。此后，华生全塑电风扇问世，主要是转页扇，这种电风扇的结构特点是利用一个转栅不停摇摆或旋转来改变风叶吹出气流的方向。由于其最先在广东生产，当地厂商称其为"鸿运扇"，所以将这种形态的产品都冠以此名称。

二、经典设计

　　1973 年，华生牌电风扇为了打开国际市场，需要有更新颖的电风扇产品造型。华生电扇厂邀请了上海轻工业专科学校的吴祖慈与技术人员一同设计研发了 FTS 型台式电风扇。上海轻工业专科学校当时是上海轻工业系统下属的专科学校，设立了培养轻工业产品造型设计的专业。华生牌 FTS 型台式电风扇设计完成后受到好评。

后继设计的 JA50 型台扇更加颠覆了华生的传统设计，它在舍弃了铸铁制圆锥形底座的基础上，改为采用更大的长方形，搭配铝合金的装饰面板，显得十分简洁轻盈。网罩上金属条密度增大，并且表面镀镍，使得整体造型更加圆润饱满。扇叶为三片，形状变得短而宽大。按键部分集中在底座上，使用琴键式开关。整体看上去，该款电风扇造型清新典雅，简单大方。产品逐步打入国际市场，1980 年，国内电风扇热销时被竞相仿效，影响了以后十余年中国同类产品的设计。

设计师吴祖慈在设计华生电风扇时，对部分设计思想进行了改变：希望能求得造型的更新，并且以"流畅""有机"的外形设计给消费者带来美感。在他的指导下，设计团队以"三维立体设计"的方式来构思电风扇网罩的设计。以数条单根带圆弧的折线来构成网罩，加上成熟的网罩电镀自动生产流水线技术，使之具有轻便、饱满的造型，同时在功能上满足了安全防护的需要，并取得与老华生截然不同的产品形态。这种设计思想正是现代主义设计思潮经过不断充实和实践后形成的，也是20 世纪 70 年代主流的工业设计思想。从侧面来看，FT35-1 型台扇网罩整体呈圆弧状，较之早期的华生电风扇更显动感。

图 3-7　华生牌 JA50 型台扇

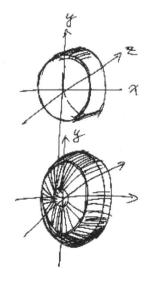

图 3-8　网罩设计构思草图（复原）

图 3-9　早期华生牌台扇（侧面）　　　图 3-10　改进设计的台扇（侧面）

　　这是设计师在从上海市轻工业情报系统以及上海科技情报室查阅大量资料的基础上提出的设计方案，设计师特别关注了日本同类产品的资料，因为未来华生产品的竞争对手就是日本产品。

　　底座采用平直的造型设计，简约大气，增加了产品的现代感。右下角宽大的琴键式按钮使调节风力操作更为方便，增添了使用操作的乐趣。底座面板以双线条图案为底，左上角是蓝色的类似雪花的四方连续图案，右上角印有品牌标志，下设四枚按钮。按钮下方是一排类似卷草的两方连续图案。产品整体以天蓝色为主色调，给人一种夏日清凉的感觉，配合电镀银色和部分金色，具有十分强烈的现代感。设计师特别注重以工艺来体现产品的品质，叶片中央的轴罩被施以金属电镀工艺，底座表面装饰铝板由抛光及喷砂工艺相间的线条装饰，在印刷的装饰色块辅助下品牌标志显得更加优美，更凸显了品质感。

　　华生牌 JA50 型台扇有两处品牌标志，一处是网罩中央，另一处是底座面板。设计师曾设想以类似凤凰羽毛的图案配以略有反光的烛光有机玻璃来衬托图形，但在量产时考虑到成本问题还是放弃了。

图 3-11 华生牌 JA50 型台扇底座设计

网罩中央的圆圈内，对角排列着金色的汉字"华生"和英文"WAHSON DELUXE"。品牌标志是字母"S"与"W"的重叠，外面是象征圆形电风扇的圆圈，标志被置于"华"与"生"中间。英文"DELUXE"代表此款台扇的定位是"高级的、奢华的"。

底座面板上采用红色的品牌标志搭配黑色的中文"华生"、英文"Wahson"，英文的字体与网罩中央的大写字体有所区别，设计师为此专门做了设计。

图 3-12 吴祖慈所设计的原型产品（由其本人 收藏）

图 3-13 网罩中央的品牌标志设计

图 3-14　底座面板上的品牌标志设计

三、工艺技术

　　制造电风扇的主要原料是有色和黑色金属、化工材料。新中国成立前，矽钢片、铝锭、漆包线、钢材、油漆、电容器、黄蜡布、隔电纸、模具钢、轴承、胶质线、黑铁管和原铁等都从国外进口，上海各电风扇厂通过上海市电工器材同业公会直接与外商签订购货订单。新中国成立后，各类材料基本用国产货。华生电器制造厂是1954年公私合营的老厂，电风扇生产被列入国家计划，所需原料及轴承等零配件都有固定供应渠道，1966年以前由上海市第一机电管理局分配，1966年7月以后改为由机电产品订货会、上海市交电采购供应站和上海市物资局金属站等供应。1980年开始，电风扇生产被列入轻工业部计划，原料由国家物资总局分配，出口电风扇的用料由轻工业部供应，商业部按上海市交电站的电风扇收购合同划拨原料。列入市、局、公司计划生产的电风扇，除由这些单位供应一部分外，其余靠企业自筹。20世纪80年代后期，原材料市场放开，所需原料由企业自行采购。

　　电风扇的工作原理是以电动机带动风叶旋转，加速空气流动，从而改善一定范围内温度和湿度的状况。电风扇生产虽有近百年历史，其外观造型、加工工艺和使用功能等不断有所进步，但基本结构没有多少变化。早期的台式摇头电风扇采用罩极式4极电动机、管型固定轴承、铜丝疏网罩、铜板风叶和铸铁圆形底座，并以电抗器调速，配有扳动式4挡3速开关；4翼吊风扇也采用罩极式电动机，外壳系生铁铸造，风叶为木质五夹板，转动结构用内转子式（20世纪30年代初改为外转子式）。电风扇电动机采用鼠笼式转子的制造，最早是先将铜梗作为导电体贯穿在铁芯中，然后在铁芯的两端铆上铜环，再将铜梗与铜环用焊锡焊接起来，这种工艺极为烦琐，而且质量也难以保证。1934年，华生电器制造厂首先改用压力铸造的方法制造鼠笼式转子，就是用压铸机将熔化的铝压入铁芯，形成鼠笼形导电体，不仅使电动机的效用值（使用值）提高24.8%，而且转子成本也降低54.3%，从而取得专利权。此后，台扇风叶由铜板改为铝板，网罩以铁丝加密镀铬，底座多以合金铝压铸而成为流线式，配以3挡旋钮开关，并应用6极罩极式电动机和阔型风叶，使噪声降低，运转平稳。1958年，华生电机厂研究成功台扇电容式电机，并用改性聚苯乙烯后罩壳代替原来的铝合金后罩壳，采用琴键式开关调变转速。由于电容式电动机具有效率高、功率因数高、用料节省和启动转矩大等优点，因此逐步取代了罩极式电动机。但罩极式电动机也具有维修方便、加工简单等长处，故1958年后延续使用20多年才完全淘汰。1963年，改用旋钮式控制台扇摇头，即通过安装在座子上的旋钮来操纵软管钢绳，使之作用于连接板，再带动离合器；而以前所用的撅拨方式，则是通过直接撅拨牙杆来控制的。1964年，华生牌台扇增置角度盘，成为双重摇摆机构，使电风扇运转

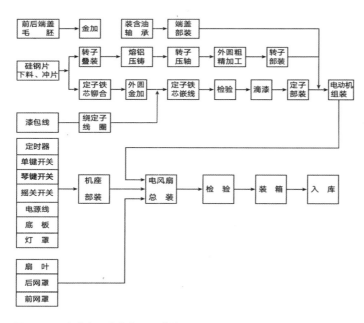

图3-15　台式电风扇的主要工艺流程

时除在原有 90° 范围内自动摇头外，还可以很方便地改变到另一个 90° 范围进行摇头。同年，华生牌落地扇上增置开关盒，款式日益丰富，在其中装置摇头开关、定时器、指示灯和琴键开关等控制器和装饰件。1980 年后，台扇、落地扇陆续采用塑料座子、塑料开关盒。1988 年，华生电器总厂研制成功金属板网型的电风扇网罩，与传统的以铁丝单根成形后再逐根焊接、电镀的工艺有很大区别，既简化了工序，又提高了安全性能，造型也更新颖别致，并获得专利权。

电风扇制造过程中，需采用冲压、金切、压铸、焊接、注塑和表面涂覆等多种工艺及电动机、风叶、模具制造等多种技术。

在引进日本技术和装备的过程中，三菱、日立、东芝、松下、三洋等公司生产电风扇的专业工厂的技术受到高度关注，沈阳电风扇厂的李景勋在 20 世纪 80 年代《家用电器科技》杂志上介绍过日本电风扇网罩加工工艺，作者认为：日本电风扇某些零件的加工工艺的自动化和机械化程度并不高，但由于加工工艺的设计比较合理，所以获得了很高的生产率。电风扇网罩的加工工艺即一例。引进和采用这类工艺，投资少，见效快，适合我国目前技术改造的要求。他特别介绍了日本电风扇网罩工艺，不久，华生电风扇厂等企业引进了该项设备。在这之前，网罩靠手工加简单辅助工具完成。具体步骤如下：

1. 小内圈、大扁圈制作

工艺与国内基本相同，需经过落料、成形、下料、对焊、整形、冲孔、清洗、

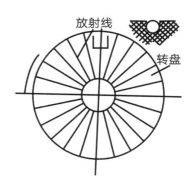

图 3-16　放射线制作

烘干等工序。

2. 放射线制作

钢丝直径在 $\varPhi1.6$ ~ $\varPhi2.0$ 毫米，经拔直、落料、清洗、烘干，整齐地排入塑料或金属制的工位器具内，以备下道工序使用。

3. 小内圈、大扁圈与放射线的焊接

（1）接通电源，夹具的转盘开始以 30 ~ 40 转／分的转速旋转。转盘用厚 20 毫米左右的电工板或塑料板制成，可以随时取下或装上。转盘上表面按放射线长度和直径，刻有深浅宽窄适度的、平均分布的放射状沟槽，槽数等于网罩的放射线根数。随着转盘的旋转，手工把放射线顺次放入槽内。随后切断电源，转盘停转。用夹具和螺钉把已放入沟槽内的放射线连接到小内圈上。

（2）把卡好放射线、小内圈的转盘装卡在两工位转台的一个工位上，开始焊接放射线和小内圈。

电焊机的容量为 150 千伏安左右，结构和点焊机基本相同。动电极做垂直动作，每动作一次（焊接），被焊接件即随着定电动极的机构旋转 90°。四次焊完（某些日本厂家又做了改进，已经三次或一次就能焊成），焊一只网罩约需 15 秒。采用两工位转台可明显提高工作效率和设备利用率。当一个工位上的被焊接件正在焊接时，另一个工位上同时装夹下一个被焊接件，轮流焊接。

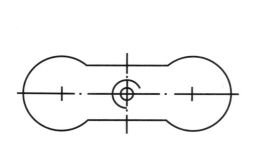

图 3-17　焊接工位

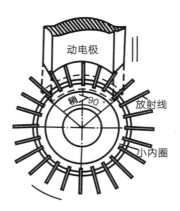

图 3-18　焊接过程

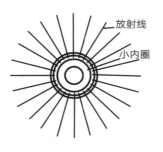

图 3-19 太阳件

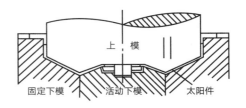

图 3-20 模具加工

（3）为叙述方便，我们把放射线焊成一体的工件称为太阳件，把太阳件放入成形模具的下模定位止口上。冲压时上模落下，所有的放射线同时成为所要求的形状，效率之高显而易见。压床为 50～80 吨四立柱液压平面压床。这种工艺改良看起来没有太大的难度，但对于批量生产的产品而言却是十分必要的。

北京空气动力研究所的朱孝业曾经利用小型风洞对电风扇网罩、叶片形态做过研究。对于前者他主要研究气流流经网罩的流态，找到合理的网罩形态，减少噪声以及风量的损失。通过研究他认为，前网罩的网丝的剖面形状最佳的是流线型的，其次是半流线型和长方形，最次是圆形。由于圆形的工艺比较简单，所以一直被厂家采用，但他还是建议用折中的方法，即前网罩用剖面形状为长方形的网丝，后网罩用圆形的。但是这个方案只被一些新建的电风扇厂采用。

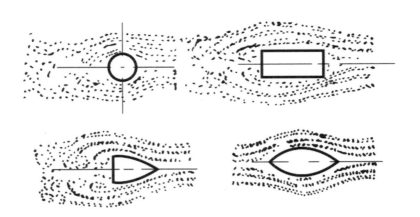

图 3-21 前网罩的网丝的剖面形状与气流状态分析

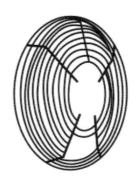

图 3-22　能够降低噪声和减少风量损失的设计建议

利用小型风洞研究电风扇的叶片积尘使得华生电风扇成为积尘较少的产品，研究结果表明，从网罩的流态看，电风扇后网罩四周有大量空气流入，故该区网罩外面有严重的积尘。如果后网罩四周能够用一个外壳封闭起来，应该能够解决这个问题，这样可以减少扇叶叶尖的三元效应，减少气流损失和叶尖回流噪声。前网罩中心的内侧积尘相当严重，这是因为设计师往往认为前网罩中心能够吸引使用者的目光，经常进行装饰设计，华生改型后的设计也是如此。为此，华生立即进行了修正，

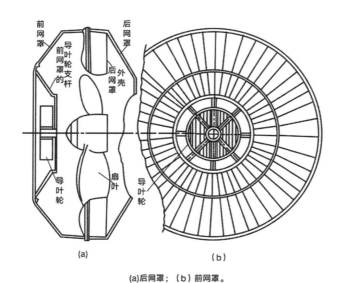

(a)后网罩；（b）前网罩。

图 3-23　新型网罩设计方案

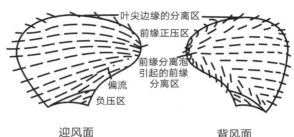

图 3-24　电扇叶片的绕流情况（丝线绕流法）

拆除了中心的装饰设计，因为它挡住了空气流。在电风扇中心区存在着一股核心旋涡，力量相当大，装饰件的阻挡会使旋转着的气流停止下来，在减小风量的同时留下了积尘。朱孝业提出了另外一个解决方案，即在前罩中心区加一个可旋转的小导叶轮，类似转页式电风扇的导风轮，将旋转的气流变成轴向气流。从试验上看是有道理的，但是在要大批量生产的产品上增加一套结构，一定会增加成本，所以华生最后没有采用这一方案。

　　对于叶片积尘问题，华生高度重视，用风洞试验进一步研究电风扇的绕流问题可以发现其中的问题。朱孝业首先用丝线绕流法观察华生电风扇叶片的绕流情况。得到的结论是，现有产品中的叶片叶尖比较圆润，有严重的绕流，前缘区在迎风面有偏流，叶片背风面有明显的分离区。换成油流实验观察也有相同的现象。

　　气流的这种分离现象使得叶片噪声加大，效率低下，长期运行的电风扇在叶片

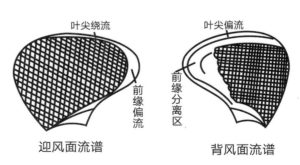

图 3-25　电扇叶片的绕流情况（油流观察法）

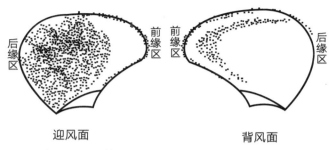

后缘区　前缘区　前缘区　后缘区

迎风面　　　　　　　背风面

图 3-26　叶片上的积尘情况

上留下的积尘情况也证实了这种现象的存在。解决的方案是，改进叶尖的设计形状，将近圆形的叶尖设计改为近似直角的设计。由于这些问题不光是华生电风扇存在，其他品牌的产品也有类似的问题，所以在后来的华生及其他品牌的产品中都进行了改进设计。

上述工艺、技术的改进不仅局限于华生产品，在其他品牌产品的设计与制造中，各个厂家会根据自己的实际情况做出判断和改进，也会在同行中针对有代表性的工艺技术问题进行探讨。特别可贵的是，这些探讨都是基于实际的生产、设计，为改进产品品质而展开的。同样，下列问题也具有普遍性。

湖南邵阳市家用电器厂刘慎周认为：扇叶在有了好的设计后，还须具有先进的

图 3-27　叶尖设计改为近似直角的设计

加工工艺，而铆接工艺是其中一个关键环节。最初采用传统的单粒铆接法，即手工把每颗铆钉初步铆好，然后在油压机上将铆钉的半圆头成形。这种工艺缺点很多：

（1）扇叶变形量大，由于手工用力不均匀，铆头打击铆钉的方向无规律，造成扇叶扭角变形和径向位置移动，给静平衡和整形增加了困难。

（2）工效低，每套扇叶加工时间约需6分钟。

（3）牢固度差，叶片不易压紧。后来，改为一次性油压铆接，以后又进一步改为一次性冲压铆接。

冲压铆接不但工效高于油压机，冲头与工作台面的垂直度也比油压机易于控制，使铆钉在铆接时受力更均匀，还可减少动力消耗，降低生产成本，而且铆接牢固，比单粒铆接提高工效6倍以上。由于压力均匀，三片叶片一次铆成，扇叶扭角变形小，只要稍加整形，就可使三片叶片的曲线旋转轨迹一致。

产品端盖同心度对电动机性能的影响问题曾经引起行业工程师的广泛注意。上海松江电扇厂雷逸认为：电风扇电动机端盖定子止口与轴承座的同心度对电动机性能影响较大。根据试验的结果，如果前、后端盖定子止口与轴承座不同心度大于0.025毫米，就会造成定、转子之间的气隙很不均匀，从而导致激磁电流增大。激磁电流是无功电流，它的增大将使电动机的功率因数降低。同时，转子上磁通不均匀，引起转矩也不均衡，使电动机振动并产生异常噪声。而且电机启动性能变坏，输入功率增大，温升增高。他曾经在三种条件下进行了不同心度对电动机启动性能影响的试验。

（1）将定子止口与轴承座不同心度大于0.04毫米的后端盖装到电动机上，使转子灵活无阻滞加220伏电压做慢速空载启动试验，启动困难。这是由于气隙不均匀度过大、电动机转矩减小所致。

（2）令转子稍有阻滞，保证定、转子的轴线在同一条直线上，但前、后端盖的轴线不在同一条直线上。这时气隙均匀，转矩比前一种要大。220伏电压下做慢速空载启动试验，效果比之前好，但慢速负载启动时也发生困难。

（3）后端盖定子止口与轴承座不同心度小于0.025毫米，使前、后端盖，定子，

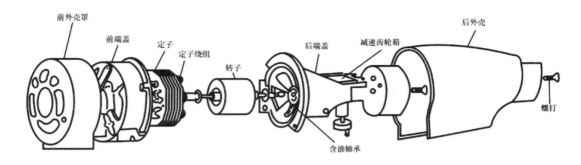

图 3-28　电风扇电动机结构分解及前、后端盖同心度对电动机性能的影响

转子的轴线在同一条直线上。这时转矩最大，启动良好，符合 GB 3046—1982 的要求。在 187 伏电压下做慢速启动试验，情况也正常。试验说明，若要电风扇有良好的启动性能，必须严格控制端盖定子止口同心度。为此，加工时必须用组合刀具进行一次车削成形；加工后应用端盖定子止口与轴承座同心度测定器进行严格检查。

四、品牌记忆

　　设计师吴祖慈教授出生于 1937 年，浙江湖州人。1961 年毕业于原中央工艺美术学院郑可教授工作室，20 世纪 70 年代任教于上海轻工业专科学校造型专业。由于受过系统的造型设计训练，同时通过与我国港台地区设计同行的交流，吴祖慈十分敏锐地感到世界上产品设计的思路已完全从平面走向空间，于是他花了极大的精力分析、研究当时屈指可数的一些国外同类产品的资料。

　　从 20 世纪 70 年代开始，日本电风扇产品凭借优良设计，重点倾销中国香港及东南亚地区，中国内地产品面对这种势头节节败退。即使华生牌有着足够的技术基础，也抵不过日本电风扇产品华丽外观所带来的新鲜感，寻求设计的转变迫在眉睫。1972 年，华生电器厂邀请当时在上海市轻工业学校担任美术教师的吴祖慈进行产品改良设计。吴祖慈手用水粉颜料绘制了电风扇的效果图，同时也画了无数张草图，当笔者追问这些草图现存何处时，他表示多次搬迁已经失落，身边仅存一台当年改进设计后第一批量产的产品，是当时厂方无法支付其设计费而赠送给他的。吴

图 3-29　设计师吴祖慈

祖慈回忆道：由于当时国家意识到轻工业产品与国外同类产品的差距，为此从西德、日本进口了一些较先进的生产设备，使得好的设计设想能够实现，但这些设备的有效利用还需要设计师同技工师傅的共同努力。为实现电扇底座铝板装饰，他一直在车间与师傅们共同尝试，一直到满意为止。共计用三个月的时间重新设计了华生牌JA50型台式电风扇。

同时，吴祖慈编写的平面构成、立体构成方面的讲义曾在《实用美术》杂志上连载，他利用几何形态在空间让造型产生千变万化的效果，强调空间、美感，给行业留下了深刻印象。其后又著有《产品形态学》等多部专著。

在经历几十年曲折发展之后，20世纪70年代，华生电风扇面临着一次新挑战。当时的日本，在电风扇制造方面已经具备了成熟的材料成形和表面处理技术，其设计水准也已经处于世界前列，其产品大量占领了国际市场，品质享誉全球。日本很多品牌的扇叶可以做成很多颜色与花纹，用户可以自己选购喜欢的颜色。同时，日本电风扇的装饰面板、商标与嵌条多采用油墨印刷，而不像老旧电风扇那样要用钢模压制，成本低，产量高，并且颜色丰富，外形美观。华生牌JA50型电风扇推出市场之后，受到了用户的广泛欢迎，一举击败了日本的产品。华生的这一款电风扇于1980年获轻工产品国家银质奖，也迅速成为日后中国各厂家争相效仿的经典设计。而吴祖慈改进设计华生电扇之事也被《上海地方志·美术志》所记载，这是我国地方志中少有的明确记载设计师及其设计成果的条目。

五、系列产品

华生电风扇在第一代产品推出以后，坚持不断推出新的设计。20世纪40年代后期，受到美国流线型设计风格的影响，也设计了类似的底座造型，控制开关为旋钮式，叶片改为三片，一度成为时髦的产品而受到使用者的喜爱。同样受到美国同类产品的影响，华生牌电风扇的网罩也曾经改为前、后两片一样的网状结构，其优点是生产加工简单，后来的研究证明，这种网状结构结构并不是很合理，当时的设计主要是从变换形式的角度来思考的，并没有很好的试验手段来进行验证。同样道理，这个设计的叶片与前一代产品完全相同，底座设计由流线型向方形过渡，主要是考虑与铸造工艺的相容性。在FTS型重新设计以后，由华生电机厂生产了FT-1P型电风扇。此外，华生立扇、吊扇以及其他新产品也丰富了产品系列。

图 3-30　流线型设计风格的华生牌 AD-38 型电风扇　　图 3-31　网罩结构前、后两片一样的华生牌 59AD30 型电风扇　　图 3-32　华生牌 FT-1P 型电风扇

第二节　长城牌电风扇

一、历史背景

　　1970 年，苏州 5 个街道、16 个手工业作坊组合成立了苏州电扇厂，即苏州长城电器有限公司的前身，开始鼓足干劲地研发和生产民族自主品牌长城牌电风扇，凭借着让消费者放心的质量、让消费者追捧的设计、让消费者认可的品牌，长城牌电风扇取得辉煌的业绩，甚至把曾经名噪一时的百年老品牌上海华生牌电风扇都甩到了后面。

　　进入 20 世纪 80 年代末 90 年代初，长城牌电风扇已畅销全国，"长城电扇、电扇长城"这句广告语也家喻户晓。1984 年，长城开发出第五代落地扇，在国内首创仿金电镀工艺并采用灯扇两用独创设计，投入市场后出现了"哪里有长城，哪里客盈门"的争购热潮。而第 7 代电子控制模拟自然风高级电风扇新品在 1986 年 1 月运

图 3-33　创办初期的长城电扇厂厂房

抵西安时，众多市民竟冒着 -9 ℃严寒排长队争购，并出现登记定购预付款情形。当时的长城牌电风扇的办公区域就有25 000平方米，里面有来宾接待所、职工活动中心、职工舞厅和大餐厅等数栋建筑。长城电器的厂区则更大，骑自行车跑完整个厂区至少得花1天时间，是何等的壮观！

到1996年6月，以"长城"为龙头的市属工业集团正式成立，实行国有资产委托经营管理，集团总资产超过7亿元，净资产达1.5亿元，员工总数达到4 200人。庞大的规模和曾经的光环并没有让长城继续风光无限，反而带来重重弊端，长城开始沾沾自喜，故步自封、唯我为大和享乐主义思想抬头，加之过分追求产量提升，忽视市场消化能力，出现产品质量和信誉下滑的问题，长城牌电风扇一步步衰退。最终因资金链断裂而一蹶不振，使"长城电扇、电扇长城"销声匿迹，直到1998年才重新开始艰难地回归市场，但最终没能再现昔日的辉煌。

二、经典设计

长城电扇厂是较早确立设计概念的企业之一，其发展可分为三轮电风扇大战及大力开发第二代支柱产品四个阶段。而工业设计在从引入、参与、协调直至贯穿经营活动的始末也恰恰为四个阶段，与前者形成了一一对应的关系。这是事物发展的规律，还是偶然的巧合，暂且不予论定，但可以肯定这其中存在着极其必然的内在联系，那就是工业设计思想观念在生产经营活动的发展中渗透得更加广泛，更加深入，并直接参与经营决策，贯穿于生产经营的始终。长城电扇虽然没有像华生电扇那么悠久的历史，但其设计起步的时候已经是中国再一次重视工业设计的时代，20世纪80年代初期由国家派往日本、西德等国家的工业设计留学生已经回国并大力宣传了工业设计的理念和方法，基于当时国内电风扇的技术、工艺已经成熟，所以长城电扇的产品设计的确是站在比较高的起点来展开的。

该厂当时的设计理念是：工业设计是对产品功能、材料、构造、工艺、形态、色彩、表面处理、装饰等诸因素的考虑，通过社会、经济方面要素的综合，使其既符合人们对产品的物质功能的要求，也符合人们审美情趣的需要，这是人类科学、经济、艺术有机统一的创造性活动，无论是企业领导还是专业人员都应真正体会其真谛，一知半解式小打小闹是对工业设计的曲解。

长城电扇自身有一个设计开发部，设置了工业设计科，配备了较齐备的物质手段。对改进型产品，工业设计科负责方案设计，根据方案的需要，由所需专业人员协同完成，其终端是保证方案的实现。对创新型产品，工业设计科承担前期开发的调研及预想，从生活方式、工作方式的角度去规划，提出课题，技术开发同步式交叉进行，去佐证预想能否实现或修正后使其得以实现，此时工业设计思想贯穿始末，这中间包括功能的制定、操作方式和材料的选用、尺寸及形式色彩的视觉效果以及与之协调的产品说明书、包装等。否则，各专业背对背地工作只能导致物与物之间机械地叠加或被动式的补充，其后果不言而喻。设计师自身具有很高的艺术修养，曾经在广州南方工业设计事务所从事过产品设计，其间带出了许多日后中国设计领域的骨

图 3-34　不同功能和款式设计的长城落地扇

干，当时这些开拓者以其自身的努力在更新设计观念的同时，还将这种观念转化为具有市场价值的产品。

从具体的设计来看，长城产品的基本结构没有革命性的改变，当时以设计细分市场的观念十分明确，在关键部件不变的条件下增加新的功能，形成系列产品。在设计落地扇时，根据不同的功能设计不同风格的控制面板，丰富产品形象。FS19-40型是红外线遥控高级落地扇，具有标准风、微风、自然风三种模式，五种风速，各种调控既能够用手操作，也可以在远距离用红外线遥控器操作。还可与灯具相结合，具有装饰功能。而FS11-40型则是电子钟控制，产品上的红色装饰特别醒目，能够起到加深消费者对产品的印象的作用。

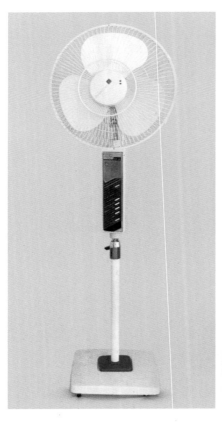

图3-35　长城牌FS19-40型红外线遥控高级落地扇

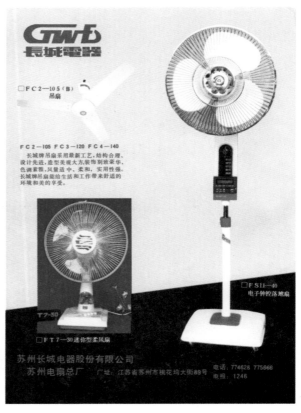

图3-36　FS11-40型电子钟控制落地扇、FT7-30迷你型柔风扇

工业设计从参与、协调到贯穿产品开发活动始终，在表面上看是工作方式的变化，但从品牌发展的角度而言，确确实实体现了质的变化，即工业设计再也不是被动的、简单的造物行为，而是创造性的造物行为。长城电扇的设计活动也跨越了由表及里的发展过程。这是调整设计认识的阶段，也是设计观念更新的阶段。从广义上讲，它反映在生产经营活动中，包括计划、销售、产品开发、培训、组织等；从狭义上讲，包括开发的立项、方案的拟订、开发的方法与程序、专业人员的分工配备及组织等。可以认为，如果仅将设计作为一种手段来应用，而不是作为一种崭新的观念和方法论来指导企业的经营活动，将是一种短期行为，充其量只能停留在初级阶段——造型。长城电扇虽然也受其干扰，但终究大大地跨出了一步，将其作为一种宏观意识指导企业的生产经营活动，积极进取的工业设计人员也通过自身素质的完善奋力地跨越这最初的阶段。全员素质的提高保证了设计能作为一种规划，这种规划体现在每年投放市场的产品类别、品位，能及时顺应时代发展的需要，顺应不同层次人们不断提高的物质需求和精神需求，并逐步转向诱导市场，反映出提高人们的生活质量、改变人们的生活方式和工作方式的超前意识。这确确实实是一种系统工程，没有崭新的设计观念是绝对办不到的。长城电风扇主要工艺技术与华生基本相同，故不再专门叙述。

三、品牌记忆

　　经过了十几年光辉岁月，说起那段"保平安和保品牌"的历史使命期，长城人的心里是无奈与欣慰交织。在当时公司资产全部被抵押、员工人心涣散且不断闹事、产品和市场步入严重低谷的情形下，也许那种"只要你缴纳商标使用费，我们就允许你生产"的做法也成为选择。正是通过实施这种整机定牌生产的品牌战略运作，才很好地实现了公司 3 500 多名员工的合理分流，保住了长城牌电风扇这一民族品牌，做到了"长城不倒"。在长城所有人的执着坚守下，经过艰辛努力，终于使年产量由改制后第一年即 1999 年的 70 多万台，又回升到 400 多万台，并一步步在良性、快速发展。如今，公司已熟练运作定牌制作合作模式和品牌战略，拥有20多家分布在江苏、浙江、广东等小家电资源优势区域的合作生产企业，产品也覆盖了电风扇、吸油烟机、洗衣机等几乎所有的小家电产品系列，实现了长城品牌的不断延伸与发展。

"我们还不是一流的品牌，我们是老百姓的品牌，我们会再次让长城品牌被百姓所认可，我们有这个信心和决心。"公司两位负责人满怀信心地表示。

四、系列产品

长城电风扇系列产品的设计初步实现了"模块化"的方式，在主要部件基本不变的情况下，不断地融入各种功能，以此形成一个"产品矩阵"，以吸引不同层次的消费者，并能够保证消费者在希望选择更高一级产品的时候还可以在长城的系列产品中选择。这既是一种产品发展模式，也是一种商业营销的考量。特别值得一提的是，在后期的系列产品设计中大量应用了塑料材料，实现了产品的轻质化，改变了产品固有的形象，同时集中科研成果应用于新产品之中，其中，电风扇叶片的叶

图 3-37 叶尖改为近似直角的产品

图 3-38 针对儿童设计的小型电风扇

尖设计改为近似直角的设计为改善产品质量起到了至关重要的作用。另外，利用已经成熟的工艺拓展相关的细分领域的电风扇产品也取得了相当好的效果，特别是针对儿童设计的产品受到市场的欢迎。

第三节　其他品牌

1. 菊花牌台式电风扇

1979 年无锡第三电机厂一分为三，建立无锡电扇厂，以 400 毫米台扇为主要产品。1979 年以后，国家出台政策，乡镇办企业享受 3 年免税待遇，军工企业兼产民品和机械、电子等企业兼产日用品的也减税。电风扇作为技术含量相对较低的产品，首先成为各市建厂的生产对象，但是由于台扇投产快，利润大，故出现了一哄而起、盲目生产台扇的现象。纳税与免税的差别，使得专业电扇厂处于不利的地位。有些企业为了适应市场竞争，只好降价销售产品，又带来无力进行技术改造和扩大再生产的后果。与此同时，也有些专业电扇厂狠抓产品质量，取得较好的经济效益。1980 年以后，随着市场需求的变化，多数电扇厂开始生产落地扇，规模不断扩大，款式从低档不定时发展到高档定时豪华型。1981 年 6 月，江苏省政府决定调整政策，发放生产许可证，所有电扇厂按同等税率纳税。无锡电扇厂积压台扇 1 万多台，及时转向生产落地扇，当年冬季在北京展销时，出现顾客冒雪购买菊花牌落地扇的好势头。1982 年，江苏省经委、省工业调整领导小组及省标准局，对预选点的电扇厂进行质量考核，无锡电扇厂等 16 个厂的台扇领到了质量合格证书。这在宏观上控制了非定点企业的盲目生产。

1983 年，市场对落地扇需求量大增。无锡电扇厂与北京家用电器研究所共同研制成功 400 毫米 6 型梦幻式台扇，400 毫米 4 型落地扇也形成装配流水线，投入批量生产。随着产品销量和利润的提高，进一步的发展壮大成为无锡电扇厂的首要目标。

1985年12月5日，无锡市菊花电扇公司成立，同时注册"菊花"商标。公司以无锡电扇厂为龙头，以二、三、四、五分厂为主体，以省内外60多家协作厂为配套集体组成的经济联合体，具有年产100万台电风扇的生产能力。1985年之后，江苏省台扇、落地扇的品种不断翻新，先后制成350毫米Ⅰ型台扇、落地扇、电子间隙风扇；400毫米电子选时高雅落地扇，应用电子定时控制，增加了模仿自然风的功能，以ABS（丙烯腈－丁二烯－苯乙烯共聚物）工程塑料代替铝合金，降低了成本，在同行业中有较强的竞争力。1986年以后，江苏省台扇生产从单一规格发展到150毫米至400毫米系列产品，落地扇款式造型不断推陈出新，产品结构实现全塑和金属并举。1987年，无锡菊花牌等四家电扇厂的产品（其余为苏州长城牌、南京蝙蝠牌台扇、落地扇和吴县骆驼牌落地扇）获得国家质量奖银质奖。

初建厂时技术力量十分薄弱。电扇厂一方面学习先进技术，派研发人员去上海向华生电扇厂讨教，甚至还送到国外去培训；另一方面与无锡轻工业学院机械学院

图3-39 菊花牌400毫米4型落地扇

合作，在其协助下先后设计、制造、安装投产了七条生产、检测线。那个时期人们对产品的需求和关注点更多的是功能和产品质量。菊花牌电风扇外观造型以借鉴国外同类产品的设计和模仿上海华生经典产品为主，加以一定的修改，基本没有个性化设计。进入 20 世纪 80 年代，随着群众对装饰美化生活的需求上升，菊花开始注重装饰要素在产品中的表现。电扇厂中技术人员、工程师、工艺师的职能互相交叉，协同攻关，最大限度地降低制造成本，使设计快速地实现批量生产。设计出 400 毫米台扇，产品外观造型简洁，颜色清丽，整体相对小巧俏丽，活灵活现。菊花标志独具风格特色，电风扇外罩中间那一株迎风挺立、瓣瓣满含雨珠的菊花标志虏获了众人的心。1982 年，菊花牌系列产品荣获了部、省优质产品证书。

无锡市电扇厂的施一宏曾经就提高扇叶效率的问题进行过专门探讨，其目的是解决当时国产扇叶效率普遍较低，只有一小部分功率转换为有用风的技术难点。当时电风扇社会保有量相当大，能源也较紧张，提高扇叶效率，减少损耗很有现实意义。研究结果在实践的设计和工艺改进中得到应用，为改进产品质量提供了重要依据，这也是菊花产品扇叶能够得到不断改进的原因。

为了在激烈的竞争中站住脚，该厂把重点放在降低电动机噪声和提高电动机使用寿命上。无锡市电扇厂从原材料、零部件，到半成品、成品，实行层层把关。后来还引进了微电脑控制的风叶动平衡机，改变了过去生产风叶靠手工检验精度的低效率低状况，产品合格率高，返修率低。在吉祥桥百货商店的临街橱窗里，几台菊花牌电风扇在昼夜不停地运转，通过对已经运行了几千小时的电风扇进行质量测试，它们表面外壳和铁芯的温升分别低于 15 ℃和 35 ℃，轴磨损只有一根头发丝的 2%，运行 4 000 多小时完好如新。如此的广告见证了菊花的品质，商场上经常断销，一货难求，150 元一台的菊花牌电风扇被看作高档货、奢侈品，成了女孩子出嫁的必备嫁妆。

菊花牌电风扇一方面不断研发新的产品，铸就了过硬的产品质量；另一方面也注重品牌的营销。为了打开外埠市场，他们想到了一个绝妙的方法——借向社会广泛征集广告语之际扩大知名度。在征集活动中，获得特等奖的广告语是："实不相瞒，菊花的名气是吹出来的。"正是一个"吹"字，在貌似违背常理、让人费解的同时，又紧扣电风扇的使用特点，一语双关，令人叫绝。其宣传效果可想而知，这句诙谐的广告语一出立即风靡大江南北，产品更是遍及全国 27 个省、市、自治区。

由于市场嗅觉敏锐，内部改革及时，1985 年菊花牌电风扇获全国各主要大型百货商场"消费者信得过产品"及"最佳消费品"的荣誉称号。1987 年，其产品获得轻工出口产品金奖和美国 UL 安全标准的认可。1988 年 2 月 14 日，无锡市电扇厂厂长祝海初获全国首届经济改革人才奖银杯奖。1988 年，菊花牌台扇、落地扇双双荣获国内电扇产品的最高质量奖——国家银质奖。20 世纪 90 年代，无锡市电扇厂与世界各地 155 个客户建立贸易关系。

2. 蝙蝠牌电风扇

1979 年，南京长江机器制造厂开始生产蝙蝠牌 12 英寸台扇。翌年建成蝙蝠牌电风扇生产线，年产量达 12.5 万台。1982 年起，由于市场需求的变化，南京地区各厂 12 英寸台扇产量下降，主要生产 14、16 英寸台扇、落地扇及系列吊扇。为满足市场日益增长的需要，南京长江机器制造厂从 1984 年起，先后在江宁县、大丰县、扬州市、溧水县建立了四个电风扇分厂，使蝙蝠牌电风扇的年生产能力达到 200 万台。1984 年，"天文牌"（国内商标为"蝙蝠牌"）台扇在保加利亚举办的第十四届普罗夫迪夫国际博览会上荣获金质奖。翌年在全国首届家用消费品民艺评选中获金鸥杯奖。1987 年，获省、部优质产品奖和国家银质奖。1990 年，南京地区生产蝙蝠牌电风扇 60.42 万台。产品除畅销我国内地外，还远销到马来西亚、尼泊尔、新加坡等国家和我国香港、澳门特别行政区。

"当时我一个月工资才 42 块钱。"因为"花了血本"，李先生对当年买电风扇的场景记得很清楚。当时新百商场有专卖电风扇的柜台，是商场里人气最旺的区域。除了一些来买电风扇的，还有不少人是来蹭凉的，有人甚至带着午饭来，一待就是一整天。当年的电扇界有"四朵金花"，分别是蝙蝠、长城、菊花和骆驼，蝙蝠的名声最响，价格也最贵。李先生一咬牙买了蝙蝠牌电风扇中最贵的一款 12 英寸的台扇。"台扇只有 40 多厘米高，但非常重，比现在的落地扇还重！"李先生称，"可能是因为重，电风扇工作时非常稳，声音也很小。"

图 3-40　蝙蝠牌电风扇　　　　图 3-41　骆驼牌电风扇

"没电风扇前都是靠芭蕉扇，一晚上过来，流的汗在席子上能画个人形。有了电风扇，夏天睡觉都要备毛巾被，防着凉。"更让李先生感慨的是，这台三十岁的蝙蝠牌电风扇直到现在还能用。李先生的女儿花四百多元买了某品牌的落地扇，用了一年，塑料做的叶片就断裂了，花38元换了个新叶片。这让李先生有些小得意："还是我们那个年代的电风扇耐用，前几天外孙回来过周末，睡午觉还用它呢！"

3. 骆驼牌电风扇

骆驼牌电风扇是江苏吴县防爆电机厂的产品。1980年，该厂生产骆驼牌台扇5.67万台，由于质量稳定、造型美观、价格较廉，投放上海市场后出现凭票购买的局面。《新华日报》以《小骆驼进"大上海"》为题进行了报道，反响强烈，收到较好的经济效益。1981年，吴县防爆电机厂设计的骆驼牌定时落地扇，在上海市中国百货公司橱窗内运转70多天，升温不高，轰动上海市场。1984年，以吴县防爆电机厂为

图 3-42　金龙牌电风扇获奖产品及其广告

主体厂，骆驼牌电风扇为龙头，跨地区、跨行业的经济联合实体——吴县骆驼电扇总公司建立。1986 年以后，其台扇生产从单一规格发展到 150 毫米至 400 毫米系列产品，落地扇款式造型不断推陈出新，产品结构实现全塑和金属并举。1987 年吴县骆驼牌落地扇获得国家质量奖银质奖。

4. 金龙牌电风扇

20 世纪 80 年代，山东龙口金龙机械厂开始生产机床、车床，正是基于这样的机械生产基础，金龙从 1982 年开始转向批量电风扇生产。1990 年前后，金龙牌电风扇供不应求，购买电风扇的汽车都排起了长队，工厂也是 24 小时动工生产，换人不停机。也正因为供不应求，金龙电器集团后来就干脆"撤掉"了自己的销售团队，经销商直接上门取货。金龙牌电风扇更是名满天下，它曾获得国际博览会金奖、全国畅销国产商品"金桥奖"、中国电风扇行业重要奖项——国家银质奖。

5. 五羊牌／钻石牌电风扇

1954 年，广州南洋电器厂试制成功 16 英寸罩极式台扇。1958 年，中兴电机厂 (广

图 3-43　五羊牌电风扇

州电机厂的前身）开始生产钻石牌 1 400 毫米吊扇，供外贸部门出口。次年，广州电风扇厂建成，生产排气扇。1961 年，又增加生产 200 毫米支架式台扇出口到古巴，受到主管部门的赞扬。从 1964 年至 1966 年，获得三次技术贷款，共计 88 万元，购进了一些先进设备，建成广东省最早和最大的电风扇专业厂，引起一些机电同行的重视。拥有较强生产设备和工艺技术水平的广州航海仪器厂在此期间也投入生产各种船用电风扇，供全国造船、交通和水产系统的船舶使用。技术设备力量较弱的广州二轻工业系统中，第一个敢于试制电风扇的企业是韶辉五金厂。1969 年，该厂试制成功一台 400 毫米台扇，可惜设备和技术力量不足，所以迟至 1972 年才能进行批量生产。1973 年，产量达 12 610 台，商标为"广州牌"，出口产品为"钻石牌"，后期有同名产品在国内市场销售。1974 年，改厂名为广州家用电器三厂，商标也改为"五羊牌"。在 20 世纪 70 年代中期，广州地区的电风扇工业生产技术有很大进步，在全国同行中居领先地位。特别是 1975 年，广州电机厂用工程塑料代替铝合金制成风扇套和电动机外壳后，产品做到了既省工省料又美观的效果，在全国同行中起了带头示范的作用。

　　1981 年，广州市成立电风扇总厂后，将该厂与家电一厂和家电七厂合并，组成广州五羊电风扇厂，继续优化设计工程塑料代替铝合金制造风扇部件，产品迅速占领了海外市场。

6. 美的牌电风扇

1968年，何享健带领23人集资5 000元在北滘创业。1980年，原"顺德县北滘公社汽车配件厂"更名为"顺德县北滘公社电器厂"，为当时的大型国有企业——广州第二电器厂（远东风扇厂）——生产电风扇配件。同时，工厂依靠自身的技术力量，自行研发、试制电风扇，并于1980年11月生产出第一台40厘米金属电风扇，当时取名"明珠"牌。由此进入家电行业。1981年3月，工厂通过招标的方式征集了"美的""明珠""彩虹""雪莲"等预选商标进行选择，最终决定申请注册"美的"商标。同年8月，商标正式注册。1984年6月，为谋求新的发展，在美的风扇厂的基础上正式成立"顺德县美的家用电器公司"，经营业务以电风扇为主。

1993年，成立美的集团并进行内部股份制改造。1997年，进行事业部制改造。2013年，美的转页扇特有的"田园风"级别超静音MD-SQD型电动机，其高纯度线圈保证了运转的稳定性，还专门配合美国普马威克润滑油，降低零部件之间的摩

图3-44　美的牌"田园风"转页扇

图3-45　美的牌"自然生态风"电风扇

擦与碰撞,消除电风扇动力引起机身整体抖动现象,从而能够让电风扇运转得更安静。另外,美的牌转页扇还特别推出创新的可升降式固定架设计,实现高度可调的人性化送风模式,这种特设的升降式固定架还能起到加强电风扇稳定性的作用。

美的牌转页扇采用美的专属的航空涡轮级旋风叶,旋风叶切风角度与旋风叶间的切风距离经过精密设定和实验室测试,可以保证送风量大而且持续,即使风扇快速运转,电风扇整体也能保持稳定安静,给室内提供更加舒适的自然生态风。此外,美的牌转页扇独有的360°双向导风轮可以保证全方位均匀送风。

2009年推出的KYT25-9A型鸿运扇具有4挡风速,2小时定时,同步电动机导风,斜摆动式转页扇,可台式,可挂壁;美的牌优质原产斯科特(SQD)电动机,安全、静音、耐用,美国进口普马威克固体润滑油不泄漏,实现了使用寿命长、低能耗的效果。

2014年,美的推出变频电风扇,为用户带来不喧哗、自有风的安静享受。在变频空调大行其道之时,美的牌电风扇也打出变频技术牌,旋翼式9片风叶均匀出风,智能静音挡,共同打造集静音、舒适等功能于一身的美的牌变频电风扇。借助变频技术全面提升电风扇的整体性能。

2016年,在中国家电及消费电子博览会(AWE)举办时,美的全球首款智能电风扇发布,它的亮相吸引了无数现场媒体及消费者的关注目光。这一产品的出现标志着美的将在电风扇行业着力发展智能科技,同其他美的产品一起打造智能家居的生态链。根据产品的特性和外观,将智能电风扇命名为"清羽",以羽毛将其风力感知度具象化。以"若懂风情,先解人意"的宣传口号来强调人性化,强化产品卖点,转化消费者的生活情感利益点。

美的环境电器事业部研发中心总监说:"这是一款真正懂你的风扇,美的要重新定义风扇。"他对其三大全球首发的智能功能给予了详细解读:一是智能睡眠,电风扇通过手环等佩戴设备获取用户的睡眠状态,根据用户的睡眠状态会自行调整,吹出让用户舒适睡眠的风,让用户在凉爽、健康的环境下安然享受睡眠。智能舒适睡眠风曲线采用了清华大学研究团队的重要科研成果,并对睡眠阶段的气流曲线进行了优化,在经过了大量用户体验并逐步修正后达到了用户期盼的送风效果。有了

图 3-46　美的牌 KYT25-9A 型鸿运扇　　图 3-47　　美的牌 FS40-13HR 型
变频电风扇

这款智能电风扇，那么以后无论何时入睡、何时睡醒，电风扇都会根据对人体的判断做出自己的调整。二是与空调等设备的智能联动，为用户提供贴心而舒适的体验。房间温度高时，电风扇和美的空调一起工作，快速均匀地把凉风铺满整个房间。当室内温度降低到相应的温度时，它们可以互相发出指令，互相对话，安排对方开机或者关机。这样不仅省电，更省去了频繁调整温度挡位的烦恼。三是特有的智能记忆功能，可实现每次开机都是用户上次使用的状态，让产品的使用更加贴心与便捷。

　　除此之外，美的智能电风扇还支持 WIFI、蓝牙连接，支持语音反馈，网罩风叶易拆卸、台地两用、极易安装等，对细节进行了十多项重大升级。业内专业人士也表示，虽然电风扇是家电行业中较为传统的一个细分行业，但美的环境电器事业部把智能、变频、仿生等元素运用到电风扇产品中，让科技与用户需求相融合，极大地推动了电风扇行业的发展。

第四章　电冰箱

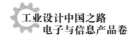

第一节　双鹿牌电冰箱

一、历史背景

20世纪70年代末，双鹿电冰箱厂的前身上海电冰箱厂成立，成为我国最早的国营电冰箱制造企业。双鹿牌电冰箱由上海电冰箱厂设计生产，品牌名称由"葵花牌"更名而来。早期的上海电冰箱厂多为根据客户需求以来料加工的方式进行生产。1979年，上海电冰箱厂为香港客户定制了300台72升单门电冰箱，此时期生产的电冰箱商标为上海市轻工业品进出口公司指定的"葵花牌"。1980年，在前期设计经验上，上海电冰箱厂开始小批量生产75升单门电冰箱，当年产量为3 300台，此批电冰箱使用的商标仍为"葵花牌"。但是在1981年以后，上海电冰箱厂为新开发的BY-100升、BY-145升等直冷式单门电冰箱启用了新的品牌——"双鹿牌"商标，其品牌图形一直未曾改变，标准字体在后期由中、英文联合组成。

图4-1　双鹿电冰箱厂的前身——上海电冰箱厂

图 4-2　双鹿牌品牌图形、标准字体　　　　图 4-3　更新以后的双鹿牌品牌图形、标准字体

1983 年，上海电冰箱厂在上海市用于中小企业技术改造、技术引进的外汇贷款业务资金的帮助下，将原厂地扩建到 5 870 平方米，并分别从日本、匈牙利、意大利等国家引进相关技术与设备，最终拼接成功技术先进、年产能力达 10 万台的生产流水线，于 1986 年正式投入生产。

1981—1985 年，上海电冰箱厂共计生产电冰箱 11.21 万台；1986—1990 年，共计生产电冰箱 61.18 台；1990 年，年产量达到 17.7 万台，占当年上海市家用电冰箱产量的 33.8%。当年创税利 3 286 万元，每平方米用地年创税利达 3 682 元，为全国电冰箱行业所少见。但是工厂的布局囿于一隅，给进一步发展带来不少困难。1992 年，上海双鹿成功上市，成为当时冰箱行业第一家上市公司。20 世纪 90 年代以后，根据国内轻工制造的基本情况，特别是针对来自南方民营轻工企业更加灵活的市场拓展，上海轻工业实施"国退民进"战略，国有企业大量退出轻工行业，双鹿品牌被来自浙江的电冰箱制造企业租赁使用，主要用于开拓三、四线城市及农村市场。

二、经典设计

双鹿时代电冰箱的设计对中国而言实际上是基于技术集成的设计，与后来的工业设计的概念有较大的差异，可以认为大多是应用了国际 20 世纪 80 年代以前的工业设计思想、方法与手段，因为当时引进的国外制造设备大部分是根据这个时代的产品制造要求来设计的，受制于引进国外制造设备，其造型不可能有太大的改变，更何况当时在中国电冰箱的普及程度很低，当务之急是先把产品造出来推向市场，而企业则通过制造实践将各种新的生产设备协同起来，学会流水线大批量生产，将生产率提升，这是首要目的，也是符合产业发展规律的。

在对国外同型号产品以及同类产品的解析研究基础上，企业发现电冰箱的箱体是其重要部件，也是设计的重中之重，因为箱体负责提供保温、绝热良好的冷冻、冷藏空间，又作为制冷系统各部分的支撑体，如压缩机、冷凝器、蒸发器都安装在箱体适当的位置。箱体由壳体和箱门组成，壳体包括外壳、内衬、绝热层。外壳一般用不锈钢板制成，内衬常用 ABS 工程塑料制成。绝热层用导热系数很低的材料制成，使用最多的是聚氨酯发泡材料。同时，它还是向消费者传递产品信息的主要载体，兼具实用与美观的功能，所以必须花主要精力对其进行设计。当时的材料工艺条件以及生产方式决定了产品是众多的中小型部件装配式构成，大部分零部件是规整的几何形。因此工业设计的重点首先是产品外观横竖比例的确定，既要有很好的视觉比例，又要满足一定的冷藏空间规范，协调、控制各个部件的结构，特别是双门的产品，冷冻室与冷藏室的尺度划分对整个产品的视觉形象具有决定作用。其次是对于各个部件相关、相交的界面进行设计，保证能够在实现功能的同时增加产品的价值。

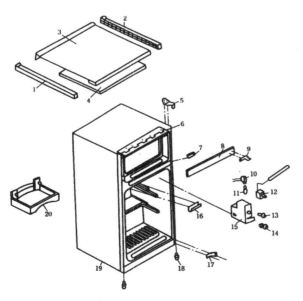

1—左边框；
2—右边框；
3—台面板；
4—台面支持板；
5—上铰链；
6—台面固定板；
7—中铰链固定板；
8—中挡板；
9—中铰链；
10—灯座；
11—灯泡；
12—温度控制器；
13—温控器旋钮；
14—灯开关；
15—温控器罩壳；
16—感温管固定夹；
17—下铰链；
18—机脚；
19—箱体（包括蒸发器、冷凝器）；
20—接水盘

图4-4　直冷双门冰箱箱体的结构

再者是决定产品外观的主调色彩及其搭配的色彩，决定品牌标志制作的工艺以及在产品上的位置。值得一提的是，早期电冰箱的品牌标志制作工艺相当考究，有一些甚至用较厚的铝材切削而成，到后期这种工艺全部绝迹而改用很薄的塑料并喷绘。

从更加具体的设计思考来看，必须将箱门的功能及结构搞清。从其内部来看，因为其承载了许多的功能，这些功能直接面对使用者，成为产品与使用者的界面。箱门由外壳、内衬（也称内胆）、绝热层和磁性密封条组成。外壳、内衬与绝热层的材料、性能与壳体部分基本相同，封条的作用是防止内部的冷气泄漏和外部的热空气进入。在箱体的总热损失中，封条的热损失占 15% ～ 20%，因此其结构、性能很重要。一般封条切面上有两个以上气室，既可使封条具有良好的弹性，又可利用气室起隔热作用。在与壳体门框接触的一侧插入磁条，靠磁条与铁质门框之间的吸引力将箱门密封。封条的吸力为 1 ～ 7 千克，吸力大小则关闭不严，吸力太大了也不好，不仅每次开启比较吃力，而且万一小孩钻入箱内可能推不开箱门。从其外部来看，箱门的拉手是设计的主要部件，其形态决定了产品的性格和附加值，成为设计师高度重视的设计，因为要考虑使用者操作的合理性，所以掌握人机工程学的知识对于设计师来说十分重要。

电冰箱附件设计是其设计工作的重要组成部分，常用的附件设计有接水盘、搁架、蔬菜盒、去味器等。接水盘也称"滴水盘"，它的作用是收集化霜时蒸发器流出的

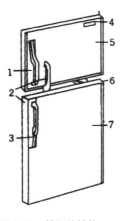

1—拉手（上）；
2—拉手盖；
3—拉手（下）；
4—铭牌；
5—冷冻室门；
6—开关挡块；
7—冷藏室门；
8—冷藏室门挡条；
9—冷藏室门；
10—挡条；
11—冷冻室封框；
12—冷冻室门胆；
13—冷藏室门胆；
14—冷藏室门封条

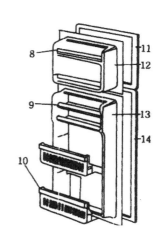

图 4-5　箱门的结构

图 4-6　双鹿牌 BY145 型单门电冰箱拉手设计

化霜水以及冷藏室食物水分蒸发凝露而成的水。这些水由排水管排至箱外的"蒸发皿"里，蒸发皿放在压缩机的顶部，下面有冷凝管，靠压缩机或冷凝管的热量将水蒸发掉。搁架的作用是将冷藏空间分成若干部分，提高空间利用率，箱内搁架一般由较粗的钢丝制成。箱门搁架一般由工程塑料制成，有放鸡蛋的，放牛奶瓶、化妆品或胶卷的，形状多种多样，为了防止不同食物之间相互串味，箱内搁架逐渐演变为抽屉式结构。蔬菜盒也称果菜盒，一般用聚乙烯注塑而成，上而有一个玻璃盖，放在箱底，由于冷空气较少进入内部，所以温度比箱内略高，还能保持较高的湿度，对存放新鲜蔬菜非常有利。去味器里装有活性炭等去味剂，能将食物散发的异常气味吸附，对防止食物之间串味有利。

　　由当时电冰箱产品的工艺技术条件所决定，这个时代电冰箱的系列产品仅仅以箱体空间的规格大小而定，所有品牌产品外观的整体特征几乎完全相同，不像以后海尔的产品，具有根据消费者的消费需求，从引领消费的角度出发规划的产品系列，每个系列的产品通过设计都具备了强烈的个性特征。因此在双鹿牌、上菱牌、雪花牌的各节中，经典设计、系列产品相同的内容不再重复叙述。

图 4-7　双鹿牌新产品 BCD-185 型、BCD218W 型电冰箱
上市时的广告重点是展示其功能

三、工艺技术

家用电冰箱有直冷式和间冷式两种。直冷式利用自然对流方式使箱内的气流不断与产生冷量的蒸发器进行热交换而达到冷藏和冷冻的目的。此种电冰箱的蒸发器直接安装在冷冻室内，人们可以看到蒸发器上凝结的霜层，一定时间内要进行人工除霜。间冷式电冰箱利用风扇强迫气流通过蒸发器表面进行热交换，使气流冷却后经风道吹入各贮藏室达到冷藏和冷冻的目的。这种冷却方式是间接的，贮藏室本身不会有霜，又称无霜冰箱。

电冰箱问世不过 70 ～ 80 年历史，随着不同阶段科技水平的发展而有很大变化。20 世纪 20 ～ 40 年代，上海仿制国外产品，产量很低，箱体外壳用手工敲打成形后涂上油漆，制冷系统的电气控制部分用人工弯铜管和装配电器零件，电动机、冷凝器、开关和封条等关键部件都是进口的。压缩机选用电动机拖动偏心桃子式真空泵，用以压缩阿摩尼亚（氨）循环制冷，后来采用进口氟利昂做制冷剂。工厂因陋就简，依样画瓢，仅有钻床、车床和刨床等通用设备。

新中国成立后不久，轻工业系统所属上海金属制品厂快乐牌电冰箱的生产工艺有所改进，已使用部分专用设备。电器零部件制作有人工操作和机器生产同时并存。蒸发器采用铝复合板压延工艺，解决了铜管与铝板的焊接问题，门封条采用磁性橡胶挤出工艺等。

1979年以后，中国家用电冰箱生产直接应用国外近期新工艺、新技术，跨过数十年摸索渐进的时间，接近20世纪70年代末国际水平。在此以前，电冰箱的关键部件如压缩机、蒸发器、冷凝器以及ABS塑料、聚氨酯、泡沫塑料、铜管、薄钢板等材料均须进口。20世纪80年代，实现了用塑料内胆代替搪瓷内胆，相应增加了ABS粒子加工板材、真空成形新工艺。隔热层由树脂发泡改为超细玻璃棉发泡，再发展到聚氨酯低压发泡，产品内在质量有所提高。此外，采用钢丝式冷凝器制冷系统新工艺和用铜管板式口字形蒸发器新工艺，提高了电冰箱的散热效果和使用质量。

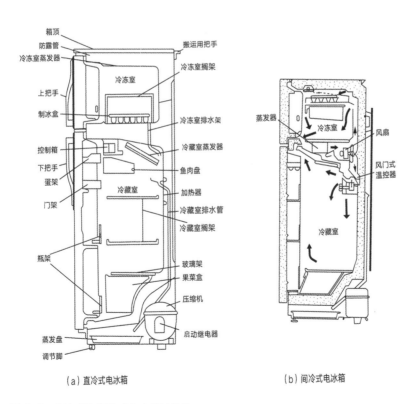

（a）直冷式电冰箱　　　　　　（b）间冷式电冰箱

图4-8　直冷式和间冷式电冰箱的构造

电冰箱由隔热箱体及制冷系统装配而成。外箱体及外门框用 0.5 毫米冷轧钢板冲压成形，内箱及门胆用 ABS 挤出板加热后真空成形，分别注入发泡塑料做隔热材料，蒸发器由铝材及铝管组成管板式结构，其余管道及冷凝器等均采用优质铜材加工，制冷剂为氟利昂。

1984 年以后，各厂相继引进部分国外电冰箱生产设备和技术。其中上海电冰箱厂先后引进日本三洋电器株式会社钣金滚压成形线、门封挤出线、日本布施株式会

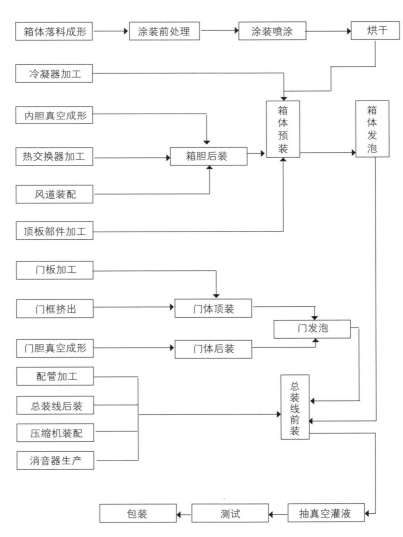

图 4-9　电冰箱制造的工艺流程

社真空成形线、日本日鲁制作所打包线、意大利康诺公司发泡线和匈牙利涂装生产线等，加上国内配套的总装生产线，共有各类生产设备 455 台（套）。这些来自不同国家的专用设备，经过合理安排，组成 11 条生产流水线。

各厂均于 20 世纪 80 年代先后从国外引进技术和设备，其工艺流程大同小异。《上海二轻工业志》家用电器篇第二章电冰箱及压缩机中第一节电冰箱的内容中总结了相关的工艺流程。

四、品牌记忆

双鹿电冰箱厂行政上属于上海市手工业局（以后改称"第二轻工业局"，简称二轻局），该局下属还有一所工艺美术学校，过去主要是培养玉雕、牙雕、木雕、漆雕、工艺美术绘画、玩具设计、家具设计方面的技工型人才，在 20 世纪 80 年代初开始培养包装设计、日用品造型设计人才，主要为二轻局系统工厂输送专业人才。20 世纪 80 年代中期，为了适应手工业局产业转型的需求，由该局相关处室牵头，以工艺

图 4-10　百货公司橱窗里展示的双鹿牌电冰箱

美术学校的师资力量为主体创立了上海展艺工业设计事务所，并与双鹿开展了密切的设计合作。开始主要是一些广告、宣传品、展览展示设计，其中在百货商场的橱窗设计是十分重要的。

双方的合作后来发展到电冰箱产品零部件的改进设计方面。工艺美术学校此时已经对工业设计的理论有了比较详细的了解，学校内部一批教师敏锐地感到中国产业的转型一定需要具有新的知识结构的设计师。他们除了着手改革课程结构外，还邀请了国内一些名家来学校系统地讲课，同时购买了大量国外的设计杂志、专业图书。由于学校归二轻局管理，与产业的关系较之其他高等院校要近，对于产业发展需要设计的迫切感也体会得比较真切，所以一直在关注着双鹿产品的设计发展，在20世纪90年代初，比较早地提出用计算机辅助设计电冰箱的外形的设想。当然当时没有专门的产品设计软件，只是利用386型电脑来画一下产品的造型而已。尽管如此，大家还是为新的"产品"激动不已，但冷静想来当时的工艺与制造体系与这一类设计是完全不匹配的，特别多的各种圆弧形造型来自国外设计的参考图片。但是在与双鹿技术人员交流的时候他们却表现出极大的兴趣，他们主要是看到了不同的设计理念。此时双鹿也正在进行老产品的改良设计，即将推出BCD-185型产品，产品的亮点除了冷藏空间巨大以外，电冰箱箱门从左至右圆弧形的整体造型也非常吸引人。

产品真正面世是20世纪90年代初，但前期做了大量的广告投放，画面大多是白色、蓝色色调，给人以清爽、冰凉的感觉，特别是百货商店橱窗的展示更加直观，起到了非常好的宣传效果。参与工业设计公司工作的一位设计师看到广告及听了双鹿设计师的介绍后十分动心，此时他的女儿即将诞生，正考虑要换一台电冰箱，原来他家使用的是一台双鹿牌97升的单门电冰箱，造型全部是平直表面，米色和褐色。20世纪90年代是中国超级市场开始普及的年代，有条件的家庭往往一次在超市购买一周的食品放入冰箱，不再像以往那样每天购买。他打听到新产品上市的日期后就耐心地等候，终于在入夏前如愿以偿，在上海市第九百货商场买到了新双鹿。他兴冲冲地把电冰箱搬运回家安装好，三小时后开动，然后去超市购买了食品放进去，冷冻效果很好，但是五天后发现冰箱附近有积水，仔细查看是冰箱中流出来的，再观察发现是冷冻室排水管太短，水无法流进蒸发盘所致。由于他对冰箱结构略有所知，判断并无太大问题，于是找来一根口径略大的橡皮管接上就解决问题了。除此之外没有碰到过其他问题，家人一致反应产品使用非常便捷。 有感于工业产品给生活带来的价值，所以等到设计师女儿出生时，他给女儿的名字中加了一个"捷"字。这台电冰箱一直为小女孩及一家人有效地储存着各种食品，后来发展到为老一辈储存各种药品，夏天为中年一代储存各种冰品，产品连续使用达8年，没有发生任何故障。

第二节　上菱牌电冰箱

一、历史背景

进入20世纪80年代后，中国家用电器行业迅猛发展，尤以电冰箱等产品为甚。为使上海家用电冰箱在竞争中后来居上，必须提高产品的技术含量，扩大生产批量，取得规模效益。1984年，上海市手工业局决定建立上海电冰箱二厂，厂址选在浦东洋泾建平路2号原光明工具锚链厂内，时有土地面积3.59万平方米，建筑面积9 530.6平方米，为当时上海市手工业局系统内占地面积最大的工厂。该厂在上海市

图4-11　上菱牌电冰箱全进口的设备生产线

图 4-12　上菱牌电冰箱的品牌标志

家用电器公司具体帮助下，立项后的前期工作比较扎实，又在上海市经济委员会指导下经过多次出国考察，多方比较和论证，确立了技术上高起点的目标，1984 年 5 月，该厂与日本三菱电机株式会社技术合作，采用旋转式压缩机，生产间冷式无霜电冰箱。旋转式压缩机和间冷式电冰箱项目由上海电冰箱二厂和上海冰箱压缩机厂同时从三菱电机株式会社引进，配套使用。电冰箱项目投资 8 460 万元，其中外汇 1 552 万美元。年生产规模 20 万台（单班）。1985 年 1 月签约，1986 年首批 180 升电冰箱正式投产，当年产量为 1.04 万台，商标定为"上菱牌"。1989 年，上海电冰箱二厂改名为上海上菱电冰箱总厂。1986—1990 年，累计生产家用电冰箱 75.4 万台。1990 年，产量达到 28.01 万台，占当年上海市家用电冰箱产量 53.36 万台的 52.49%。该厂投产后经济效益显著，在全国电冰箱行业中名列首位。1988 年，上海上菱电冰箱总厂和上海电冰箱厂分别被评为国家二级企业。1989 年，归还全部贷款。1990 年，上海上菱电冰箱总厂通过国家一级企业预评。1991 年，被评为国家一级企业。企业经营至 20 世纪 90 年代以后，上海轻工业实施"国退民进"战略，国有企业大量退出轻工行业，上菱电冰箱厂也退出了市场，由民营企业租赁其品牌进行经营。

二、经典设计

上菱牌电冰箱制造从 180 升起步，为四星级双门电冰箱，具有较高的起点，产品整体设计采用平直表面。1986 年，从日本三菱电机株式会社引进产品，同时引进钣金、涂装、发泡（箱、门）、真空成形（箱、门）、总装测试、门框挤出、蒸发器和打包等 8 条生产流水线，共有设备 250 台（套）。这些设备自动化程度高，具有电脑及 PC 程序控制，配有高精度液压系统、电器控制装置等，具有连续性和节奏性。

图 4-13　上菱牌 BCD-180 型四星级双门电冰箱

全部 298 道工序的工艺流程（不包括配套的旋转式压缩机生产工艺），分 5 个车间进行生产，当设备全部运转流入总装车间打包线后，每 28.8 秒就能出厂 1 台电冰箱。

当时上菱牌电冰箱的结构与外观与双鹿大致相同，特别是外观设计的改进历经了与前者相同的经历，其设计理念、系列产品也相差无几，因此不再赘述。所不同

图 4-14　上菱牌 BCD-180 型四星级双门电冰箱外观及内部结构

图 4-15　更改以后的上菱牌品牌标志出现在广告中

的是上菱品牌的标志前后期相差较大，在后期产品市场拓展宣传的时候表现出较强的应用灵活性。到 20 世纪 90 年代后期，同样在"国退民进"的战略调整中，上菱品牌先由上海电气集团暂时持有，后来划拨给上海市松江区，以后又以品牌作为无形资产注入民营企业经营，其设计主要是适合中低端市场销售。

三、工艺技术

在冰箱行业中，上海上菱电冰箱总厂技术引进工作开展较晚，有利于吸收各厂引进上的成功经验。该厂引进的间冷式电冰箱生产工艺特点是：箱体成形焊接工艺凭借先进的设备机械手和电脑程序控制，在自动落料、折边后一次焊接成形；涂装线的喷涂，采用 4 间（阿米加）喷房，即 4 涂喷漆（1 底 3 面）；顶喷工艺采用电脑控制换色喷涂，以及使用纯水处理代替酸洗处理工艺，既增强了外壳喷漆牢度，又提高了产品表面光洁度和色泽鲜艳度；采用真空成形工艺，从 ABS 塑料粒子投入、板材挤出到真空成形，再到切边、冲孔，在同一流水线上一次完成，并可进行边角料自动分拣，输送至投料处粉碎后回收利用；发泡工艺中增加了拌和、保温 2 道工序，解决了温差和沉淀造成的质量问题；门框成形采用双螺杆、双色挤出成形工艺，等等。

20 世纪 90 年代初期，为了适应大容量电冰箱的发展趋势，上菱选择 BCD-216W 型冰箱为突破口，对无霜系统的机械结构及化霜电路的设计、工艺要点进行了优化改进。

国外 20 世纪 80 年代推出的新型间冷式冰箱（俗称"无霜冰箱"）在设计、工艺和配套等方面较之前有了很大的改进，例如，以旋转式压缩机代替往复式压缩机，以内藏式冷凝器的部分管道为门防露防冻装置，以石英管加热器取代分布式电热管化霜以及采用了合理的风道系统等。作为间冷式冰箱核心部分的无霜系统，通常包括冷风循环和调节系统、自动化霜系统、自动排水处理系统三部分。其中，无霜系统的机械部分包括冷风循环与调节系统和排水系统。主要包括蒸发器、风扇、中隔风道、风门以及属于排水系统的集水槽、排水管和蒸发器等。双门冰箱的冷冻室为

52 升，四星；冷藏室为 164 升，0 ～ 10 ℃。冷风循环路线中，控制压缩机开停的温控器置于冷冻室上方，感受该室顶部的温度变化。风扇吹出的冷风一路入冷冻室，另一路沿内胆后侧风道向下经由挡板式风门（自动感温而调节开口大小）送往冷藏室（包括冰温室）。上、下两室的回风分别经风道栅板或中隔风道流回蒸发器入口端。该方式就是双温控调节系统。这种间冷式系统，由于蒸发器温度比冷冻室温度略低，故冷冻室中几乎不结霜，霜层全部集结于蒸发器上。

设计时如何选择化霜加热器功率目前尚无定量计算依据，它涉及很多因素，如设计条件、工作时间、蒸发器大小、翅片间距、化霜时间、箱体漏热量、耗电量及电器通用性等。往往采用类比设计法，如按照蒸发器总表面积来定，即每平方米取 150 瓦左右较适宜。BCD-216W 型的加热器功率为 150 瓦（220 伏，323 欧）。试验表明，在设计工况下，20 分钟内基本完成化霜且蒸发器本身温升小于 5 ℃。如功率过大，化霜时间变短，化霜时室温上升较高，耗电较多；如功率过小，化霜时间延长，室温波动大，影响到贮藏食品质量。总体来看，技术与工艺考虑得比较周全，无霜系统的机械结构及化霜电路的设计是成功的，成为消化国外产品技术的范例。

四、品牌记忆

2011 年 10 月 24 日，取得双鹿品牌经营权多年的浙江电冰箱制造企业借品牌租赁式发展取得了骄人的业绩，决定以自行在上海松江区重新创立注册的上海双鹿电器有限公司（以下简称"双鹿电器"）为母体运营并高调宣布并购上菱品牌。上菱品牌在很长的一段时间里由上海电气集团暂时持有，后来无偿转让给松江区政府，松江区国资管理公司与双鹿电器达成一致意向，以上菱品牌为重组基础，双方共同成立一家新公司。其中，双鹿电器出资近亿元，绝对控股，松江区国资管理公司以上菱品牌无形资产入股，系第二大股东。并购重组后的上菱品牌将作为双鹿集团的下属公司独立运作，分别定位不同家电市场。在此次并购完成的同时，双鹿电器同步成立了上海双鹿上菱集团，同时运作旗下的双鹿品牌和上菱品牌。

早在 2002 年，双鹿电器就制定了"农村包围城市"战略，利用原来浙江电冰箱制造企业的产品和品牌深耕乡镇农村市场。无奈原来自有的品牌影响力有限，无力支持产品的营销。这家企业租赁了双鹿品牌，并将制造工厂设在上海松江。厂区环境十分优美，摆出了"上海名牌、上海制造" 态势。依托双鹿品牌在全国范围既有的影响力，产品很快被市场所认可，加之行之有效的各种营销手段，取得了很好的销售效果。随着国家"家电下乡"政策的推广，双鹿电器在三、四线市场迎来了爆发机会。中国最早的老字号电冰箱品牌"复活"一时成为美谈，而双鹿电器则神话般地在很短的时间内建立了慈溪、松江、重庆三大生产基地，年产销冰箱 300 余万台、冷柜 200 余万台，成为中国乡镇、农村冰箱市场第一品牌。与此同时带动了原来品牌的洗衣机销售 100 余万台，有效地规避了海尔、美的等大品牌的围追堵截。

原来上菱品牌的产品线除冰箱以外还覆盖了包括空调、灶具、小家电在内的37 类产品，其各个子产品均以品牌租赁、授权等方式由多个电器制造商分别代工和销售，而双鹿集团作为其中的最大合作厂商，所生产的冰箱占据上菱冰箱总产量的80% 以上。

对于此事，原上海市轻工业协会负责人表示："上海轻工有 20 多个中国驰名商标、31 个中国名牌产品、50 多个上海市著名商标、80 多个上海市名牌产品，但这些老品牌有的沉睡，有的苟延残喘，只有少数部分持续红火或已经复活。此次双鹿电器并购上菱或为引领上海老品牌复活提供指引。目前活跃在市场的双鹿、上菱产品其技术、工艺已经脱胎换骨，通过设计赋予了产品更加年轻的特征和面貌，而品牌则从神坛走向了大众，只有当年高高镶嵌在上海市中心高层建筑墙上的品牌标志依旧，仿佛还在诉说着昔日的辉煌。"

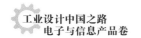
第三节　海尔牌电冰箱

一、历史背景

1982 年，青岛市家用电器工业公司决定开发电冰箱产品，并拟订了成立青岛电冰箱总厂和引进国外电冰箱制造技术、设备的方案。1983 年 9 月 2 日，轻工部将青岛电冰箱总厂列为轻工部电冰箱生产的最后一个定点企业。1984 年 1 月 19 日，青岛日用电器厂改名为青岛电冰箱总厂，为集体所有制企业，隶属青岛市二轻局。1983 年 10 月，青岛电冰箱总厂与西德利勃海尔公司的商务代表进行了首次业务洽谈。1984 年 6 月 25 日，该厂组团赴西德利勃海尔公司进行技术考察。7 月 27 日，该团在西德奥克森豪森与利勃海尔公司草签了 MMG–12380CD 型电冰箱技术经济合作合同，主要内容如下：

合同产品：219 升单门冰箱、212 升双门冰箱、175 升双门冰箱。

引进项目：冰箱门体箱体辊轧成形线；冰箱门体箱体聚氨酯发泡生产线；真空成形生产线；静电塑料粉末喷涂线；总装检测生产线；关键工装模具和冰箱制造技术。产品符合 DIN 西德国家工业标准，年产能力 30 万台。投资总额为人民币 995 万元，需使用外汇 249.25 万美元。合同于 1984 年 9 月 12 日正式生效。

1985 年 2 月 1 日，青岛电冰箱总厂研制的 BY150 型瑞雪牌电冰箱通过了山东省二轻厅和中国家电电器检测中心站主持的技术鉴定。当年生产瑞雪牌 150 升电冰箱 3 139 台。同时，该厂利用现有设备和进口散件组装琴岛 – 利勃海尔牌电冰箱，并参加了新加坡、匈牙利、苏联等国的国际经贸博览会，受到一致好评。

1985 年 11 月始，引进设备陆续进厂。1986 年 5 月，全部设备安装完毕并正式投入运行，由此开始了海尔从 20 世纪 80 年代后期到 90 年代初发展的第一个阶段。当时的海尔为中国用户提供了国际领先品质与设计的电冰箱，这时的"海尔"设计向人们传达的是高质量产品的品牌文化，企业提出了"谁砸产品质量，就是砸企业牌子，企业就砸谁的饭碗"的口号，提高了全体职工的质量意识，对质量精益求精。一旦出现废品就找出原因和责任，张瑞敏总经理亲自当场把废品电冰箱砸坏以教育大家。对于查实的质量事故，都按责任严肃处理，对干部要求更严。质量否决权已与奖金挂钩。对于十万台中唯一被投诉的一台冰箱也不放过，决心以这一台冰箱为契机，认真进行质量分析。通过分析，看到劣质工作给企业带来了很大损失，并由此将其扩展到全厂各个方面的工作质量，找出差距，采取改进措施。根据上述内容召开了"劣质工作展览会"，通过照片和实物，揭露全厂各方面工作的马虎作风，开展批评，教育大家牢固树立质量第一的思想。正是这种精益求精的作风，使得海尔首先推出我国第一批双门双温双控电冰箱，成为我国第一家生产带有蓄冷器的冰箱，在国际上也属当代先进水平。

随着中国用户生活水平的日益提升，人们不再满足于单一选择。越来越多的人需要多种优秀的产品来丰富自己的生活，而海尔也进入了第二个重要的发展阶段——多元化阶段。设计满足需求的领域迅速扩大到十几个大类，覆盖几乎所有消费类电器、电子产品，其中电冰箱仍然是主打产品。此时，中国已经走过短缺经济阶段，消费者的消费意识也由原来的被动变为主动。此时企业不再会因为为用户设计一两件产品而赢得市场，而是要为用户的今天、明天以及未来的生活内容和形态进行设计才能受到其青睐。为了达到这个目标，1994 年海尔集团与日本 GK 设计集团合资成立了青岛海高设计制造有限公司（以下简称"海高公司"），这是中国第一个由企业成立的设计公司，从某种意义上讲是中国家电制造企业以工业设计创造家电产品新价值的开端，中国家电企业从对设计的认知、导入发展到对设计的理解、追求，再到以发现用户的需求为基础设计产品、拓展市场，无论从认识或是实践的角度来看这都是中国工业设计的一个重大飞跃。在这一阶段，张瑞敏总裁提出"设计创造感动"的理念。

20 世纪 90 年代末，海尔进入第三个发展阶段——国际化阶段。海尔产品开始走到全球各地不同用户的身边，设计成为国际化的海尔与全球用户交流的重要方式。海尔的文化、海尔的品质、海尔的产品，还有海尔为用户着想的心，通过以用户需求为中心的产品设计传达到全球各地。而这种交流跨越了不同语言、不同地域风俗、不同生活习惯，使海尔与全球用户成为一个整体。海高公司作为海尔集团的工业设计中心，伴随着海尔品牌的全球化发展，为海尔提供了源源不断的设计支持，并形成了以用户需求为追求的核心设计理念，设计成为品牌与用户之间关系的体现。海高设计的不断优化，也代表了海尔品牌与用户之间关系的不断优化，尤其体现了海尔全球化发展的四个重要阶段。

2006 年，海尔进入第四个发展阶段——全球化品牌战略阶段。海尔集团在全球拥有 12 个设计中心和几十个信息中心，拥有一支涉足多元文化、多元民族、多元领域的设计团队。涉及家电、通信、电子、机车、机器人等 26 种产品类别，覆盖全球六大经济区域。同年，海尔构建了全球设计管理体系，建立了全球设计管理委员会，推进了海尔集团全球设计管理平台的搭建。全球化品牌设计及全球设计管理体系的建立，创造了全球化市场的丰硕成果。通过在日本、韩国、意大利、荷兰和美国等地的计研发中心，实现了当地化团队、当地化设计研发、当地化生产、当地化销售，推动了海尔全球化品牌战略快速实施。

二、经典设计

1994 年海高公司成立之前，海尔已经高度重视产品设计，当时中国工业设计人才不多，而且具有国际化设计经历的设计师几乎是零。而日本 GK 设计集团恰恰是为日本国际家电制造巨头长期提供设计的公司，具有丰富的实战经验，《设计》杂志将 2014 年第 6 期策划为"海高工业设计公司 10 周年专辑"，十分详细地介绍了其设计，其中有对于张瑞敏总裁提出的"设计创造感动"理念的阐述、设计师们对于第三次技术革命以后设计理念的阐述，并十分具体地介绍了各种新产品的设计。

此时在海高公司担任设计的不乏曾经任职松下等大企业的日本设计师，后期还有一些曾经在韩国三星工作过的设计师。

具备多领域设计能力的日本 GK 设计集团是在当代世界设计界中一个十分活跃的综合性设计团队，其组织的名称 GK 是 Group Koike 的缩写。20 世纪 50 年代，GK 曾因设计了以摩托车为主的交通工具及其他工业产品而获得多种奖项。20 世纪 60 年代是日本经济高速增长的时期，被称作"生活神器"的家用电器走入家庭，GK 的设计已出现了产品—环境—视觉化的一体化设计倾向，并有大量设计作品继续获奖。与此同时，GK 就涉及设计的各个方面展开了研究，并出版了许多著作与文献，如《厨房用具的历史》《机械化的文明史》《为了步行者的环境与装置》《日本人的道具观》等。这个时期的 GK 已形成一套有效而独特的设计方法，并以广泛领域的研究作为推进设计实务发展的动力。

20 世纪 80 年代是 GK 走向国际化的时代。在此期间，GK 一方面调整了内部组织，以便更加深入地推进设计业务，如建立了 GK 道具学研究所、GK 图形设计研究所、GK 商品开发设计研究所等组织；另一方面在欧洲各地设立了 GK 设计事务所，继续设计各种与人们生活密切相关的家用电器。20 世纪 90 年代的 GK，其研究与开发方向已从解决"设计与经济"的关系，引导经济腾飞转向研究"设计与文化"的关系，在设计上由产品走向环境的系统设计。所以这一次与海尔的合作为海尔在 20 世纪 90 年代以后的各种产品设计升级换代上发挥了决定性的作用，而电冰箱又是所有设计中的重中之重。

在 2001 年中国加入世界贸易组织（WTO）前，海尔提前把工厂开到了美国，希望能以全球化生产规避市场风险。作为中国最大和最早走出去的家电生产企业，2006 年，海尔产品在美国市场上一改"小型"的特点，推出了其寄予厚望的大容量全新电冰箱"卡萨帝"，这一系列电冰箱产品得到了美国市场的认可。2009 年，为了满足中国消费者的潜在需求，海尔电冰箱又整合海外的产品资源杀入中国市场，选择情人节在中国上市了卡萨帝意式三门电冰箱，又将欧式时尚生活带入了中国，让消费者可以与西方消费者同步享受欧式浪漫与时尚。从外观上来看，海尔卡萨帝

图 4-16　卡萨帝 BCD-216SDEGU1 型意式三门电冰箱

意式三门电冰箱一拉到位的抽屉式设计、酷钢无痕面板等欧式设计，张扬了其独特的典雅与时尚气质，并且能与中国的整体家居风格完美结合，符合中国消费者追求高雅大方的家居需求。同时，意式三门电冰箱还匠心独运地添上了一个 130 万像素的摄像头，实现了视频留言功能。同时，还可以通过 USB 接口将视频留言导入和导出，使得这款电冰箱既时尚又浪漫，产品设计具有多种色彩。

从功能上来看，海尔卡萨帝意式三门电冰箱切合时下节能的要求，通过将冷冻室设计成抽屉式空间，将原来的大冷冻空间分成两个抽屉，并通过单独开启其中一个抽屉而减少冷量的流失。同时，抽屉式设计还实现了一步到位的食品取放过程，缩短了开关门的时间，大大降低了冷量的损失，使海尔电冰箱符合节能要求，这也是赢得消费者信赖的原因。三开门智能电冰箱可以通过手机 APP 实现手机与电冰箱的互动。即使主人不在家，也可以通过手机 APP，实时监测冰箱里的食物，对食品的保鲜动态进行智能化的管理。用户可以利用"三温三控"的优点，将不同的食物贮存在不同的区域，这样通过对食品的实时动态掌控，调整不同区域的温度，实现对食品最大限度的保鲜；其云智能还体现在强大的自我监控管理上。同时，它还自带自动报修功能。客服会及时联系用户上门维修，避免了食物腐坏浪费现象的出现，也保障了主人日常生活的方便快捷。

2006 年，卡萨帝产品处于研发阶段，首批产品设计荣获了由中国创新设计红星奖委员会颁发的"中国创新设计红星奖"的最高荣誉"至尊金奖"。2008 年 9 月，卡萨帝意式三门电冰箱荣获美国《商业周刊》（*Business Week*）与美国工业设计师协会 (IDSA) 共同评选的 2008 年"国际杰出设计奖"。

2008 年 5 月，卡萨帝法式对开门电冰箱成为家电行业唯一获得第 24 届美国"金锤奖"（Golden Hammer Award）的品牌。2009 年 5 月，世界权威创意经济研究机构——ICEC（世界创意经济研究中心）——公布了 2008 年度影响世界的十大创意产品名单，卡萨帝法式对开门电冰箱凭借"超级空间"成为唯一入选的电冰箱品牌。由于产品集智能物联网技术和农药降解功能于一身，卡萨帝法式对开门电冰箱被授予"2008—2009 年度经典对开门电冰箱"等 5 项大奖。2009 年 9 月 6 日，在德国 2009 IFA 展会上，

图 4-17　卡萨帝 BCD-621WDCAU1 型电冰箱

图 4-18　卡萨帝 BCD-435WDCAUI 型电冰箱　　　图 4-19　卡萨帝 BCD-365WACZ 型电冰箱

卡萨帝法式对开门电冰箱荣获"2009 年度最佳技术创新奖"，该活动由中国家用电器研究院联合中国工业设计协会共同举办。

上述所有产品设计都是不断积累的结果，但是近几年海尔的工业设计除了积极融入互联网技术以外，还将关注点集中在产品 CMF 方面，并且以此为突破口不断与其他品牌的产品展开差异化竞争，力争通过设计创造新的价值。CMF 是 Color/Material/Finishing 的缩写，意思为"色彩 / 材料 / 肌理"。设计师通过研究不同消费者的喜好，在产品基本功能不变的基础上，通过色彩、材料、肌理三者的创新，设计更加个性化的产品，通过丰富产品线打造产品矩阵，从而达到压制竞争对手、培养品牌忠诚度的目的。从 2015 年在上海新博览中心举办的中国家电博览会上海尔推出的新设计来看，色彩、材料、肌理创新更加丰富，也赋予了材料更加诗意化的表述。其中以"浪涛"命名的材料运用了 3D 雕刻工艺，让面板产生"阳光拂过海面"的感觉；以"金属织纹"命名的材料采用横斜相交的 3D 雕刻肌理好像是一幅现代铜版画，具

有金、银两色；以"魅黑拉丝"命名的材料采用精致研磨工艺，设计力争表达丝绸
般的柔和质感；以"沙画"命名的土黄色材料采用激光背雕工艺，营造广阔大漠的
气氛；以"星空"命名的材料应用激光微雕技术，营造繁星点点的感觉；以"巴洛
克玫瑰"命名的材料用高浮雕的凌厉曲线打破平直的金属材料，以此营造难忘的经
典印象。海尔将上述材料制作成电冰箱产品实样展示，如此丰富的 CMF 设计成果有
力地支持了高端产品的价值，也进一步丰富了品牌的故事，更重要的是为消费者带
来了更多的选择可能。正如海尔自己表述的那样：通过对人类的潜在需求和未来生
活方式进行持续的研究，把握新技术、新文化的发展脉搏，从而预测出潜在的需求
和新的生活方式；海尔产品的成功是因为创造了一种持续的调查方法和分析的程序，
其建立和不断充实的数据库能够预测和探索未来十年全球各区域的人类生活方式的
趋势。

　　海尔在个性化电冰箱定制方面也体现了这样的思考方式。2016 年 8 月中旬，海
尔在南京苏宁总部发布了"鲜藏经典，乐在奇中"迪士尼主题定制系列电冰箱，会
上推出了海尔迪士尼主题定制系列米奇典藏款电冰箱，标志着海尔电冰箱从情感定
制产品向 IP 粉丝经济的成功转型。

　　此次海尔与迪士尼牵手合作是为了纪念米老鼠诞生 88 周年。推出的米奇典藏系

图 4-20　海尔迪士尼主题定制系列电冰箱

列电冰箱从创意构想到外观设计充斥着米奇基因，不仅拥有米奇专属外形，还在产品功能上基于用户需求实现创新，实现了海尔个性化定制的落地，大大提升了海尔互联网家电定制产品的价值。

米奇典藏款电冰箱是设计研发人员经过一年的不断尝试，持续推敲产品的外观造型、内饰设计、用户体验及材料工艺的应用后完成的产品，新增多种功能满足了年轻群体追求高品质生活的需求。采用精控干湿分储技术，保湿区可以实现相对湿度达到 90% 的环境，实现存储水果、蔬菜保湿不凝露；真品区的相对湿度可达到45%，实现了对高档精贵食材的呵护式管理。每一个细节，专注为梦想守护。米奇典藏款电冰箱采用微风道风冷，智能感应每个隔层的温度，实现定向智能控温，使用多功能变温室能完成 5 ～ 20 ℃宽幅精确变温，足以满足米奇粉丝类年轻用户个性化、多样化的食物储存需求。细节的完美，成就了海尔米奇典藏款电冰箱成为爆款。

海尔定制已经不是首次，此前海尔曾经有过 Hello Kitty 系列、哆啦 A 梦系列等通过众筹生产的定制款产品，发布过迪士尼系列超能陆战队、冰雪奇缘和头脑特工队主题电冰箱，并且在市场上取得了不错的反响。此次，迪士尼定制米奇典藏款电冰箱，是海尔定制化生产经营模式的升级版，具有更为深远的意义，在这个过程中更加可以看到，设计是其产品价值的根本保障。

三、工艺技术

青岛电冰箱总厂组装生产的"琴岛 – 利勃海尔"电冰箱，是山东省内有代表性的产品，其工艺和有关设备均较先进。"琴岛 – 利勃海尔"BYD 各型四星标志电冰箱，采用高于 DIN 标准和 ISO 标准的产品企业内控标准，经青岛市标准局审定为青岛市地方标准。产品在 25 摄氏度室温下，日耗

电量为 1 ～ 1.2 度，噪声在 35 分贝（A）以下，冷冻室温度为 –30 ℃以下，售后返修率为 4‰。

"琴岛 – 利勃海尔"BYD 各型冰箱材料消耗：每升消耗冷轧钢板 0.09 千克，塑

图 4-21 "琴岛－利渤海尔"电冰箱

料 0.04 千克。青岛电冰箱总厂有国外引进和自制工艺装备 463 台（套）。主要工艺装备如下：

线：采用意大利产 AC40 型高压发泡机，在直径约 4 米的圆盘上设 11 个发泡模，运行速度可调，由电脑自动控制。

箱体发泡线：采用 HK650 型高压发泡机，线长为 35 米，可安装 12 个发泡模，运行速度可调，由电脑自动控制。

总装配线：设有 2 条总装配流水线，每条线长 60 米，运行速度为 0.3 ～ .2 米 / 分。

检测线：设有 4 条检测线，可检测电冰箱的制冷性能等技术指标。

实验室：厂内设有符合 ISO 8187 国际标准的实验室，有 3 个按照国际标准建造的恒温室和 1 个计算机房。主要测试设备 YEW4088 型 30 点轨迹温度记录仪和微机综合测试系统，可按照国际标准和部颁标准进行安全性能和制冷性能全部项目的测试。

青岛电冰箱引进起步较晚，困难较大，"晚"也迫使企业动脑筋如何后来居上。1986 年，各地引进的产品都是三星级电冰箱，西欧正向四星级发展。针对当时部颁标准的一些指标低于国家标准的情况，该厂决定采用先进的国际标准，共引进技术标准1942项。在一开始就采用电冰箱的国际标准ISO和西德DIN标准，按西德利勃海尔许可证及其产品标准进行生产，主要的配套件采用欧洲制冷协会标准(AGK)，电气安全性能符合西德电器工业协会标准(VDE)。以当时通过部级鉴定的220升双温双控的豪华电冰箱为例，共采用了273项标准，其中国际先进标准有200多项，从而保证产品达到了20世纪80年代国际先进水平。

"漏"是冰箱的大敌，返修电冰箱一半是因为漏。该厂采取了精心防漏设计：一是采用上、下蒸发器连接在一起的整体式蒸发器，取消了原来埋在发泡层里的2～3个焊口，排除了内部泄漏的可能性，并对整体式蒸发器进行特殊检漏；二是制冷系统采用减少焊口数的设计，使泄漏可能性减到最小；三是分析了国内外多种型号银焊条成分、焊剂质量，还请专家论证，经过慎重比较后得到适合该厂的最佳焊接工艺；四是对焊工认真进行培训，采用双火焊枪，提高了焊接质量；五是严格进行质量检查，用卤素仪多次检漏。

为了使电冰箱节电，海尔不惜工本采用节电设计：一是加厚箱体绝热层，有的厚达70～80毫米，而一般冰箱只有35～50毫米厚，工厂增加了成本，用户却因节电而得到实惠；二是改进发泡工艺，提高绝热性能；三是选用的门封条平整，磁条磁通密度高，气密性好，冷量泄漏少；四是选用低温性能好的高效压缩机，做到合理匹配，以降低电耗。新投产的220升双温双控铝箱采用1、2、0方式，即1个电磁阀控制选择2根毛细管，使之合理分配冷量，实现双温双控和节能，还带2个蓄冷器，可储存冷量，断电时能防止箱温回升过快，以确保48小时内食品的冷冻质量；五是冷冻室的门背不设食品架，门内胆为平面，保冷效果好；六是采用管板冷凝器，比内藏式冷凝器可节电10%左右。

电冰箱由二三百个零部件组成，该厂对其质量很重视，突出质量否决权，凡是达不到要求的国产件暂时采用进口件替代，同时积极帮助协作厂提高质量。压缩机是电冰箱的心脏，其质量相当程度上决定了电冰箱的质量。海尔对国外各种压缩机进行详细比较，选择了意大利阿斯匹拉(Aspera) B型压缩机，具有低温性能好、速冻能力好、功率大等特点。采用这种压缩机，电冰箱降温速度快、冷度深（可达 -40 ～ -31 ℃）且省电。

当时海尔选择了国内暂不能生产的可调到 -35 ℃的 K 型温控器，门封条的选择对平整度和尺寸要求严格，冷凝器采用管板式或丝管式结构，外观虽不及内藏的，但可以节电 10% 左右，也便于维修。手把没有选用豪华型，而是选择了不易积水、积尘和价格低廉的侧板状手把，独具一格，内胆采用没有气味但成形较难的高冲击聚丙烯，价格较为低廉。

海尔车间地面十分清洁，工件整齐，秩序井然。每台设备都有严格的维护制度，工人自觉维护设备。对于废料的管理十分严格，地面见不到一点废料，生产中的边角余料都有专用存放桶，定期收集和处理。最易脏的发泡车间，地面上也见不到发泡料和废料。该厂对工艺管理十分认真，如引进的工艺卡规定在发泡胎具内预装箱体。开始时工人很不适应，但仍坚持按工艺要求做，后来熟练了并悟出这个工艺的优点就是保证了产品的质量。再如漆的潮态试验，我国规定耐潮湿 48 小时就行，西德规定是 72 小时，而海尔经过改进可达到 150 小时之久。

近年来，以聚氯乙烯材料为电冰箱产品外壳的产品基本上为低端产品所使用，基于海尔电冰箱产品设计的要求，配合 CMF 的工作，在电冰箱表面应用了多种材料加工工艺，其中在特殊处理钢方面有三大工艺被应用：一是金属覆膜，即在塑料薄膜上印制各种纹样，然后将薄膜覆盖在钢板的表面。二是预涂装，即直接在钢板表面进行处理，目前比较理想的方法是物理气相沉积（PVD)，是指利用物理过程实现物质转移，将原子或分子由源转移到基材表面上的过程。它的作用是可以使某些有特殊性能（强度高、耐磨性、散热性、耐腐性等）的微粒喷涂在性能较低的母体上，使得母体具有更好的性能。制备的薄膜具有高硬度、低摩擦系数、很好的耐磨性和化学稳定性等优点，PVD 可以形成丰富的纹样。另外工艺对环境无不利影响，符合现代绿色制造的发展方向。三是用钢化玻璃为基础材料，用丝网印刷、喷绘、镀膜方法呈现各种纹样，其优点是容易展现大面积的鲜明色彩，使得产品光彩夺目，缺点是使用者在接触产品时指纹会留在产品上，需要经常擦拭。

四、品牌记忆

海尔公司和海尔兄弟到底是什么关系？首先，海尔公司的标志是两个小孩，其中黑头发的是中国人，另一个黄头发的是德国人。海尔公司于1985年在青岛创立，当时是从德国利勃海尔公司引进的技术，为了让电冰箱变得萌一点，海尔设计了"海尔兄弟"作为标志图形。其次，动画片《海尔兄弟》就是海尔公司拍的！海尔的张瑞敏总裁当时高度重视企业文化，想通过拍动画片来提高海尔的认知度。在寻找合作方设计形象的时候，他提出的要求是"拍长片，海尔兄弟是正面形象，造型定位于国际市场"。之所以想拍动画片，是因为之前卡西欧拍了《铁臂阿童木》，后来风靡日本和中国，带动了相关产品的大卖。海尔也想这么做。

这部经典的科普动画片《海尔兄弟》1996年一上映就火了，里面智慧老人造出来的俩兄弟，分别是哥哥琴岛（中国人）与弟弟海尔（德国人）。琴岛就是青岛。通过描述海尔兄弟的探险经历，向人们传递了远至古埃及、今到网络黑客，小从小孔成像、大到核能航天机等丰富的科学与人文知识，以颇具现代感的动画形式给人们带来全新的视觉效果和深切的内心感受，以引人入胜的故事情节满足人们一探究竟的好奇心。该片故事情节跌宕起伏，跨越时空，蕴含丰富的自然、历史、地理、人文等社会科学知识和趣味性、娱乐性。

图4-22　海尔兄弟卡通形象　　　图4-23　海尔兄弟动画片

五、系列产品

　　海尔拥有丰富的电冰箱产品线,能够满足不同用户的需求,在其各个系列产品中,下列产品设计对于产品系列的形成乃至海尔品牌的效应产生了决定性的影响。

　　坦克电冰箱 2001 年由青岛海高设计制造有限公司设计,专门针对单身贵族,尤其是女性消费市场,开发的这款单门电冰箱造型上复古与时尚相结合,赋予冰箱一种舒适、放松的心情。考虑到年轻一族的使用需求,突出了大容量饮料的储存,同时也考虑到冷冻室内冰淇淋的存放和制冰的需求。门体采用全塑封装,把手采用铸型工艺一体成形。

　　复式电冰箱设计于 2003 年,水晶蓝玻璃门体与铝材搭配与现代家居风格完美和谐,将时尚与科技融入生活。同时拥有四个独立温区,软冷冻技术可以使肉类更新鲜,无须等待解冻。三个温区可在一定范围内根据需要自由变温,满足人们个性化生活的需求。

　　2004 年设计的变频对开门电冰箱是中国第一台使用宇航材料的变频对开门电冰

图 4-24　坦克电冰箱　　　　图 4-25　海尔牌复式电　　图 4-26　海尔牌变频对开门电冰箱
　　　　　　　　　　　　　　　　　　冰箱

箱。宇航隔热材料是密度类似空气的固体材料，导热系数是普通发泡保温层的十二分之一。它采用变频压缩机，实现厚度减半、省电一半的目标。新设立的多温区保鲜技术，将贴心设计融进生活，这个产品设计可以看作科技魅力与尊荣气质完美交融的艺术品。

第四节　雪花牌电冰箱

一、历史背景

1941 年，东京森川制作所开办了兴亚公司。1945 年抗日战争胜利，兴亚公司被没收，并划给当时的北平市卫生局主管，改名为北平医疗理化器械制作所，但该所只销售、不制造医疗器械商品。1947 年，该所经营负债。同年 12 月，进行"官商合作"后重新开业。1949 年北平解放后，改名为北平医疗理化器械制作所股份公司，该公司资产为国民党官僚资本。1950 年，该股份公司收归国有，由北京市卫生局接管，改名为北京市医疗器械厂，资产总值为 14 万元，员工 43 人。1952 年，该厂被调划到北京市公营企业公司所属北京人民机器总厂，改名为北京人民机器总厂第三分厂，同时，接管了北京天民医疗器械厂。1953 年，隶属北京市第三地方工业局所属北京市化学工业公司，改厂名为北京市医疗机械厂，接着收购了北京市私营企业智增医疗器械厂和农工医疗器械厂，主要生产万能手术台、高压消毒器、病床电动吸引器械等产品。1956 年，隶属北京市医疗电器工业公司。同年 7 月，自制开放式压缩机并试制成功国内首台电冰箱。同年 12 月，公私合营北京市懋利电机厂和大东医疗器械厂并入该厂。20 世纪 50 年代，北京地区唯一生产制冷箱机产品的企业是北京市医疗器械厂。 1956 年，北京市开发生产了国内第一台开放式压缩机木壳电冰箱产品。1957 年，开发生产了低速封闭式压缩机铁壳电冰箱、低温箱、冷藏柜等新产品。1964 年，开发生产了封闭式压缩机电冰箱新产品，其压缩机二级高转矩达到 20 世纪

60 年代世界先进水平，被评为国际级一级产品。20 世纪 70 年代，电冰箱产品出口 1 700 余台。1979 年，开发生产 75 升 2 型电冰箱新产品。

1978 年，开始进行企业调整，低温设备车间被划转给北京市低温设备总厂。至此，北京市医疗器械厂成为电冰箱专业生产厂。1979 年，该厂调整划归北京市第二轻工业局管理，改厂名为北京电冰箱厂，针对生产、技术的薄弱环节继续进行技术革新和技术改造，实现了从钣金折边到箱体喷漆，从真空成形到拼装发泡，从产品组装到性能检测的流水生产作业。电冰箱年产量达到 2 万台，比 1975 年增长 1 倍，年均递增 19%。电冰箱成为北京市重点支柱产品。

20 世纪 80 年代始，社会主义市场经济的培育与发展，拉动了生产制冷箱机产品企业的快速发展。新产品的不断开发生产及生产能力的扩大，形成了一批具有一定生产规模的骨干企业。1983 年，在行业结构调整中，按照专业化协作原则，以北京电冰箱厂为依托、雪花牌电冰箱产品为龙头，由北京电冰箱厂、北京电冰箱压缩机厂（原北京市第二轻工业机械厂）、北京冰箱电机厂（原北京市八里庄电机厂）、北京冰箱附件厂（原北京市唱针厂）、北京冰箱配件厂（原北京市金属轧延厂）等企业组建了北京市电冰箱总厂，成为集电冰箱电动机、压缩机、温控器、冷凝器、散热器、过滤器等零配件和整机总装的专业配套于一体的生产联合体。其总厂本部（原北京电冰箱厂）实现了主机、箱体、组装、测试、包装等主要工序的"一条龙"生产流水线，并采用了 ABS 塑料电冰箱内胆真空成形机、聚氨酯填充发泡机、电子微机控制电冰箱性能监测等先进专用设备；逐步由单门发展到双门双温等多品种、系列化产品。

1987 年 4 月，撤销北京市电冰箱总厂和北京电冰箱厂建制，成立北京雪花电器公司，成为国家轻工业部和北京市生产家用电器产品的骨干企业之一。原北京市电冰箱总厂所属的专业配套厂则以平等互利、自愿参加的原则与该公司实行联合，保留各自的法人地位，独立核算，自负盈亏。截至 1988 年，该公司结合引进国外先进技术设备进行了 3 次大的技术改造，初步实现了电冰箱的现代化生产，开发生产了 3 个系列、10 种电冰箱新产品，成为当时的市场紧俏货。1988 年 11 月，北京白兰电器公司、北京冰箱电机厂与北京雪花电器公司合并为统一法人、统一核算的实体，组成了北京雪花电器集团公司。

1992 年，该厂与北京雪花电器集团公司合并组成新的北京雪花电器集团公司，实行了统一法人、统一核算、自负盈亏。1995 年，与巴西、美国共同投资建立了北京恩布拉科雪花压缩机有限公司，对老产品进行脱胎换骨的改造，引进无氟电冰箱新技术，开发生产环保型无氟压缩机，并通过了 ISO 9000 国际质量认证。电冰箱压缩机产量由 1997 年的 60 万台增加到 119.7 万台，创历史最高纪录。

北京电冰箱压缩机厂的前身是始建于 1957 年的北京市第二金属熔炼生产合作社和由相机并入的几家黑白铁生产合作社组建起来的北京市金属五金制品工业生产合作社联合社轧延厂，隶属北京市手工业生产合作社联合总社。1960 年，改厂名为北京市轻工业机械厂，是年工业总产值达 1 588 万元，利润总额为 287 万元。1965 年，改厂名为北京市第二轻工业机械厂，开始生产 C620 型切削车床、40 吨冲床、无级变速机床和专用机械等机械产品。1979 年，该厂转产电冰箱压缩机。1983 年，改厂名为北京电冰箱压缩机厂，成为北京市电冰箱总厂的成员企业，主要生产雪花牌电冰箱配套用压缩机。

1995 年 2 月，该厂与美国惠而浦成立合资公司，惠而浦虽然拥有无氟电冰箱的全部技术，但并未投入生产，只是围绕着原来的产品生产销售，合资公司因此产生巨大亏损，而此时中国电冰箱市场已经布局完毕，

2002 年，海信集团公司与北京隆达控股公司合资组建海信（北京）电器有限公司。通过采取较大规模的生产基地技术改造、员工技能提升、新品持续投放等系列措施，海信与雪花圆满度过了磨合期，走上了快速良性发展的轨道。合资公司开始实现盈利，产能达到 60 万台的历史纪录。目前，海信冰箱已推出 6 大系列 50 多个品种，产品由普通机械温控型发展到以蓝贵人电冰箱为代表的、外观时尚的电脑温控型高档电冰箱，新产品对销售收入的贡献率已经达到 97%。在合资公司取得全面盈利的同时，质量工艺、管理规范、存货周转速度等多项工作也取得了长足进步。

"海信用激情点燃了'雪花'的潜质。"隆达轻工控股公司总经理对雪花的大

变样给予了这样的评价。在他看来，海信系列新政的实施，为曾经几度起落的雪花注入了真正的活力。与在雪花运作数年后退出的跨国公司相比，海信是个最合适的合作方。"这更加坚定了我们引进优秀国企改造隆达旗下诸多传统产业公司的决心与信心，我们也借与海信合作成功的事实表明我们与国内著名国有企业合作合资的诚心。"该总经理这样对我们说。管窥个中原因，正如海信（北京）电器有限公司总经理总结的那样，是"文化移植、观念更新、技术嫁接、管理整顿"等因素促成了隆达和海信婚姻的美满。这种美满包含着海信和雪花历时一年在观念、文化和管理上的磨合。"岗位靠竞争，收入靠贡献。"原隆达集团的一位员工在接受记者采访时说他对这句话的理解越来越深刻了。融入海信文化后，他发现了许多培训和晋升的机会，工作充满了创新的热情。

北京市某领导评价该项目是"北京市引进国内知名品牌标志性合资项目"。早在合资仪式上，北京市副市长即指出海信与隆达的联姻"将对加快北京市家电工业的结构调整和产品升级，促进首都经济发展发挥重要作用"。一年之后，海信不仅新增 500 个就业机会，在竞争异常激烈的北京市场，海信牌电冰箱也位居主要家电商场销量的前三名，被誉为业界上市最晚、增长最快的品牌。

二、经典设计

在设计电冰箱的过程中，设计人员对产品进行了充分的价值分析。在评价性能指标的同时，把节约原材料、节电作为重要的设计前提，使雪花牌电冰箱获得最低的成本。为了提高电冰箱的生产率，大家特别重视电冰箱的标准化、系列化设计。考虑到市场需要多种规格的电冰箱，以统一的长度和宽度为基准，只改变高度尺寸，制成了 100、130、160、200 升四种规格的电冰箱，这样使电冰箱成本得以降低。零部件标准化确保了不同规格的电冰箱可以进行混合生产，能及时提供产品满足市场需要。200 升雪花牌电冰箱是其系列产品中的高端产品，因此经常出现在广告中，产品的背景一定是简洁的家庭环境。

图 4-27　雪花牌 100、130 升电冰箱

图 4-28　雪花牌 160 升电冰箱

　　在制造和质量管理方面，实行了现场管理的生产方式，生产中出现的问题，能及时反映到产品设计中，使革新方案很快得以实施，雪花牌电冰箱的质量不断得到提高，雪花品牌也通过产品的大批量销售积累了价值。客观地说，当时的雪花牌电冰箱还处在技术整合阶段，其产品系列仍简单地根据电冰箱空间的"大小"来划分，与后来海尔针对不同的市场细分而设计的产品系列不一样，所以不再列出系列产品。

图 4-29　雪花牌 200 升电冰箱

图 4-30　雪花牌 200 升电冰箱广告

图 4-31 雪花牌电冰箱的品牌标识

三、工艺技术

1982 年，雪花牌电冰箱的产量约占全国总产量的 40%。在 1981 年轻工业部组织的国产家用电冰箱性能检测中，其主要性能指标均处于领先地位。外箱体用薄钢板拼装而成，工艺性好，结构简单；内箱体用 ABS 板真空成形，既耐腐蚀、易清洗、不污染食物又无异味。制冷系统由全封闭滑管压缩机、铝板蒸发器、毛细管、干燥过滤器和平板式冷凝器组成。箱内装有半自动除霜温度控制器，外箱上有门锁。

电冰箱耗电量的 50% 是由绝热层漏热造成的，为了降低电冰箱的耗电量，采用了目前世界上保温性能最好的硬质聚氨酯泡沫，它重量轻，导热系数小，可大批量生产。但此材质的最佳保温性能与电冰箱的大小、形状、结构、壁温、原料的液温、搅拌原液的混合状态、注入量、保温时间、原液配比等生产工艺有很大关系。因聚氨酯发泡操作工艺较为复杂，故有少数冰箱厂仍使用玻璃棉做箱体的绝热材料。

电冰箱运转的试验结果表明，与国外同类型电冰箱相比，雪花牌电冰箱有较强的制冷能力；压缩机绕组温度低于部颁标准规定的 115 ℃；箱内温度可降至 -5.5 ℃以下，比国产同类型冰箱的平均箱温低 2 ~ 3 ℃；蒸发器表面可降至 -26 ℃或更低；压缩机的运行电流不超过 1 安。

雪花牌电冰箱的温度控制器具有调节范围广、性能稳定的特点。当室温在 15 ℃、32 ℃、43 ℃时，将温度控制器置于"冷点"位置，在箱内无负载的条件下，对 LBJ-4 型雪花牌电冰箱进行试验，其箱内温度均可以控制在 4 ~ 5 ℃，而国产的同类型电冰箱，在环境温度为 43 ℃时常处于不停机运行状态。与国外同类产品相比，雪花牌电冰箱也属节电型电冰箱。

一般用户要求电冰箱的降温速度越快越好。但是，降温速度越快，要求压缩机的制冷能力越大，或者要增大蒸发器的吸热面积，两者都是不经济的。对于生产厂，制冷能力与经济性要进行合理匹配。对雪花牌电冰箱与日本东芝牌电冰箱在模拟负载下测试（测量负载温度从 30 ℃降至 10 ℃所需要的时间）的结果表明，雪花牌电冰箱的降温速度略快于日本东芝牌电冰箱的降温速度。

在制冷能力方面，雪花牌电冰箱有两个容量为 530 毫升的铝制冰盒。在室温为 35 ℃的环境中，冰盒内注入 30 ℃的水，温度控制器调至 3 ～ 4 ℃箱温的位置，开机运转。当箱内温度稳定后，把两个盛水的冰盒放入蒸发器内，测量冰盒内的水被冷却到 -5 ℃时需要的时间。

在噪声控制方面。在消音室［室温 300 ℃，本底噪声在 20 dB(A) 以下］，在距离电冰箱正面 500 毫米，高度为 1/2 箱高处测量，最好的可达 27.1 dB(A)。雪花牌电冰箱在性能上达到较高的水平，是与不断改进产品设计分不开的。工厂经常调查了解用户意见，预测产品的发展方向，并全面考虑高效率、大批量流水作业方式，提出最优的产品设计方案。

雪花牌产品的核心部件电动机由北京冰箱电机厂提供，年产 15 万台。从原材料进厂到成品电动机出厂，有一整套稳定的加工工艺、科学的检测手段及现代化的管理体制。这一切为确保雪花牌电冰箱电动机的优质信誉奠定了坚实的基础。93 瓦雪花牌电冰箱电动机具有良好的性能，经日本东芝公司测试，有些性能超过了日本同类产品，有的接近日本同类产品。

工厂为减少雪花牌电冰箱的电耗，在设计电冰箱电动机时尽可能地提高其效率。为了进一步提高电动机效率，降低电冰箱耗电量，采用了武钢新材料 W20G 高磁感硅钢片，它可以使电动机效率提高 4%，达到了东芝同类产品的水平。在全国同行业电冰箱评比中，雪花牌电冰箱的耗电量最少，这是和高效电动机分不开的。

电动机设计还考虑了能够满足适应性强、性能可靠的要求。中国有很多地区电源电压波动很大，电压变化范围为 150 ～ 240 伏。在这样广的电压范围内要保证电动机正常启动和运转是较困难的。针对这一问题，在设计时考虑到必须保证有较大的启动转矩。在设计过程中，也考虑到电动机与启动继电器的配合问题，使电动机能在电压变化时正常工作。

电动机设计转速高达 2 937 转 / 分，可使电冰箱制冷速度快，另外还具有温升低、噪声小等优点。为了提高电动机的性能，曾经先后进行了三次改型设计。第一次改型主要是提高启动转矩。第二次改型主要是在不降低启动转矩的前提下，提高电动机效率。第三次是在不改变电动机的吸合电流的条件下，降低电动机的释放电流，使电冰箱电动机能与启动继电器配合好，从而保证电冰箱能在较广的区域内工作。其后，又设计出一种高效率方形电动机。

在质量稳定的基础上，不断提高、完善生产工艺。在对电动机表面处理及解决电动机内部含尘、含水而造成的冻堵、脏堵和研轴等问题上，采取了相应的措施。在国内同行业中，最先提出生产过程中发蓝工艺标准。电动机定、转子发蓝解决了定、转子锈蚀问题。在减少电动机内部含尘方面，一方面改进了生产条件和环境，另一方面初步建立了一套定、转子超声波清洗装置及成品出厂的风淋工艺。

为保证电动机性能稳定、质量可靠，在各道工序中，采取了严格的质量把关措施。对各种原材料都要进行严格的检测。生产线上的电动机每日抽验数台，以便及时掌握有关数据，加快信息反馈。全厂实行了全面质量管理，大力开展了 QC 小组的活动，建立了各种质量保证体系，使产品质量逐步提高。

四、品牌记忆

北京电冰箱厂生产电冰箱 30 周年以后，当年工厂主要领导人回顾了多年来雪花牌电冰箱畅销全国并出口一些国家及地区的情况，其自豪感油然而生。认为雪花牌电冰箱之所以能不断更新创优，是因为加强了技术管理和全面质量管理工作，使产品质量从根本上得到了保证。当时厂领导根据国内电冰箱市场的变化，及时向全厂职工提出了在电冰箱畅销的大好形势下，要树立"居安思危"的思想。在全体干部和工人中进行了以质量求生存，以数量求发展的经营管理教育。发动全厂职工找自己的差距，在统一思想的基础上，认识到产品质量直接关系到企业经济效益，关系到国家、企业、职工三者利益。在增加生产的同时，必须稳步地提高产品质量，增强了职工提高产品质量的责任感。同时提出了 20 世纪 80 年代全厂奋斗目标："创三新，抓三改，跨三步。"即在产量、质量、利润三方面要创出历史最好水平；抓双温电冰箱新产品改型，老产品改进和技术改造；把企业整顿向前跨进一步。按照这个目标制定了三十七项创优工作开展方针，把雪花牌电冰箱创优质的十项措施逐级展开，落实到班组和个人，充分发动群众，获得了一定成效。

技术基础工作是群众性的工作，工厂首先发动全厂技术人员对产品图纸、工艺规范、企业标准等进行了整顿。先后制定修改了 78 套工艺文件、87 种检验标准，成立了 2 个技术档案室，归档技术档案 340 余份、情报资料 556 种，整理了 26 类、4 891 种、2 万余册标准文件，建立了 21 项技术管理制度。通过整顿，技术管理工作向制度化、程序化、标准化方向迈进了一步。

1983 年，对关键设备、生产流水线进行了 19 项改造，安装调试了电冰箱试验线、包装线。这些技术改造的成功，提高了生产水平，稳定了产品质量，为电冰箱创优铺平了道路。加强与大专院校的密切合作。在清华大学协助下，在国内首次将微处理机用于电冰箱试验线进行温度数据处理，提高了试验线的检测精度，为排除电冰箱故障提供了可靠依据。

建立了以厂长为首的质量管理委员会、以总工程师为首的质量管理体系和以生产副厂长为首的现场质量管理体制，把技术管理、生产的现场管理和企业的多种管理作为整体来抓。为进一步落实质量管理工作。1983 年年初，根据质量规划，确定了全厂的月质量工作重点；将 3 月定为全厂的工艺月——整顿、健全了工艺文件，严格了工艺纪律；4 月定为质量管理月——建立并完善了技术质量管理制度，全厂进行了 QC 教育，落实了 QC 小组活动；5 月定为创优月——全厂职工努力生产优质产品；7 月定为服务月——开展了我是一个用户的活动，采取了提高服务质量的措施；

9 月为质量月——检查、总结质量工作的成果，确定新的奋斗目标。通过这些，推动了全厂的质量管理工作，使电冰箱质量稳步提高。与此同时，还注意加强质量信息的反馈，做到日有生产日报，周有质量周报，月有分析月报。在日报、周报、月报中反映的产品质量问题，分别通过生产调度会、技术例会加以解决。同时，还通过全国的技术服务网点和销售部门，把市场信息、用户反应、使用和维修中的质量问题，反馈到技术部门和生产车间。发现问题，及时采取措施。通过以上措施，使其当家产品 BY150 型电冰箱实现了 12 项的外观改进，消除了制冷系统的冻堵现象，降低了压缩机噪声，改善了电动机温升，提高了机组的耐电压性能。

第五节　其他品牌

1. 香雪海牌电冰箱

20 世纪 70 年代中期，苏州医疗刀剪厂试制成功 200 升电冰箱。江浦医疗器械厂生产 500 升至 3 000 升厨房电冰箱，并少量试产 100 升家用电冰箱。太仓县新塘冰箱厂小批量生产 50 升电磁振荡式电冰箱，因成本高，技术不过关，于 1978 年转产。1978 年 5 月，苏州医疗刀剪厂划出电冰箱车间，建立苏州冰箱厂，是江苏省内第一个生产家用电冰箱的专业工厂，品种有 50 升、80 升、100 升、170 升，商标为企鹅牌。当年，全省家用电冰箱产量为 150 台。

1979 年 3 月，苏州冰箱厂由东风区划归市第二轻工业局领导，积极发展家用电冰箱生产，增加了 135 升规格，并以 80 升、170 升家用电冰箱为主，进行批量生产，商标改为香雪海牌。香雪海牌电冰箱经国家家用电器质量监督检验测试中心测定，认为该产品具有结构合理、造型美观、制冷效果好、隔热性好等特点。80 升家用电冰箱获第一届江苏省轻工优秀新产品二等奖。苏州冰箱厂因陋就简，自制真空成形机、门封条挤出设备，采用简易发泡等工艺，使产品在短时间内不断升级换代，当年产量达 1 808 台。同年，无锡家用电器三厂、南京电扇厂、南京五金三厂等单位也试制

图 4-32　香雪海牌电冰箱的广告

单门电冰箱，但均未批量生产。

　　1980 年，苏州冰箱厂被轻工业部列为全国 5 个电冰箱定点厂之一。年产能力为 5 000 台，产品除新增 200 升单门电冰箱外，还试制 200 升双门直冷式和间冷式电冰箱。1982 年，苏州冰箱厂与苏州第二轻工机械厂合并，改名为苏州电冰箱厂，当年生产电冰箱 4 180 台。同年，香雪海牌 80 升电冰箱被评为江苏省优质产品；次年，75 升单门电冰箱被评为部优质产品。香雪海牌 80 升、135 升、170 升单门电冰箱获国家经委全国优秀新产品"金龙"奖。同时开发了 125 升单门电冰箱。香雪海牌电冰箱因制冷性能良好，耗电省，噪声低，在北京市场上受到欢迎，出现供不应求的局面。该厂 1983 年产量达 1.52 万台，仍不能满足市场需求。

　　1984 年苏州电冰箱厂 180 升双门电冰箱小批量生产后投放市场。为适应市场需要，苏州电冰箱厂自行设计制造蒸发器、冷凝器，以及除油、酸洗、钝化、箱体发泡、电冰箱装配、测试等 6 条生产流水线，研制电冰箱定量加液台（获 1987 年度轻工业部科技进步三等奖），并引进高、低压发泡机和四工位真空成形机，形成单班年产5万台的生产能力。当年年底，昆山县建立电冰箱厂，并试制出170升单门电冰箱。

1985年，苏州电冰箱厂与中国国际信托投资公司合资，从意大利坎第公司引进年产（单班）10万台电冰箱的关键技术和设备，投资1 783.73万元，使用外汇293.54万美元。以香雪海牌电冰箱为龙头，联合市、县10余家工厂进行专业化协作，当年产量突破10万台，并有少量出口。香雪海牌125升和170升电冰箱被评为江苏省优质产品。

1986年8月，苏州电冰箱厂第一期技术改造项目竣工投产。同年10月，第二期引进意大利扎努西公司年产(双班)40万台电冰箱的技术和设备项目开始实施，共投资1.21亿元，使用外汇1 281万美元。同年12月，以苏州电冰箱厂为主体，联合29家企业和研究所，组建成苏州香雪海电器股份有限公司，以香雪海为品牌。初步形成温控器、分子筛、冷凝器、毛细管和其他电器产品专业化生产。香雪海牌160升单门和双门电冰箱均被评为部优质产品，曾经获得国家质量奖银质奖。由于注重产品设计，品牌排名一度跻身中国电冰箱产品前茅。1996年,香雪海冰箱厂与韩国三星电子合资，成立了苏州三星电子有限公司,生产三星牌电冰箱、微波炉、洗衣机和空调，成为三星电子在中国的白色家电生产基地，双方有协议，若干年内中方不能使用香雪海商标。随着协议有效期的结束，香雪海近年来又逐步推出了新的产品。

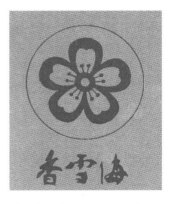

图4-33　香雪海牌品牌标志

图 4-34　新款香雪海牌电冰箱广告

2. 万宝牌电冰箱

广州市制冷电器业始于 1974 年，由广州新光机械合作工厂（现万宝集团冷柜工业公司）制成厨用冷藏柜。1975 年，该厂已能生产 BX-1 型一门柜、三门柜等产品。同年，广州家用电器一厂（现万宝集团空调器工业公司）试制家用电冰箱，先后生产 200 升单门直冷式电冰箱和 150 升双门直冷式电冰箱。截至 1980 年年底，共生产 1 542 台。1981 年转产其他电器产品。1979 年，广州市第二轻工机械修配厂从原产通用机床改为研制家用电冰箱。翌年，工厂改名广州冰箱厂，生产 75 升双门电冰箱，年产 404 台。1982 年，工业总产值达 1 369 万元，比 1981 年增长 1.9 倍。电冰箱年产量达 20 836 台，比 1981 年增加 2.65 倍。是年，转产电冰箱后的二轻机修厂首次扭转连续 7 年的亏损，实现利润 93 万元。

1974 年，广州市第二轻工业局为促进家用电器制造业的发展，将分散在文体、塑料、日用五金、五金杂件、工艺美术等行业的 6 个集体所有制工厂集中起来组建广州市家用电器总厂，统筹规划发展家电产品。1976—1978 年，小批量生产单门直冷式 200 升、双门无霜 150 升家用电冰箱。

1979 年，国家实行改革开放政策。1980 年，家用电器总厂改为家用电器工业公司。1981 年 4 月，全国工业交通工作会议提出 "大力发展消费品生产"。广州市第二轻工业局先后将二轻机修厂、人民机修厂、东方五金厂等 13 家集体企业调入家电行业。1983 年 11 月和 1984 年 5 月，广州冰箱厂在国内同行中首家以补偿贸易及贷款方式分别从新加坡和日本引进的电冰箱生产线建成投产，促进了生产发展。家用电冰箱产量达 144 740 台，比 1982 年增长 5.9 倍，居全国同行首位，占全国总产量的 26.9%。是年 7 月，以广州冰箱厂为主，联合广州家用电器厂、华达塑料厂、冰箱电器厂、五羊电风扇二厂等四家企业的广州市电冰箱工业公司成立。同年 9 月，新光机械厂改名为广州冷柜厂并入电冰箱公司。这年，广州冷柜厂从意大利、丹麦进口散件，组装 LZ4 –355 等多种型号冷藏柜共 500 台，填补了国内高档次冷柜生产的空白。1984 年，广州市第二轻工业局为进一步发展电冰箱生产，集中所属冰箱厂、压缩机厂等 5 家企业重组广州市电冰箱工业公司。是年该公司已拥有 18 家企业，生产制冷电器、通风设备、清洁用具、电热器具、家电配件等五大类家电产品，如家用电冰箱、家用洗衣机、电风扇、电饭煲、空调器、冷藏柜等，形成规格多样的产品系列。改

图 4–35　万宝牌电冰箱的广告

革开放后，该公司从国外引进技术设备，改建、新建一批企业，共引进各类家电产品生产线20余条。1983年，广州冰箱厂在国内同行中率先引进电冰箱生产线，淘汰了落后的技术设备。洗衣机、空调器、电饭煲等技术设备的引进亦较国内同行业为先。大批设备的引进，使家用电冰箱、空调器、洗衣机、冷藏柜、冰箱压缩机、电热气压瓶、压缩机继电器、热交换器、特种漆包线等产品和配件的生产与质量跃上新台阶，遍销全国各地。

1985年，广州市电冰箱工业公司改名为广州万宝电器工业公司，从意大利引进冷柜生产线，组装和生产冷柜7 576台。

1984—1985年，该企业组织技术力量自行对引进的两条电冰箱生产线进行首次改造，使生产能力均从单班年产5万台提高到10万台。1985年，万宝电器工业公司生产电冰箱208 395台，成为全国同行业116家企业中唯一年产量超过20万台的企业。其中万宝BYD-148W型双门风冷式电冰箱投产，填补了国内无霜电冰箱空白。1986年，该公司对从新加坡引进的生产线进行第二次技术改造，改造面达90%。将多工序加工方式改进为组合加工、一次成形方式，每分钟可产电冰箱两台。

1986年，该企业改革管理体制，通过控制成本、利润和投资以及改革工资分配办法，促进了生产，提高了企业经济效益。次年，对电冰箱生产线进一步改造，并将空调器生产线、冷柜生产线改成可生产电冰箱的两用线。技术进步推动了生产发展，1986年3月，万宝公司自行设计制造的BYD-158A型家用电冰箱，获得全国同行首个国家银质奖。1988年，进入世界八大冰箱生产企业行列，成为全国唯一年产100万台电冰箱的企业。1983—1990年，产品先后获轻工部优质产品奖、科技工作重大成果奖、国家经委优秀新产品"金龙腾飞"金奖、全国第二届家用电器展览会金飞马奖等。

1988年4月，经广州市人民政府批准，以广州市万家电器工业公司、电冰箱工业公司、家用电器工业公司、电冰箱压缩机厂为核心的万宝集团成立，标志着广州市电冰箱产业向集团化、规模化、外向型方向发展。当年，万宝集团核心企业电冰箱工业公司进入全国500家最大规模、最佳效益企业的行列。1989年，万宝集团成为国家体改委四大企业集团试点之一。同年，广州市政府决定，改变万宝电器集团的行政隶属关系，将其从原归市二轻局改为归口市经济委员会。但当年受市场疲软影响，家用电冰箱出现滞销，年底库存量达 11.37 万台。1990 年，家用电冰箱的产量比 1988 年下降近 40%。

在设计方面，万宝比较早就与原中央工艺美术学院工业设计系签订了合作协议，并委任其系主任柳冠中为设计中心负责人，以后又派出学院的石振宇接任，一直延续到汤重熹任设计中心负责人，选聘杰出的设计师承担产品设计的任务。在生产工艺改进方面，1974—1983 年，一般采用单机作业，手工操作占很高的比重。1984 年起引进生产线并通过对引进设备的消化、吸收和多次改造，使生产工艺不断改进，采用了适合自动化程度较高设备的流水线作业方式。家用电冰箱的箱体采用辊轧成形工艺后，由电脑控制的电气机械手自动将板材送进生产线连贯冲孔、辊轧、弯边、冲裁成形等多道工序，一气呵成；然后送入喷涂线，自动完成清洗、除油、磷化、喷粉（漆）、烘干等工序。产品质量、性能几经努力才完全符合 GB 8059.2、GB 4706.13 等标准的要求。其间有过波折，走过弯路。如：由于冰箱质量有缺陷，在北京售后引起轩然大波，受到首都新闻界的批评。此事被称为"万宝风波"。事后，广州冰箱厂下决心完善质量管理，加强检验手段，经过 4 个月的质量整顿，电冰箱质量显著提高，重新风行全国。

万宝产品从 1981 年起出口，1983 年开展境外售券、广州提货业务，1985 年起自营进出口业务。1981 年出口 3 200 台，1990 年达 185 259 台，占全国电冰箱出口总量的 89.8%。产品出口加拿大、美国、法国、澳大利亚等国家和我国港、澳及东南亚地区。

20 世纪 80 年代初，电冰箱开始走进中国普通人家，当时比较流行的是类似双鹿牌 97 升单门电冰箱。万宝比较早地在上海第一百货商店的橱窗里陈列了一台 173 升的产品，形象特别高大气派。吸引了不少人驻足观望，可惜橱窗里是样品，店里已没有库存，要等好几个月才能买到。这台电冰箱的价格是 812 元，相当于当时普通工人一年的工资。但这台庞然大物显得派头十足，从不少的家庭相册中可以看到以它为背景拍的个人照、家庭合影照，万宝电冰箱俨然成了家里的明星。

3. 美菱牌电冰箱

合肥美菱电冰箱总厂是国家大型国有企业，年产电冰箱 60 万台，有 10 个系列、51 个品种，曾经连续六年被评为全国最受消费者欢迎的轻工产品，连续三年被评为"全国最畅销商品"，是全国五大名牌电冰箱之一。1992 年，美菱牌电冰箱出口西欧、北非、东南亚等国家和地区，跻身中国出口创汇五百强之列。次年被批准享有外贸经营进出口权。

1989 年，全国电冰箱市场风云突变。凭借人才、科技优势，合肥美菱电冰箱总厂推出大冷冻室美菱牌 181 型新产品后风靡全国。全国其他电冰箱厂纷纷仿效，启动了疲软的市场，被誉为"181 效应""中国冰箱行业的一次革命"。

4. 白云牌电冰箱

曾以"南方系白色家电代言人"鼎立江湖的白云牌电冰箱，源自 1890 年创办的汉阳兵工厂。抗日战争时期，武汉失守前，汉阳兵工厂一部分迁往湖南辰溪。新中国成立后，该厂又成为兵器工业部的 861 厂，军转民后，该厂被命名为国营沅江机械厂。

因为曾身为军工厂的缘故，白云牌电冰箱的卖点不在于其漂亮的外表，而在于"实打实"的质量，产品的使用寿命很长。甚至湖南有些家庭拥有仍在"服役"的

图 4-36　购买白云牌电冰箱

有二十多年"军龄"的白云牌电冰箱。而白云牌电冰箱正是在此时，达到它生命中最大的辉煌，"北海尔，南白云"开始逐渐在市井流传。鼎盛时期的1988年，白云牌电冰箱的年产量超过25万台，而厂里的在册职工，更是超过了1万人。正是在此时，国营沅江机械厂更名为国营白云家用电器总厂。

白云牌电冰箱功能齐全，噪声低，耗电省，装有低温补偿装置和新型节能装置，能在165～250伏不稳定电压范围内正常启动。白云产品在1990年先后荣获国家A级产品和4次金奖，深受用户的欢迎。但此后不久，白云牌电冰箱便因为质量问题导致工厂全面整顿，到1995年全线停产。这个迅速升起的品牌仿佛流星般迅速坠落。

5. 伯乐牌电冰箱

南京924厂是电子工业部科研、试制、生产三位一体的大型骨干企业，为贯彻中央"保军转民"的方针，开发、生产了多种伯乐牌家电等电子产品。除了窗式空调器曾获电子工业部优质产品奖、卫星广播电视接收设备的性能和质量在国内外处于领先地位之外，双门双温直冷式电冰箱在国产双门电冰箱中率先通过生产定型，

图 4-37　伯乐牌电冰箱

是国产化程度较高的电冰箱，具有带电子温控、自动化霜的 160 升双门电冰箱特别受到市场欢迎。1987 年，从意大利梅诺尼公司引进年产 20 万台电冰箱的生产线，与中国光大实业公司、珠海市等联合从美国引进的年产 100 万台压缩机的生产线开始投产。

6. 容声牌冰箱

1983 年，容声牌电冰箱在广东省顺德市试制。翌年建厂，取名为广东省顺德珠江冰箱厂。建厂第 8 年即占据国内电冰箱销量第一位，此后连续 11 年位居国内电冰箱销量榜首。1994 年，快速发展的容声蝉联了中国产业最高奖项"金桥奖"。自诞生之日起，容声牌电冰箱就秉承着"做中国最专业的电冰箱"这一理念，在电冰箱"环保""节能""保鲜"等领域不断钻研，一度有很好的口碑。

作为上市公司的科龙是 1996 年由科龙集团与顺德市先达发展有限公司共同设立的有限责任公司，专门生产科龙牌空调。1996 年 4 月，顺德市容奇镇经济发展总公司将其持有的股份全部转让给科龙。1996 年 5 月，ST 科龙合并了广东容声冰箱有限公司。2002 年 3 月 5 日，ST 科龙第一大股东广东（科龙）容声集团有限公司与格林

图 4-38　荣声牌电冰箱

柯尔企业发展公司签订关于广东科龙电器股份有限公司股份转让合同书的补充合同，格林柯尔企业发展公司以持有 ST 科龙 20.6% 的股份成为第一大股东。

2006 年年底，海信收购格林柯尔控股科龙 22% 的股份，成为科龙最大股东。科龙旗下有科龙、容声两大品牌，科龙做空调，容声做冰箱。海信旗下的白电公司于 2010 年 4 月申购科龙股份，解决了同业竞争问题。2013 年，海信集团副总裁、海信科龙董事长汤业国首次披露，经历了并购过程中的磨合和调整之后，容声已经步入发展的快车道。海信与容声这两个品牌各有侧重，互为补充。

7. 美的牌电冰箱

凡帝罗 (Vandelo) 是美的牌电冰箱推出的高端电冰箱系列产品， Vandelo 取自丹麦语中的 "Vand"，意为 "水"，代表了 "鲜活" 和 "纯净"。凡帝罗电冰箱以 "纯鲜" 为核心功能设计，将北欧的轻奢生活方式融入电冰箱的全方位设计当中，让中国的中产阶层轻松拥有愉悦的时光。以消费者的需求为导向进行研发和市场推广，是美的牌电冰箱始终坚持的原则。针对目前高端消费者对电冰箱时尚化、艺术化的要求，美的推出的凡帝罗系列电冰箱全部采用原汁原味的欧式设计，同时融合简洁

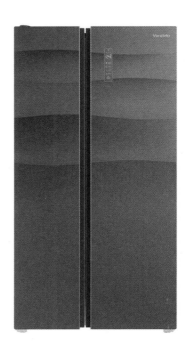

图 4-39　美的牌电冰箱

的现代美学特征，在韵味与时尚之中呈现出和谐之美，充分满足现代人崇尚简约精致生活的消费需求。美的凡帝罗系列电冰箱由欧洲设计团队设计，采用独具特色的 L 形门把手和简约风格的欧式外观设计，产品涵盖两门、三门和对开门等多个产品阵容，全面满足高端消费者的个性化需求。

除了在整体外观上追求简约时尚风格外，凡帝罗系列电冰箱在工艺设计和细节处理上更是充分关注到消费者体验。如 L 形门把手设计，采用金属材质，凸显质感，不仅独具外观特色，同时也兼具实用性，用户在拿取电冰箱下层食物时更加方便。电冰箱显示屏和按键之间采用银色饰条来区分，轻触式感应按键采用了内凹式设计，玻璃搁板可折叠，变温室抽屉设计成异型更符合空间使用，LED 光合保鲜灯与顶灯合二为一，一系列工艺设计和细节处理都充分体现了人性化和使用便利性。为满足消费追求者个性化的需求，美的凡帝罗电冰箱还特别推出了个性化定制服务，有意大利红、地中海蓝、那不勒斯橙、阿尔卑斯白、银白拉丝共 5 种时尚色调供消费者

图 4-40　美的凡帝罗 BCD-220UM
型欧式电冰箱

图 4-41　美的凡帝罗 283UTM6
型欧式 6F 全能电冰箱

选择和定制，受到消费者的广泛欢迎。美的凡帝罗双擎双系统对开门电冰箱采用倍鲜技术，根据冷藏室、冷冻室不同制冷需求，分别配以独立的制冷系统，拥有完全独立的压缩机、蒸发器、风道、风扇灯，使冷藏、冷冻室完全独立制冷，互不干扰，实现高保湿、不串味、制冷快、精确控温，带来倍鲜生活享受。

2014年9月5日，第54届德国柏林国际消费电子展(IFA)正式拉开帷幕。开幕当天，由中国家用电器研究院主办的2014年度中国家电创新奖颁奖典礼成功举办，美的牌电冰箱凭借其突破性的"美的凡帝罗对开门电冰箱-双擎双系统倍鲜科技"摘取"技术创新奖"。2014年，IFA "中国家用电器创新成果评选活动"的评选专家也表示，"美的凡帝罗对开门电冰箱-双擎双系统倍鲜科技"获得此次评选活动的"技术创新奖"，除了技术本身的突破性和创新性外，还有很大一方面是因为这个技术应用到产品上给消费者带来了真切实在的便利。美的牌电冰箱的该项创新技术开启了电冰箱技术发展的新时代。

2014年8月6日，由中国家用电器研究院主办的2014年电冰箱行业用户体验指数发布暨电冰箱产品用户体验评测发布会在北京召开，美的凡帝罗642WKDV型对开门电冰箱通过此次"用户体验测评"并获得"UET"证书。在核心技术和产业链优势的支持下，目前，美的凡帝罗电冰箱已形成凡帝罗法式电冰箱、凡帝罗意式三门电冰箱、凡帝罗对开门电冰箱、凡帝罗欧6F全能电冰箱等四大系列近20款高端产品。从三门、多门到对开门，美的牌电冰箱已经完成了凡帝罗高端全线产品布局。多年来，美的凡帝罗电冰箱给用户提供了倍鲜、时尚、高端的高品质生活体验。

第五章　洗衣机

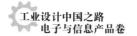
第一节　水仙牌洗衣机

一、历史背景

中国最开始试制家用洗衣机是在 20 世纪 50 年代末，随后也曾成功生产多台家用洗衣机。但是在"文化大革命"期间，洗衣机被认定是"为资产阶级服务"的产品，所以这期间基本处于停止生产的状态。到了 1979 年，上海重新开始了关于家用洗衣机的研制工作，为家用洗衣机的发展注入了新的活力。

《上海二轻工业志》的"家用电器篇"第三章洗衣机中记载：1980 年 8 月，上海市家用电器公司按照"专业分工、联合生产、统一经营、分级核算"的原则，把求精机械厂、江南电器厂和吴淞五金厂联合组建成上海洗衣机总厂。总厂成立后便组织相关技术人员设计开发具备普通家庭使用特点的单缸洗衣机，于当年试制成功并投入生产，产量为 8 100 台，注册商标为水仙牌。

1982 年，上海洗衣机总厂试制成功双桶洗衣机，并从日本引进万克注塑机、大型模具等关键设备，用以保证双桶洗衣机生产的质量和产量。对总厂所属各厂进行

图 5-1　水仙牌商标

图 5-2 上海洗衣机总厂

图 5-3 上海洗衣机总厂装配线

专业分工，除上海洗衣机总厂进行双桶洗衣机总装外，江南洗衣机厂改名为上海洗衣机二分厂，专业加工大、中型塑料件和模具修理；先锋电器厂改名为上海洗衣机三分厂，专业生产洗衣机电动机（引进设备）；吴淞五金厂改名为上海洗衣机四分厂，加工单桶洗衣机复塑钢板外壳和总装。1986 年，上海洗衣机总厂投资 1 000 万元，实施二期工程项目，扩建厂房 5 350 平方米，引进日本夏普公司的双桶洗衣机高度自动化的生产流水线和技术，生产的新水流高波轮双桶洗衣机性能有很大提高。"七五"期间（1986—1990 年）累计生产洗衣机 301.42 万台，其中 1990 年生产洗衣机 53.09 万台，占全市总产量的 52.25%。

上海洗衣机总厂成立后，先后有上海郊县工业局所属的司其乐洗衣机厂（司其乐牌）、方方洗衣机厂（方方牌），上海市仪表工业局所属的上海无线电四厂二分厂（原上海微型电机厂海豚牌后又改为凯歌牌），上海市机电工业局所属的电器塑料厂（上海牌），上海市航天工业局所属的新江机器厂（上海牌），黄浦区集体事业管理局所属的三灵电器厂（申花牌）、浪花洗衣机厂（浪花牌）等 8 家厂生产家用洗衣机。新江机器厂于 1984 年推出铝合金内桶双桶洗衣机，1986—1990 年累计生产洗衣机 87.66 万台，其中 1990 年生产 9.57 万台，占全市总产量的 9.4%。司其乐洗衣机厂于 1985 年从日本引进万克注塑机和内桶模具，生产塑料内桶的洗衣机，1986—1990 年累计生产洗衣机 73.16 万台，其中 1990 年生产 13.18 万台，占全市总产量的 13%。三灵电器厂于 1986 年推出上排水双桶洗衣机，具有上排水兼淋浴功能，满足了无下水道用户的需要，1988 年又生产微电脑控制全自动洗衣机。1986—1990 年累计生产洗衣机 91.52 万台，其中 1990 年生产 17.65 万台，占全市总产量的 17.4%。1990 年，上海生产家用洗衣机的企业除浪花洗衣机厂于 1988 年停产外，共有 7 家，当年总产量为 101.6 万台，其中年产量在 10 万台以上的只有水仙牌、申花牌和司其乐牌。另外，求精机械厂生产的脱水器（水仙牌）用于单桶洗衣机配套，但产量不大，没有形成批量。

1983 年起，国家对家用洗衣机进行优质产品评选活动。上述品牌的产品分别获轻工业部、航天工业部、机械工业部优质产品证书。1985—1990 年，上海生产的洗衣机共获部、市优以上质量奖 11 项，其中申花牌、吉尔灵牌、司其乐牌、水仙牌和上海牌双桶洗衣机分别获轻工业部、机械工业部优质产品证书。上海洗衣机总厂生产的水仙牌 XPB20-2S 型双桶洗衣机于 1987 年首次获国家优质产品银质奖。1988 年，水仙牌、申花牌和上海牌洗衣机获国家优质产品银质奖。1992 年，上海洗衣机总厂改制并改名为上海水仙电器股份有限公司。公司除了设计开发洗衣机拓展系列产品之外，还组织专业部门及人员与日本能率株式会社合资，进行家用快速燃气热水器的设计生产工作，并且成果显著。到了 1995 年，公司设计开发的产品主要有洗衣机、热水器两类，年生产能力达到洗衣机 100 万台、燃气热水器 30 万台。

1995 年 5 月，惠而浦和上海水仙电器股份有限公司合作成立了上海惠而浦水仙有限公司，生产惠而浦洗衣机。惠而浦占有 55% 的股权。两年后由于经营亏损，中方退出，惠而浦将在上海水仙合资公司中的股权追加至 80%。2002 年 7 月，惠而浦将合资公司中剩余的股份全部收购，新成立的独资公司改名为上海惠而浦家用电器有限公司。2009 年 4 月 7 日，位于上海浦东的这个惠而浦洗衣机制造基地宣告关闭，其产能被整合至位于浙江长兴的与海信合资的工厂。

二、经典设计

水仙牌 XPB20-8S 型双桶洗衣机是上海洗衣机总厂精心研制、生产的新型机种。它具有洗、漂、脱三种功能以及两段水流切换（轻柔洗、标准洗）、两种进水选择、

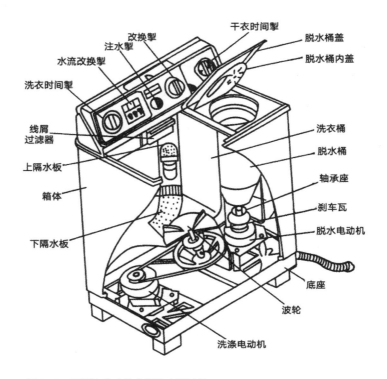

图 5-4 双桶波轮式洗衣机的内部结构

自由水位调节、经济用水指示、洗涤完毕自动报警、报警音量可调等特点。该机型功能齐全、安全可靠，是现代家庭洗涤各种织物的良好器具。这个设计在当时是这一类产品的典型，由于引进了日本夏普公司的流水线，其产品也与其基本相同，其结构设计非常合理、紧凑。一般的波轮有若干种，水仙、申花和上海牌大多采用普通、偏心、凹型、凸型波轮。

评价一台洗衣机的优劣除了有各种硬性指标，如洗净度、磨损率、耗电量以及使用安全性指标外，还要考察其造型和外观设计和材料表面处理。最大的影响因素是色彩、台面造型和正面的尺寸比例。而台面上的面板部分则是视线最为关注的地方。

水仙牌、申花牌、司其乐牌等典型的普通单桶、双桶波轮式家用洗衣机一般有两种造型，即平台式和琴台式。平台式的整体造型简洁、朴实，但显得单调。相比之下，控制台凸起的琴台式造型则显得充实，控制部分集中醒目，操作方便。其造型优于

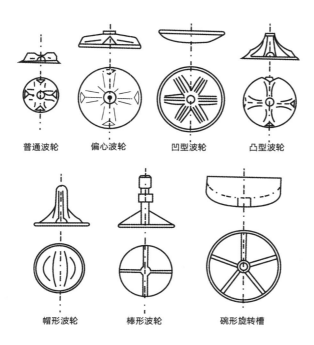

普通波轮　　偏心波轮　　凹型波轮　　凸型波轮

帽形波轮　　棒形波轮　　碗形旋转槽

图 5-5　常用波轮的形状

平台式已不容置疑，反映在近年市场上，平台式渐有被琴台式取代之势。至于其他造型简陋的机型，则只能以价格低廉或以轻巧便携或以材质优良见长而招揽部分顾客，远不能以造型取胜。

一台洗衣机从前面正视可以分为几部分，琴台式洗衣机的凸台部分明显地增加了高度，对整体造型的高宽比例有一定影响；但因凸台部一般靠后部，与机体前立面远离，机脚一般都细小且退缩进去。从若干洗衣机的造型效果看，这个长宽比以接近黄金比为佳，即取宽与高之比为 1：1.618。实际上因受各种条件的限制和设计思想的差异，定为 1：（1.55～1.75）也是可以的，1：1.8 的比例也是可以的。若为省材料等原因而将其定为 1：1.55 以下，则其造型效果将很差。而双桶洗衣机定为 1：（1.05～1.1）为好。在整体设计时还必须与型材尺寸比例相匹配，做到用料最省。

确定台面距离地面的高度时应考虑操作方便性，照顾到使用者身材的高度差异，可取 720～760 毫米，如果达不到这一高度，可适当增加机脚的高度。机脚高度一般为 50～90 毫米。考虑到洗衣机使用环境潮湿，机身宜空离地面，柱型脚细高，

图 5-6　水仙牌 XPB35-402S 型洗衣机　　　　图 5-7　洗衣机上台面操作键盘设计

较为合适，若采用围框脚，四周切不可封闭过严。有一种全塑料围框底座带柱型脚的造型，既有围框的新颖又有柱脚的空灵，能与机壳漆面形成配色协调的分割面，又防潮耐腐，较有特色。脚上装塑料滚轮可使洗衣机移动方便，但滚轮宜隐蔽。机脚在洗衣机下部，只需将大的造型关系处理好就行了。

外箱两侧压筋既可增加刚度，减少振动，又可使箱体外平面有变化，更加美观。压筋宜平浅、圆润。外箱四角一般均折成一定圆角，圆角小有刚直感，圆角过大则有陈旧之感。但需注意外箱圆角应与整体造型风格一致。

上台面是洗衣机造型设计的主要部分，其位置突出，表现集中，它与整个洗衣机造型的关系，正如人的面部与整个身体的关系，是引人注目的地方。控制台面板既是功能件又是装饰件，应着意刻画。但很多设计均不理想。面板的设计应突出的首先是功能及指示标志，其次是商标、机型和厂家等信息。洗衣机是清洁器具，机壳涂饰色调以浅绿、淡蓝、淡紫、杏仁黄、珍珠白、鸭蛋青等颜色为主，个别也有红、绿色的。

三、工艺技术

初期的洗衣机外壳、洗涤桶采用铁皮手工敲打成形。20 世纪 70 年代恢复洗衣机生产后，单桶洗衣机外壳采用复合塑料钢板成形工艺，家用洗衣机的装配仍停留在作坊式的操作方法上，生产率很低，后来改为流水操作，但不适应批量生产的需要。1982 年，上海洗衣机总厂实施一期改造工程，建成洗衣机外壳的冲压、油漆生产流水线，并设计制造了大型复合冲模，比单道冲压成形工效提高 18 倍。20 世纪 80 年代初，上海家用洗衣机（主要是单桶）洗涤桶多数采用优质铝合金拉伸成形，为此，上海市手工业局组织上海铝制品三厂为水仙牌配套。新江机器厂采用的机械旋压咬边成形工艺也有独到之处。1981 年 6 月，上海洗衣机总厂从日本引进的万克注塑机和模具安装调试成功，洗涤桶能一次注塑成形，底板、面板和仪表架也采用镜面钢模具注塑成形。在消化、吸收引进设备的基础上，该厂于 1983 年自行设计制造了大型塑料模具。此外，上海司其乐洗衣机总厂、电器塑料厂等也陆续引进大型注塑机和模具，生产塑料内桶洗衣机。

自 1982 年上海洗衣机总厂自行设计制造了洗衣机装配生产线起，家用洗衣机进入批量生产的新阶段。1986 年，上海洗衣机总厂引进日本夏普电器公司的洗衣机装配生产线。当时洗衣机总厂生产场地紧张，这条生产线就安装在面积不到 2 000 平方米、经过改建的车间里，由于该生产线的自动化程度高，采用电子计算机中央控制系统和程序控制，实现新水流双桶洗衣机主要装配工序、产品检测和包装的自动化，达到年产 30 万台（3 班）的设计能力。家用洗衣机装配由部装工艺和总装工艺组成。部装组件主要包括洗衣桶总成、底座组件、面板组件、脱水桶总成和包装总成 5 大部件。装配全过程在洗涤槽装配流水线、底座装配线、面板组件装配线、脱水桶装配线、总装生产线和包装生产线上完成。

塑料洗衣桶是波轮式洗衣机的关键部件，对洗衣桶的要求是多方面的。洗涤性能方面要求洗净率高，磨损率低；运转性能方面要求消耗功率低，噪声低，振动小；

结构上要求有利于模具制造和注塑成形，利于装配，把尽可能多的结构在桶上制出；使用上要求方便操作，耐低温冲击，有足够的使用寿命。

桶形是使洗衣机具有良好的洗涤性能和运转性能的关键因素，合理的洗衣桶在波轮的配合下，运转时应具有如下特点：液体的流道变化使得波轮抽吸作用而产生的旋涡能为周围的折流所充填，对洗涤物无强烈的抽吸作用；桶形对液流力阻力很小，液流对桶壁的冲击小；洗涤物做圆周和上下回转，无停顿沉积现象；所有的洗涤液同时参加洗涤，无滞留死角。

波轮置于中央的平底大直径圆洗衣桶，洗涤时液体流速不变，洗涤物几乎与液流同步旋转，洗涤物不翻滚、不舒展、也不变形，与洗涤液无相对运动，这时基本上不产生洗涤作用。但是，如果将直径缩小，在周壁上又做些圆棱，渡轮对洗涤液的抽吸作用，可使洗涤物变形，加之洗涤物运动滞后于液流，使之受到冲刷和产生翻滚。洗涤物和液体与圆棱接触后，要改变方向，洗涤物受阻下沉，这都将使洗涤物翻滚和变形。这就是洗衣机洗衣桶的工作状态。

对于波轮置于中心的平底小圆角矩形洗衣桶，洗涤时液流经小圆角时受到很大的阻力，发生剧烈碰撞，使产生洗涤作用的机械能受到很大损失。洗涤物、部分洗涤液在小圆角处滞留，增大了能耗、振动和噪声。

如果把矩形洗衣桶做成四周大圆角的桶体，洗涤时液流和洗涤物就可通畅流过。偏置波轮，则液流旋涡偏离桶的中心，液流经过的截面积发生变化，流速变化加大。洗涤物在高速区得到翻滚和扭曲，在低速区得到舒展，当其再进入高速区时，冲刷部位发生变化。再把桶底倾斜，则流液在做圆周方向回转的同时，做垂直方向的回转。因而更有利于洗涤物的翻滚，提高洗涤均匀度。如果再将桶底做成球面形状，则液流和洗涤物在桶底也很少受到阻力，使更多的机械能用干洗涤。上述的桶形就是现在广泛采用的球面底、大圆角的矩形洗衣桶。

这种洗衣桶由两部分构成，上部分为规则的大圆角矩形桶体，下部分为四周是圆角、底面近于球面形的桶底。两者的分界面为 H–H 面。这种构造为模具制造带来很大方便。

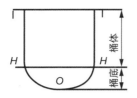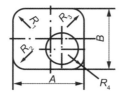

图 5-8　桶底设计

桶体尺寸的确定，为了使正、反向液流形式基本相同，减小洗涤液和洗涤物的运动阻力，桶口长宽之比应为 0.95 : 1.05（图中 A 与 B 之比）。如果波轮设计在中心位置，则四周圆角可以取等值；如果波轮设计在右侧面，则必须保证 $R_2=R_3$，一般为 110～130 毫米，R_1 可以小一些，R_4 一般不大于 R_1，这样 R_1 处于桶底比较平坦的位置，洗涤物经过 R_1 位置时流道变宽，液体流速变慢，而经过 R_4 位置时受到液流的强冲刷作用形成了翻滚，从而会取得好的洗涤效果。

桶底形状同样应使液流易于流过，利于洗涤物的翻滚、舒展和变形，因此应该圆滑平缓，宜为球面形状。锥形或倾向一侧的斜形桶底及平底桶，不能将机械能迅速传递给所有的洗涤液和洗涤物，能量损失大，因而启动慢。运转中部分液体处于滞留状态，接近滞留液流的洗涤物处于停顿状态，难以运动，这样必将减弱洗涤能力，且增大了能耗。为适应低转速的大渡轮新水流洗衣机的变速需要，在桶下部做出一定数量的凸筋或在桶之圆角处插入折流板，这种增加辅件的设计也可以获得理想的洗涤效果。

洗衣桶在使用时，各处磨损程度不同。有些部位在使用时，经常受到碰撞并可

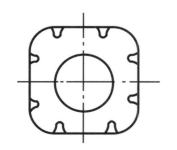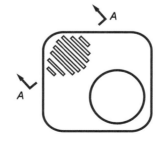

图 5-9　桶内辅件设计

能受到意外的冲击。因此，各处壁厚应不同。人很少接触的桶体部分厚度可取1.7～2毫米。人经常接触的桶体部分，如桶壁从顶面到底约 60 毫米处，厚度可取 2 ～ 2.5 毫米；桶上表面平坦部分，工作时暴露在外，厚度可取 2 ～ 2.5 毫米；桶边框部分，要求耐磨损，耐冲击，还要确保桶刚度，厚度可取 2.5 ～ 3 毫米；桶底承受磨损较重并易受冲击，厚度要取 2.5 毫米以上；安装波轮的凹部，为增强抗蠕变能力，厚度应取 3.5毫米以上。不同厚度的交接处，应有 10 ～ 20 毫米的过渡段。

四、品牌记忆

家住上海的陶先生家里讨论换洗衣机，猛然间注意到家里人很少去的阳台角落还放着水仙牌洗衣机。他说："这台洗衣机从我有记忆开始就一直在我们家里，从来都没有重视过，妈妈突然提起才注意到！小时候每天妈妈洗衣服的时候，就会把它拖到阳台，放衣服，放水，然后定时。洗衣机的声音也有点大，只要听到这个声音，我的懒觉是注定无法睡好的。时间过得这么快，一晃眼 30 年过去了，想不到这个洗衣机还能正常运转，而且里边的塑料部件都跟新的一样！洗衣机在当年可是稀缺货，作为 20 世纪 80 年代结婚"新三大件"，洗衣机一般都被尊贵地摆在客厅，并精心搭上外套，其实也是因为当时我们上海人住房条件比较紧张。上海水仙牌洗衣机是个老牌子，但现在没有厂了，市场上的都是浙江那边生产的，不是上海的，但营销地址写的还是上海。现在的水仙不是以前的水仙了，早期的水仙已被美国惠而浦收购了。水仙牌洗衣机是很古老的品牌了，以前的质量好得没话说，现在还有人在使用以前老的水仙牌洗衣机。"

上海水仙电器制造有限公司与宁波正中电器有限公司成功联姻后，经过数年努力已经推出了 8 个型号水仙牌全自动洗衣机新品，且已经全部投放市场，囊括了高、中、低档产品，从普通型、LED 洗衣全过程动态彩色数码图形显示的智能型，到采用国际先进工艺的 IMD 贴膜注塑控制面板，再到电脑全智能模糊控制豪华型，都在此次推出的新品之列。王女士是在 20 世纪 80 年代就开始使用水仙牌洗衣机的老用

图 5-10　2015 年推出的水仙牌洗衣机

户，看见商场里展示的水仙牌全自动洗衣机，由衷地感慨道："多年不见的国产水仙，如今终于又回来了，而且又是这么漂亮、这么精致、这么多先进的功能，振兴我们民族品牌洗衣机真是大有希望了！"

上海水仙电器制造有限公司选择宁波正中电器有限公司作为水仙牌全自动洗衣机生产基地后，不满足于向市场推出水仙牌全自动洗衣机，而是以振兴国产品牌、振兴民族家电工业为己任，潜心磨炼，力求把水仙牌全自动洗衣机打造成洗衣机家族中的精品。为此，宁波正中电器有限公司瞄准国际先进生产技术，从产品外观设计到零部件选型，从内在结构的调整到装配工艺的改进，攻克了数道技术难关。通过精心设计和制造以及严格控制产品质量，水仙牌全自动洗衣机的面貌焕然一新。

五、系列产品

XPB30-12S 型双桶洗衣机是上海洗衣机总厂引进国外技术制造的具有 20 世纪 80 年代国际先进水平的新水流洗衣机，除具备一般洗衣机的功能外，还具有注水选择、水位调节、线屑过滤、水量指示、蜂鸣器报警、程控喷淋漂洗等功能，一次可洗、脱干衣质量达 3 千克。选用优质工程熟料，引进国外设备和模具，产品工艺严格，光泽好、色泽美，精度高，箱体磷化喷塑，防蚀防锈，经久耐用，是上海洗衣机总厂既能够营利也承担着品牌形象的"当家花旦"。从实际角度来看，由于其下属有许多关联企业，技术上互补、共享，所以这些企业生产的产品应当视为系列产品。

从 1980 年开始，上海洗衣机总厂先后开发、生产单桶、双桶、套桶全自动等3 个系列、30 多个品种规格的洗衣机，外观造型基本相同，技术与工艺上所属各个工厂根据自己的特长做了适当调整。其中除了上海洗衣机总厂的水仙牌外，还有新江机器厂的上海牌产品，根据其航空材料研究成果设计了铝材的双桶洗衣机。上海电器塑料厂的吉尔灵牌则以双重绝缘为特色制造产品，当时在比较发达的城市，由于新家电使用不当的触电事故直线上升，所以双重绝缘的产品利益诉求还是很有吸引力的，上海司其乐洗衣机厂的司其乐牌产品以上排水可以淋浴为特色，完全符合当时大多数人们生活的需求。水仙牌、上海牌双桶半自动型洗衣机 1988 年被评为全国最受消费者欢迎的十种产品之一。三灵电器厂的申花牌、上海方方洗衣机厂的方方牌，上海无线电四厂的凯歌牌的产品与上述产品功能、形态大同小异。

洗衣机产品谱系比较难以理顺的主要原因之一是当时的行政管理部门的各种政策措施配套欠佳，价格管理体系复杂，特别是产品定价管理政策使得生产企业盲目套用标准改变产品型号，以求得符合自己心理价位的定价，所以产品设计没有按市场需求及技术升级的逻辑发展。总体而言，价格管理经过了轻工业部管理、统一定价、国家指导价、企业定价等阶段。

图 5-11　上海牌 XPB20-IIS 型铝桶双缸洗衣机

图 5-12　吉尔灵牌洗衣机

图 5-13　司其乐牌洗衣机

1989 年，总厂下属厂又推出不少新品种：上海无线电四厂生产的 XQB30-4 型机械全自动、蜂鸣器、电源显示、上排水，比 XQB-1 型增加塑料防水罩，提高了安全系数和质量，操作台重新设计，外观华丽。同年，三灵电器厂生产申花牌 XQB-3T 型微电脑套缸、丝网印花筒体，采用最新型接触开关、电极式水位控制。1990 年 9 月，上海牌 XPB35-27S 型具有大容量、大波轮、新水流，丝网印花，箱体复塑，内胆铝桶等特点。从上述新产品来看，设计基本上是优化功能，侧重外观装饰。

第二节　小天鹅牌洗衣机

一、历史背景

1980 年，无锡家用电器一厂与无锡陶瓷厂合并，创立无锡洗衣机厂。1982 年，作为轻工部下属企业开始生产单缸洗衣机，品牌定名为小天鹅。1983 年，改产双缸洗衣机。1984 年，引进了法国的喷涂设备，生产能力大增。1985 年，成为国家定点生产企业。最初 10 年里小天鹅卖出的洗衣机累计达 20 万台。1990 年，小天鹅洗衣机荣获行业内唯一国优金奖。1996 年，小天鹅洗衣机的销售量为 100 万台。1997 年，小天鹅商标被认定为中国洗衣机行业第一个驰名商标。2001年，小天鹅洗衣机荣获中国名牌产品称号。2005年，小天鹅荣获商务部重点培育和发展的中国出口名牌称号。2007年，小天鹅被商务部认定为最具市场竞争力品牌称号。2008年，广东美的集团股份有限公司入主。2009年，小天鹅连续三年荣获美国《读者文摘》信誉品牌金奖。2010年，蝉联国家知识产权局创新盛典"最佳自主创新设计奖"。2012年，小天鹅iAdd自动添加洗涤剂技术荣获中国家用电器研究院颁发的"技术创新"奖，小天鹅比佛利滚筒洗衣机荣获"红星奖金奖"。2013年，由国家统计局中国行业企业信息发布中心发布，小天鹅洗衣机连续十多年全国销量领先。2014年，小天鹅洗衣机荣获中国家电"艾普兰"低碳环保奖⋯⋯

作为能同时制造全自动波轮、滚筒、搅拌式全种类洗衣机制造商，小天鹅拥有国家认定的企业技术中心，依靠技术战略联盟，坚持自主创新，拥有国际领先的变频技术、智能驱动控制、结构设计及工业设计等洗涤核心技术。研发团队达500人，拥有洗衣机专利700多项，软件著作权200多项。公司构建了与全球品质要求同步的全品质链模式。纵向以"科技创新"为导向，不断推陈出新，完成从前瞻性技术、应用性技术和市场空白产品的全面覆盖，构建"技术驱动"下的卓越品质保障体系，推出全球首台物联网洗衣机、自动投放洗涤剂洗衣机和填补全球空白的热泵干衣机。横向则以"用户需求"为导向，从技术创新、功能研发、生产制造和售后服务等全过程构建品质链，拥有国家级实验室、德国VDE实验室，测试中心有整机可靠性实验室、性能实验室、电气实验室等30个专业实验室。公司建立了具有国际先进水平的质量管理体系，通过了ISO 9001质量体系认证、ISO 14001环境管理体系认证及安全管理体系认证，在行业内率先通过国家免检产品认证及洗衣机出口免验认证。

目前小天鹅拥有高效的全球销售网络。在国内市场，小天鹅洗衣机连续多年全国销量领先。在国际市场，产品出口至130多个国家和地区，成功进入美国、日本等高端市场。产品已赢得全球5 000多万消费者的喜爱，成功地实现了由国内家电制造商向国际家电制造商的转变。

二、经典设计

　　1981 年，小天鹅生产套缸洗衣机 823 台，其中全自动洗衣机 776 台。后者由于许多部件是进口的，因而定价较高且是在技术不完备的情况下直接开始生产的，所以造成产品滞销，流动资金紧张。1983 年，小天鹅全部国产化的半自动洗衣机特别畅销，出现了供不应求的趋势。1985 年，无锡洗衣机厂投资改造，引进日本松下电器公司的技术和设备，设计开发了半自动套缸洗衣机，增加了程控器，可以完成自动洗涤、排水、甩干等功能，自动化程度相当高。1986 年，无锡洗衣机厂设计了全自动洗衣机，可以一次性完成洗、漂、甩干功能，大部分零部件实现了国产化，这是小天鹅重返全自动产品的开端。当年年底还从意大利引进了大型注塑机，解决了关键部件的制造问题。从整体的外观造型上来看，这一系列并没有跳出当时同类产品的套路，但是已经在产品操作面板的设计上做了比较大的改进，指示更加明确，色彩的设计也尽可能地服务于操作信息传达，加之产品整体定位明确，技术工艺应用恰当，因而小天鹅牌 XBB-5 型半自动洗衣机和 XQB20-6A 型全自动套缸洗衣机成为其重要的里程碑。

图 5-14　小天鹅牌 XQB30-7 型大波轮全
自动洗衣机

图 5-15　小天鹅牌 XBB-5 型半自动
洗衣机

图 5-16　小天鹅牌 XQB20-6A
型全自动套缸洗衣机

　　小天鹅尝试"后退"，从全自动回到半自动，回到单筒洗衣机的生产上。其后再次发力，小天鹅和日本松下谈妥 411 万美元引进松下全自动洗衣机的全套技术，包括模具、注塑机，采取了租赁的方式。租赁方是日本、德国和中国三方合资的"中国环球公司"。生产的主力产品是日本松下的爱妻号洗衣机，因为中国当时去日本打工的人很多，很多人见过日本松下的爱妻号，一看到外观一模一样的小天鹅爱妻型，价格又便宜一半，便纷纷抢购。从设计的角度来讲，爱妻型产品并没有太大的作为，但是通过制造集成了来自不同国家的技术，间接地推动了产品的升级换代，奠定了小天鹅以后若干年的技术基础以及设计的基本走向。特别是体会到了确立产品分品牌对于细分市场的重要性，尝试了以产品激发消费热情，从而为企业创造利润的甜头，同时也教育了设计师应该从技术的立场转换到市场的立场来思考设计。从后续的产品形象维护的情况来看的确也是两个重点，其一是分品牌——"爱妻"形象的传播，在当时洗衣机产品销售大多单纯技术诉求的背景下具有标新立异的功能；其二是以与日本松下的合作为技术诉求，以此来作为其 20 世纪 80 年代末至 90 年代初广告宣传的重点。

　　通过与日本松下公司进行一期技术合作，生产 XQB30-8 型微电脑全自动洗衣机

图 5-17　小天鹅牌爱妻型洗衣机
（XQB30-8 型微电脑全自动套缸
洗衣机）

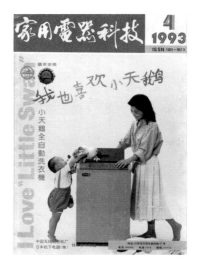

图 5-18　小天鹅全自动洗衣机广告

取得成功。通过消化吸收日本的科学技术和管理经验，为开发研制模糊理论全自动洗衣机奠定了坚实基础。1992 年，与日本松下公司开始二期技术合作，联合设计开发 5.5 千克人脑智能模糊理论全自动洗衣机、感应式全自动洗衣机。

　　该厂研制的 XQB55-88NF 型人脑智能模糊控制全自动洗衣机，其参考机型是日本松下 NA-F55Y6 型。该机型是松下 1991 年年底推出的第二代模糊控制洗衣机，代表着当时模糊控制洗衣机的最高水平。XQB55-88NF 型具有明显的功能、质量优势。产品具有多种类别的洗衣程序，所有洗衣方式组合可达 3 100 种。水位高低、洗衣时间、清洗方式、脱水时间及水流种类等，用户均可根据习惯和需求随意组合选择。

　　小天鹅牌比弗利滚筒洗衣机可自动判别衣物量多少，适量进水，洗衣过程中对水位进行监测，如水位不足会自动补进水，以达到节水和较佳的洗涤效果。根据被洗物的脏污程度、所用洗衣剂种类、水质情况自动选择和调整洗涤时间，保证最佳洗涤效果。根据所洗衣物的质地、大小、轻重，自动调节水流。高水位洗涤时，水也不会飞溅出来。当要洗的衣服很脏时，可选用模糊浸洗程序。用户还可在 24 小时内预约洗衣时间（以分为单位），到时，只要把衣物取出晾干即可。对洗衣工作过程有显示窗、指示灯显示、剩余时间显示、自动判别故障显示、鸣叫功能等。

在机械结构方面，该机借用前述 XQB55-88NF 型人脑智能模糊洗衣机机构，零部件通用。电器控制件多数为公用件。例如，它亦具有低噪声结构设计——主电动机为塑封型电动机，排水阀为齿轮马达牵引式，箱体为防振钢板等；它同样具有科学的平衡系统——改进的吊杆结构，质量高，性能好，寿命长，脱水振动小，整机不使用平衡铁；它也有 5.5 千克大洗衣容量和 375 毫米的大直径波轮。

在以后的发展中，小天鹅产品的设计一直沿着这种思路在发展，直到广东美的集团入股，产品的设计基本上考虑了中低端市场的需求，与前述水仙牌产品形态比较接近，所以在系列产品中不再予以列出。近几年在美的主导下，其产品设计努力向高端产品方向发展，引入了许多时尚的要素，其中比较有代表性的产品是小天鹅比弗利滚筒洗衣机设计，突出了智能化产品的特点，其触摸彩屏技术使得产品界面更加符合年轻人的爱好，能够帮助使用者保留自己喜爱的洗衣程序，同时能够显示洗涤剂的添加量。该设计获得 2012 年红星奖金奖。

图 5-19　小天鹅牌人脑模糊全自动洗衣机　图 5-20　小天鹅牌比弗利滚筒洗衣机
广告

三、工艺技术

板材拉伸与涂饰技术是家用电器的关键环节与技术，中国在引进日本这两项技术时曾经走过弯路，特别是针对前者，一度试图以国内的技术力量来解决，但是发现有巨大的困难，最后还是从国外引进。小天鹅比较早地注意了这两个关键问题，并较早地从法国引进了关键设备。在扩大洗衣机产能时，开始更新设备，使涂饰工艺逐步向无溶剂化和固体粉末化方向发展。

过去使用的溶剂涂料由漆膜的固体成分和溶剂（包括稀释剂）组成，溶剂的作用是使涂料容易喷涂，最后在空气中挥发掉。粉末涂料为百分之百的固体粉末，它通过不同的喷涂方法（包括静电喷涂、流动浸渍、静电流动浸渍等），使涂料附着在工件表面，经加热、熔化、固化后形成漆膜。粉末涂料的种类分为热塑性和热固性两种。一般用于家用电器产品及工业产品的多为热固性粉末涂料（主要包括环氧型、聚酯型、丙烯酸型）。它的主要特点如下：

（1）消除了溶剂（主要是稀释剂）引起的中毒及火灾，没有空气污染，改善了劳动条件。

（2）无溶液挥发，粉末涂料可回收，涂料利用率可达95%以上。

（3）无滴、流、淌的工艺缺陷，材料保管场地小，储存和运输方便。

（4）粉末（主要指热固性）涂饰的工件，漆膜的机械物理性能及化学性能好。

由此可见，粉末涂料（主要指热固性环氧型粉末）是洗衣机箱体表面较为理想的涂料，它与金属结合好，不易脱落，耐冲击，耐腐蚀性能强，弥补了一般溶剂漆（主要指氨基漆）耐碱及耐湿性能较差的弱点。

洗衣机箱体的涂饰属于防护性和装饰性的表面涂覆，针对国内的实际情况，面漆最好采用环氧型粉末涂料。工艺方法采用高压静电喷涂。底漆采用镀锌后钝化或电泳环氧树脂底漆。一般来说，对几何形状简单、尺寸不大的工件，采用粉末喷涂工艺时可省去喷涂底漆工序，工件表面预处理后烘干即可直接喷涂粉末涂料。既可用于工件表面保护，也可用于装饰用面漆。但对于洗衣机（特别是双缸洗衣机）箱体，由于工件大，焊缝及死角部位多，作为整机质量要求，箱体内、外表面每一个部位都必须有漆膜保护，如果仅采用一次粉末喷涂，箱体焊接缝隙及边缘、棱角等部位涂覆效果不理想，未涂覆上漆膜的部位将会锈蚀并扩散，严重影响箱体的质量。因此必须涂覆底漆。涂覆底漆采用镀锌后钝化或电泳底漆较为妥当。镀锌和电泳从工艺上说属于或类似金属电镀的涂饰方法，它能使箱体内外表面、焊接缝隙、边缘及死角部位都牢固而且较均匀地镀上锌层和涂覆上漆膜。锌层经钝化和电泳环氧树脂底漆皆具有可靠的防腐蚀能力和耐湿性能，所以能有效地保护箱体金属基体。虽然在整个涂饰工艺上加了底漆（包括烘烤等）工序，但对箱体的涂覆质量有很大价值。在此基础上，再采用高压静电喷涂法使箱体内、外表面较均匀涂覆环氧型粉末（再经固化）等工序，可使洗衣机箱体涂覆质量更为完美。 洗衣机箱体采用的环氧型粉末涂饰工艺流程有以下两种：

（1）采用镀锌的工艺流程

热水洗—除锈除油（二合一槽）—热水洗—清水喷淋—镀锌—钝化（高铬三酸）—浸洗—热水洗—烘干—喷内表面—喷外表面—固化—检验—成品

（2）采用电泳底漆的工艺流程

热水洗—除锈除油（二合一槽）—热水洗—清水喷淋—磷化—浸洗—清水喷淋—浸洗（去离子水）—电泳—清水喷淋—烘烤—喷内表面—喷外表面—固化—检验—成品

有关工艺流程的说明如下：

①除锈除油（二合一槽）。对基体金属表面油污及锈斑不太严重的箱体，选用合适的浸蚀剂（一般用硫酸或盐酸）和乳化剂同时进行除锈和除油。

②电泳。在电泳漆槽中，被涂箱体为阳极，电泳漆槽为阴极，通以直流电，根据电泳原理，在直流电场中离子发生定向移动，带负电荷的胶态粒子 $RCOO^-$ 向阳极移动，并在箱体上脱去负电荷，沉积成为不溶于水的漆膜。NH_4^+ 阳离子向阴极移动，在阴极上获得电子还原成铵。

③烘干。指烘干箱体内外的水分，不是指预热。

④静电喷涂。把气泵输出的高压空气通过油水分离器使其干燥净化，输送到供粉器，使容器里的粉末在空气压力下，在碗形稳压器下面呈悬浮状态。再通过气流将其输送到喷枪喷到箱体上。与此同时，高频高压发生器发出的高压电流也汇集到喷枪极针导流体，开始放电，使粉末带负电。带电的粉末喷出后被均匀地吸附在箱体上；没有碰到工件的粉末，一部分落在喷室底部回收，一部分通过旋风式回收器回收。

⑤固化。喷涂后利用红外线对箱体内、外表面漆膜加热烘烤。一般固化温度为 $180 \sim 200 \, ℃$，时间为 $20 \sim 30$ 分。

聚丙烯板拉伸造型是把聚丙烯板深拉伸成如油箱和油罐等容器的一种方法。这种工艺可用于生产洗衣机桶，冰箱内衬也使用同样的方法。

聚丙烯板拉伸造型最适用于生产带有厚凸缘的直壁箱形零件。其工艺过程是：先按容器边缘的尺寸对板坯下料，再将其加热到约 $320 \, F \, (160 \, ℃)$。该温度正好低于聚丙烯晶体的熔点 $335 \, F \, (168 \, ℃)$。然后将加热后的坯料放入模腔上部的凹槽内（模腔的大小正是容器横截面的外缘尺寸），再用 1 000 磅／平方英寸的压力将其四周夹紧，以便压成所要求的形状。

在坯料边缘被夹紧的状况下，使冲头接触坯料。冲头尺寸比容器的最终内径稍小，其端部用尼龙等低摩擦材料制造。冲头端面凹进去，因此，坯料在其靠近周边处与冲头接触。冲头以 $6 \sim 12$ 英寸／秒的速度下降，坯料受冲头周边圆弧部分的作用而延伸，并收缩成容器侧壁。尽管坯料的厚度在逐渐减薄，但侧壁的厚度能稳定不变，它由冲头端部的摩擦阻力控制。冲头的温度可不加控制，而模腔的温度是被控制的。当冲头到达下极限位置时，通过其端部吹入空气，强迫塑料壁紧贴模腔，同时迫使塑料紧贴与冲头相对的模底，以形成容器的底部。拉伸造型零件有较厚的凸缘，通常，该凸缘至少为坯料厚度的 30%。拉伸造型零件有明显的方向性，侧壁的方向性是由冲头端部的拉伸作用和收缩而形成的。拉伸也发生在半径方向，因此，它具有两轴方向性，主要表现在垂直方向。垂直抗拉屈服强度是 30 000 磅／平方英寸，而圆周方向为 4 000 磅／平方英寸。方向性对韧性和透明度影响很大。由于抗拉强度极不平衡，所以拉伸造型箱件会产生垂直破裂，这就是它们的破坏形式。但是，在室内做抗摔和抗低温试验表明，它比用注射或吹塑成形得到的试件要好十倍。透明度主要受拉伸工艺的影响。薄的容器显示出极好的透明度，即使2毫米的壁厚看起来也足够清亮。

拉伸造型零件的外观随坯料厚度而变化。较小的零件有较精致的外观。通常从外观的角度来考虑，宁可用热成形工艺，而不用高精度注射成形工艺。采用这种工艺的目的在于获得强韧的、具有相当功能的容器。拉伸造型用的成形设备，工装及热板炉的费用与用压力注射成形相应零件所需费用相比是很低的，成形周期也较短。通过反复试验，小天鹅总结出经验，在下列情况下聚丙烯拉伸造型最为理想：

（1）当产量足以形成一条生产线时。

（2）当成形零件的规格足够大时。

（3）零件没有斜度并不带其他配件，如手把等，比较容易成形。

（4）零件具有韧性或透明度。

（5）零件带有厚凸缘。

四、品牌记忆

引进日本松下技术之后，天时、地利的小天鹅却意外面临"人不和"的局面。"那几年厂长像走马灯一样地换，加上工人素质达不到，配套能力弱，花巨资引进的技术和生产线竟不能发挥作用。"

"小天鹅创造3亿人民币的利润，提前还清债务，不仅老骆没想到，我也没想到。"徐源说。"全心全意小天鹅"的广告语和大拇指"我承诺"的形象进入千家万户。中国的家庭以拥有一台小天鹅牌洗衣机、一辆飞鸽牌自行车和一台海尔牌电冰箱为荣。

从1996年开始到2008年，小天鹅牌洗衣机连续13年全国销量第一。其间小天鹅股权更迭多次，也夹杂着元老退休、管理层收购、国退民进政策推行等中国国企变革不可避免的经历，小天鹅的带头人曾试图实施公司管理层收购，但没有成功。2008 年，民营企业美的集团成为其控股股东。

第三节　海尔牌洗衣机

一、历史背景

海尔牌洗衣机的崛起与发展是其整体发展战略的成果。1993 年，海尔集团与意大利梅洛尼达成合资建立滚筒洗衣机工厂的协议。1994 年，第一台海尔玛格丽特滚筒洗衣机下线，标志着海尔集团多元化经营策略的开始。1996 年，第一台小小神童牌洗衣机诞生。当年的 6 月到 9 月是洗衣机销售淡季，因为这个季节消费者使用洗衣机的不多，购买者不多，大多数销售者在家休息或者放假。这是一个难得的市场信号，海尔凭借着其敏锐的市场嗅觉，发现了夏季洗衣机市场的空白点，研究开发出时尚迷你型"及时洗"洗衣机、甩干型"小小神童"全自动洗衣机、无孔脱水"小小神童"全自动洗衣机，一步步完善技术和产品功能的新产品让消费者眼前一亮，"小小神童"热销，这被国内工商界和理论界人士称为"小小神童现象"。

随着海高公司对洗衣机新产品设计力度的不断加大，产品的细分程度越来越高，其产品的价值也得到了充分的提升。尤其是海高公司的外籍设计师带来了成熟的设计经验，配合设计策略及市场策略，使得海尔的洗衣机迅速成为行业的标杆。与此同时，海高公司的设计也成为 20 世纪 90 年代以后中国工业设计公司、各高校工业设计专业研究、学习的对象，中国工业设计协会曾经大力宣传、介绍其设计成果。2003 年，海尔又将其独创的世界第四种洗衣机"双动力"推出，它被人们普遍认为是海尔以技术创新奠定市场胜局的最典型代表。海尔"双动力"是拥有 30 多项专利技术的产品。随后，海尔通过技术创新又推出了全球第一台不用洗衣粉的"双动力"，这一解决了 15 个世界级难题、拥有 32 项专利的新品，将"双动力"技术

图 5-21 "小小神童"全自动洗衣机

和不用洗衣粉功能完美组合,采用独创的不用洗衣粉技术,使洗净度高于国家标准25%,实现了衣物上无残留,对皮肤无刺激,而且节水无污染排放。2009年,S-D芯变频技术的应用标志着洗衣机行业跨入"芯变频时代"。2010年,全球首台物联网洗衣机在海尔诞生。2011年7月,海尔与日本三洋电机达成协议,以100亿日元收购其在日本及东南亚地区的漂洗资产及销售网络。2012年,海尔芯变频洗干一体机XQG70-HB1486型被誉为极安静的洗衣机……每一个阶段,海尔不仅领先行业,而且不断地超越自我。

二、经典设计

2001年,由青岛海高设计制造有限公司设计的环保双动力洗衣机,波轮与内桶双向旋转,大大缩短了洗衣时间,提高了洗净度。洗涤过程采用专利MW活水处理技术,M离子洗净,W离子消毒,是首台真正不用洗衣粉的"环保双动力"洗衣机。

海尔牌XQS70-Z9288型洗衣机能够容纳7千克的衣物,它内部使用海尔独创的双动力洗涤模式,让洗衣机的波轮和内筒由一个电动机同时进行驱动,双向进行旋转,最终实现立体洗涤。这样的洗涤方式就像是用两只手在揉洗衣物,让衣物的洗涤更加高效。在海尔双动力洗衣机中还设置了快速洗程序，清洗5千克的衣物只需要15分钟。它综合了波轮式、滚筒式、搅拌式三种洗衣机优点于一身，将洗净、节水、节能、健康等功能在一台洗衣机上完美统一。在洗涤衣物时，使波轮和内桶双力驱动，双向旋转，产生的强劲沸腾水流，不仅洗得净，洗得快，不缠绕，低磨损，而且省水50%，省时50%。

2005年3月，海尔开发出我国首台8千克的洗干一体机"阳光丽人"，它采用中央进气蒸汽烘干技术，衣干即停，即洗即穿，成功实现了59分钟"快洗、快烘"功能，大大改变了过去"洗衣半小时、晾晒一两天"的传统模式，不仅解决了北方沙尘天气衣服晾不干净的难题，还免去了阳台晾晒的麻烦，更大大减少了衣物同空气中污染物亲密接触的机会，"二次污染"现象得到根本遏止，为消费者节约了更多的时间来享受生活。它不但获得了中国家用电器研究院颁发的2005年创新设计奖，同时还被中国电子报和SOHU网站联合评为"2005年最值得购买产品"。

海尔滚筒洗衣机投放市场后始终占据单价最高、产品销量第一的位置，打破了欧美品牌一统滚筒洗衣机天下的格局。2012年，海尔牌XQG70-HB1486型芯变频（变

图 5-22 环保双动力洗衣机　　图 5-23　海尔牌 XQS70-Z9288
　　　　　　　　　　　　　　　型双动力洗衣机

图 5-24　海尔阳光丽人洗衣机

频同步双动力）洗干一体机，出自丹麦名师设计，看似简约的外观却隐藏着强大功能。S-D"芯"变频技术让这款洗衣机在动力节能方面领先；而智能的烘干模式，可自动感知潮湿度，烘干即停，免去了长时间烘干造成的电能浪费；集洗衣与烘干功能于一体，7千克的洗涤容量和3.5千克的烘干容量，可以毫无压力地洗涤各种大件物品。整体色调采用了银灰色，与简洁的机身搭配，显得格外大方。由于这款洗干机采用了海尔的S-D"芯"变频技术，在节能和降噪方面优势非常明显，在由中国家电协会与中国家电网主办的2012—2013中国高端家电趋势发布暨第四届红顶奖盛典上荣获"年度洗衣机红顶奖"。

三、工艺技术

全自动滚筒式洗衣机自动化程度高，功能齐全，结构合理，洗涤容量大，洗涤范围广，使用寿命极长。它的优点是：自动化程度高，只要将洗涤物投入洗涤筒内，

图 5-25　海尔牌 XQG70-HB1486 型芯变频洗干
一体机

调整好程序，启动电源开关，洗衣机便会自动完成进水，加洗涤剂，洗涤，加温，加热洗涤，漂洗，排水和脱水等程序。整个洗涤过程无须人看管；结构合理，产品内桶采用整体吊装形式，内桶底部由两个减振器支承，工作稳定性好，振动小，无碰撞，噪声低。采用双速电动机作为驱动力，使洗涤和脱水各有不同的转速。程序控制器采用电动式凸轮群组多回路结构，体积小，运转可靠，抗干扰能力强，使用寿命长；用料讲究，该机外箱体采用冷轧钢板成形，表面进行磷化处理后再用粉末喷涂工艺进行防腐处理，附着力强，耐腐蚀能力高。洗涤内筒采用抛光不锈钢板制成。机上所用橡胶件采用抗老化、耐酸碱橡胶制成。

由于滚筒式洗衣机选用了合理的洗涤方式，因而其水流作用柔和，洗涤时对洗涤物磨损极小，特别适合洗涤毛料织物及羽绒织物。大到毛毯、鸭绒被、羽绒服、粗厚毛呢服装、棉大衣等，小到轻薄的丝绸绣品、针织抽纱、窗帘等均可洗涤。全自动滚筒式洗衣机耗电量低，使用寿命较长，一般最少使用 15 年。

滚筒式洗衣机的洗涤机理与波轮式洗衣机不同。滚筒式洗衣机洗衣容器是在卧式水桶中装一个多孔的不锈钢内筒。其液面的高度大约为内筒半径的二分之一。滚筒在电动机的带动下，做有规律的正、反方向旋转，衣物便在筒内翻滚揉搓，从而达到洗涤的目的。当内筒由 A 状态向 B 状态运动时，衣物在洗涤液中一方面与内筒壁和举升筋之间产生摩擦力，另一方而衣物靠近举升筋部分与相对运动部分相互摩擦产生揉搓作用。当衣物被举升出洗涤液面并达到一定高度时，由于重力的作用，衣物又重新跌入洗涤液中，与洗涤液撞击。洗涤内筒不断地正、反方向运转，衣物也不断地升起、落下，并不断地与洗涤液撞击。与此同时，织物之间、织物与筒壁之间也不断地产生摩擦，从而使衣物充分变形，这些力像手揉、板搓、刷洗、甩打、敲击等手工洗涤一样，达到去污的目的。

　　洗涤剂中的化学物质与织物发生作用，溶解了织物上的污垢，例如汗渍、血渍、奶渍、糖、淀粉、脂肪酸、尘埃等。洗涤剂的效力越高，溶解污垢的能力越强，污垢越容易剥落。滚筒式洗衣机还具有加热功能，可以对洗涤液自动加温。洗涤液温度的提高又加快了分子的运动速度，加速了洗涤剂的化学作用。滚筒式洗衣机充分

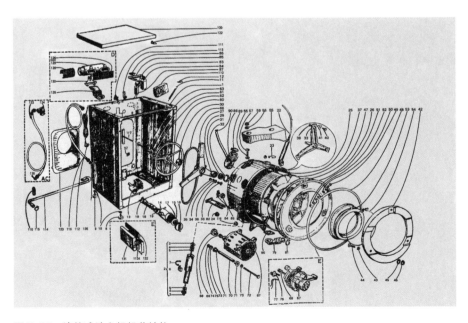

图 5-26　滚筒式洗衣机机芯结构

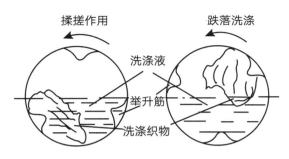

图 5-27　滚筒式洗衣机的洗涤机理

地利用了机械力、化学力、热力三种力的作用达到洗净织物的目的。

　　滚筒式洗衣机洗涤柔和，对织物的磨损低，因而洗涤范围特别广，特别适于那些易磨损的织物，如毛毯、毛呢、毛线织物、呢绒绸缎及非常轻薄的丝绣织品等。滚筒式洗衣机相对来讲洗净度较低，但是，配合高去污力的洗涤剂，加之提高洗涤液的温度，这一缺点自然能够克服。所以海尔近来推出的主要针对家庭成人衣物与儿童衣服分筒洗的产品也采用滚筒式，上、下设置双滚筒，避免因为混合在一起而使儿童的衣服沾上成人衣服的脏物。

四、品牌记忆

　　作为在白色家电领域最具核心竞争力的企业之一，海尔有许多令人感慨和感动的营销故事。1996 年，四川成都的一位农民投诉海尔牌洗衣机排水管老是被堵，服务人员上门维修时发现，这位农民用洗衣机洗地瓜（南方又称红薯），泥土量大，当然容易堵塞。服务人员并不推卸自己的责任，而是帮顾客加粗了排水管。顾客感激之余，埋怨自己给海尔人添了麻烦，还说如果能有洗红薯的洗衣机，就不用烦劳海尔人了。农民兄弟的一句话，被海尔人记在了心上。海尔营销人员调查四川农民使用洗衣机的状况时发现，在盛产红薯的成都平原，每当红薯大丰收的时节，许多农民除了卖掉一部分新鲜红薯外，还要将大量的红薯洗净后加工成薯条。但红薯上

图 5-28　可以洗地瓜的洗衣机

沾带的泥土洗起来费时费力，于是农民就动用了洗衣机。更深一步的调查发现，在四川农村有不少洗衣机用过一段时间后，电动机转速减弱、壳体发烫。向农民一打听，才知道他们冬天用洗衣机洗红薯，夏天用它来洗衣服。这令张瑞敏萌生一个大胆的想法：发明一种洗红薯的洗衣机。1997 年海尔为该洗衣机立项，成立了 4 人课题组，1998 年 4 月投入批量生产。洗衣机型号为 XPB40-DS，不仅具有一般双桶洗衣机的全部功能，还可以洗地瓜、水果甚至蛤蜊，价格仅为 848 元。首次生产了 1 万台投放农村，立刻被一抢而空。

在西藏，海尔洗衣机甚至可以合格地打酥油。2000 年 7 月，海尔集团研制开发的一种既可洗衣又可打酥油的高原型"小小神童"洗衣机在西藏市场一上市，便受到消费者欢迎，从而开辟出自己独有的市场。这种洗衣机 3 个小时打制的酥油，相当于一名藏族妇女三天的工作量。藏族同胞购买这种洗衣机后，从此可以告别手工打酥油的繁重家务劳动。

在 2002 年举办的第一届合肥"龙虾节"上，海尔推出的一款"洗虾机"引发了难得一见的抢购热潮，上百台"洗虾机"不到一天就被当地消费者抢购一空，更有许多龙虾店经营者纷纷交定金预约购买。

"听说你们的洗衣机能为牧民打酥油，还给合肥的饭店洗过龙虾，真是神了！

能洗荞麦皮吗？"2003 年的一天，一个来自北方某枕头厂的电话打进了海尔总部。海尔在接到用户需求后，仅用了 24 小时，就在已有的洗衣机模块技术上，创新地推出了一款可以洗荞麦皮的洗衣机，受到用户的极力称赞，更成为继海尔洗地瓜机、打酥油机、洗龙虾机之后，在满足市场个性化需求上的又一经典之作。

五、系列产品

海尔 U-home 是海尔集团在物联网时代推出的美好家居生活解决方案，它采用有线与无线网络相结合的方式，把所有设备通过信息传感设备与网络连接，从而实现了"家庭小网""社区中网""世界大网"的物物互联，并通过物联网实现了 3C 产品、智能家居系统、安防系统等的智能化识别、管理以及数字媒体信息的共享。海尔 U-home 用户在世界的任何角落、任何时间，均可通过打电话、发短信、上网等方式与家中的电器设备互动，畅享"安全、便利、舒适、愉悦"的高品质生活。

海尔将 U-home 家电产品的作用概括为：身在外，家就在身边；回到家，世界就在眼前。具体产品研发由隶属于海尔集团的青岛海尔智能家电科技有限公司实施，作为海尔全球智能化产品的研发制造基地，拥有包括近 20 名博士在内的高素质智能家电专业设计团队，从事智能家电、数字变频、无线高清、音视频解码、网络通信

图 5-29　海尔 U-home 家电产品（洗衣机是其中的重要产品）

等芯片以及 UWB、蓝牙、RF、电力载波等技术的研发，并整合全球资源网络，与多家国际知名企业建立联合开发实验室，提出了智能家居、智能社区、智能酒店、智能安防、中网服务、智慧用电等解决方案。

公司建立了强大的 U-home 研发团队和世界一流的实验室。海尔 U-home 以提升人们的生活品质为己任，提出了"让您的家与世界同步"的全新生活理念，不仅为用户提供个性化产品，还面向未来提供多套智能家居解决方案及增值服务。公司倡导的这种全新生活方式被认为是未来家庭的发展趋势，多次得到党和国家领导人的高度评价。在国家和各部委的大力支持下，专门设立国家重点实验室，进行科技攻关与成果转化。2007 年以来，我国唯一一所数字家电类国家重点实验室、唯一一所数字家庭网络国家工程实验室相继在海尔建立。

公司在智能家电的研制和生产方面拥有多项专利和自主专有技术，负责起草家庭网络国家标准并提报国际标准。公司参与制定 7 项行业标准、9 项国家标准，提报 3 项国际标准，其中国际标准《家庭多媒体网关通用要求》于 2010 年 4 月 23 日在 IEC TC100 结束了 FDIS（最终国际标准草案）程序的投票，最终以高达 100% 的赞成率通过，标志着此项目已经正式成为 IEC 国际标准。它是中国在 IEC TC100 家庭网络领域第一个国际标准项目提案，其成功标志着中国在 IEC 的家庭网络领域有了第一个自己主导的国际标准。

高新技术的成功应用，很快拉动了产业快速发展。截至 2000 年，海尔 U-home 在哈尔滨、沈阳、北京、青岛、济南、南京、杭州、重庆、太原、呼和浩特等十几个城市建立了样板工程，让越来越多的寻常百姓提前步入"未来之家"，感受数字科技带来的无穷魅力！无线通热水器、时空舱热水器、短信空调、U-cool 超低温冷柜等网络家电更是早已形成批量，进入千家万户。为了推进中国家庭网络的研发以及标准化、产业化的发展，2000 年年底，由国家相关部委组织成立"中国家庭网络标准工作组"，海尔集团为工作组组长单位。在国家相关部委的大力支持下，2004 年，海尔集团牵头组建了"中国家庭网络标准产业联盟"——ITopHome（简称 e 家佳联盟），推进中国家庭网络标准化和产业化的发展。e 家佳联盟共拥有国内外成员单位 270 多

图 5-30　海尔洗衣机可实现个性化定制洗衣

家，涵盖了家电、通信、芯片、IT、建筑、集成、安防、音视频、网络运营等众多领域，联盟成员内部各品牌产品采用同一标准实现互联互通。

随着时代的进步，仅依靠商场提供的信息来引领消费者购物的时代已经过去，因为人们对个性化定制的需求越来越高。改变传统单一化、大规模制造的生产方式，转而以用户需求为核心的定制是产业成功转型的关键，这不仅可以缓解当前中国家电产业面临高存货和成本上升的压力，而且可以满足用户的个性化需求逐渐升级的需求，因为现在的消费者在挑选洗衣机、电冰箱等家用电器时，不仅仅考虑性能，还要看是否符合家庭的装修风格，与其说消费者需要的是简单的一件产品，不如说他们在为自己确定家庭环境的风格。

为了满足人们购物体验的个性化需求，海尔集团采用大众化定制模式为客户量身打造产品，提供各种优质服务。大规模定制在海尔的表现就是互联工厂。海尔在河南省郑州市建立了"互联工厂"，允许网络买家根据自身的需求在线操控生产流程，定制产品，实现大众化定制。海尔大规模定制模式在产品设计阶段就面临各种挑战，但是郑州的工厂通过高度自动化就能解决难题。用户在网上下订单，空调安装专业人士就能掌握各类尺寸等数据，和用户一道定制设计方案。甚至连用户的名字、照片或者标识都能在产品中体现。

2007 年 9 月 20 日，作为海尔高端品牌的卡萨帝在于北京举行的"现在，进入未来——Casarte 生活品鉴会"上正式发布，与卡萨帝电冰箱同台发布。当年，卡萨

图 5-31　个性化定制的洗护云裳滚筒式洗衣机

帝洗衣机荣获德国汉诺威工业论坛设计中心颁发的具有"设计界奥斯卡"之称的"iF
设计大奖"（iF Design Award）。

卡萨帝洗衣机的亮相为海尔洗衣机的高端定制拉开了序幕。近些年的洗衣机存
在的一个很明显的问题是产品同质化相当严重。在这样的背景下，行业里催生了各
种采用新技术的产品。同时，智能类、清洁健康类也成了行业的发展趋势。作为具
有创新基因的家电企业，海尔建造了智能化十足的可视互联工厂，而首批由 50 万用
户参与定制的洗衣机也已经正式下线。

海尔可视互联工厂可以让用户通过 PC、手机等终端实时看到生产信息，例如
何时排产、何时上线等，并看到核心模块的供应商信息，以及安全、噪声等核心质
量等信息。虽然每个用户未必都愿意花时间去"监控"这一切，但是这样可以实现
透明化的生产。基于先进的智能化和信息化技术，采用高柔性的自动无人生产线、
全程订单执行管理系统，装配了 200 多个非接触式自动识别数据采集点（RFID）、
4 300 多个传感器、60 多个设备控制器，以此来实现设备与设备互联、设备与物料互联、
设备与人互联。

第四节 其他品牌

1. 金羚牌洗衣机

地处广东省珠江三角洲的江门市洗衣机厂，是国内最早研制生产家用自动型洗衣机的厂家，也是首批获得国家轻工业部洗衣机生产许可证的厂家之一。1992 年，国内首创的金羚牌 xoB30-11 型超静全自动洗衣机，由于其造型美观、颜色雅致、返修率低，特别是首创的低噪声设计，受到了消费者的热烈欢迎，成为国内全自动洗衣机中产量最大的品种。

2. 白兰牌洗衣机

北京洗衣机厂生产的白兰牌洗衣机是供家庭使用的普通洗衣机，它具有结构简单、轻巧美观、安全可靠、操作方便、经久耐用、维修费用低等特点。

白兰牌洗衣机自 1979 年在全国轻工新产品展销会上开始出售以来，已在全国销售将近一万台，获得广大群众的欢迎。白兰牌洗衣机由电动机通过皮带轮带动波轮在水中旋转，产生涡流卷动衣物进行洗涤，电动机的正、反转及洗涤时间由定时器

图 5-32 金羚牌洗衣机

图 5-33　1981 年 6 月 6 日，北京市朝阳区十八里店的农民在商品展销会上购买白兰牌洗衣机

自动控制。产品采用四角小圆弧的方形洗衣桶，底部有四条凸筋，涡流均匀，衣物翻滚性好，洗净度高，漂洗性好。洗衣桶内、外表面以搪瓷层保护，化学稳定性好，美观耐用。洗衣机外箱的制作采用了静电喷漆工艺和远红外烘干技术，漆层均匀，附着力强，防锈性好，表面光泽。漆层有白、粉红、浅黄、浅蓝、果绿等颜色。

白兰牌洗衣机每次洗干衣 2 千克，加水 40 千克，同人工洗衣耗水量相当，洗涤时间约为 30 分钟，耗电量为 0.1 度。该机可连续工作 8 小时，所以除了家用外也适于幼儿园、洗衣站、理发馆、食堂等单位使用。

3. 白菊牌洗衣机

北京洗衣机总厂的前身是始建于 20 世纪 50 年代后期的北京市五金机修厂和始建于 1964 年的北京民用炉厂。1979 年 7 月，北京市五金机修厂开发生产第一代单筒家用洗衣机产品，当年产量为 6 934 台，后改名为北京市洗衣机厂，主要生产白兰牌洗衣机。1981 年，与已转产金属家具和窗式空调器产品的北京民用炉厂合并，共同生产白兰牌洗衣机。厂名继续沿用北京市洗衣机厂。

1982 年 4 月，北京市洗衣机电机厂与北京市洗衣机厂共同组建了北京市洗衣机总厂。洗衣机年产量达 26.2 万台，洗衣机电动机年产量为 30 万台。同年，引进日本东芝公司 SD-100 型双缸喷淋洗衣机制造技术及部分关键设备，开发生产了白菊牌

图 5-34　白菊牌洗衣机

洗衣机新产品，经过消化吸收国外先进技术，基本实现了洗衣机零部件的国产化。1983 年，北京市打字机厂并入该总厂，总厂的空调器生产车间转入原北京市打字机厂厂址（后发展为北京长城空调器厂、北京古桥电器公司）。1985 年，总厂改造成功钣金、电泳底漆、喷漆、组装等 6 条生产流水线，开发生产了白兰牌 3 种新型号单缸洗衣机和 5 种新型号双缸喷淋半自动洗衣机，其洗涤效果、衣物磨损率、水电消耗和防腐性、安全性等技术经济指标居国内同类产品的先进水平。其时，北京市洗衣机厂进一步扩大规模和完善零部件外协生产规模，采用经济合同的方式将厂外协作生产企业相对稳定下来，形成了新型的"白兰洗衣机生产联合体"。1986 年，北京市洗衣机厂和北京市环宇电机厂（原北京市洗衣机电机厂）从北京市洗衣机总厂分出，由北京市第二轻工业总公司直接管理。是年，洗衣机产量达 45.3 万台，到

图 5-35　北京市洗衣机总厂生产线

年末已向全国市场累计投放 215 万台各种类型洗衣机，行销国内 28 个省、自治区、直辖市，被列为北京市 "七五" 期间重点发展的名优产品之一。是年 10 月 25 日，北京市洗衣机厂东坝仓库发生火灾，烧毁简易库房 1 173 平方米，直接经济损失达 361 万元。其时，北京市洗衣机总厂由其本部和北京长城空调器厂组成，主要生产白菊牌洗衣机和长城牌空调器。拥有大型生产流水线 6 条、主要设备 141 台（套），独立生产洗衣机的箱体冲压、成形、焊接、喷漆、注塑内桶、底座等大型塑料件，且在北京市郊和外埠有 97 家协作加工厂点。

白菊牌 4 型洗衣机多次参加在莫斯科等地举行的国际博览会。北京市洗衣机总厂本部晋升为国家二级企业并成为北京市百户重点企业之一。1987 年，北京市洗衣机总厂在北京市首家试行资产经营责任制的改革，并在全市进行了企业法人公开招标，开始推行了为期 4 年的资产经营责任制。1988 年，北京市洗衣机总厂改名为北京白菊电器公司，年产洗衣机 29.4 万台。

1990 年，北京白菊电器公司、北京白兰电器公司合并组成北京兰菊电器公司，将洗衣机等产品生产厂地集中到位于卢沟桥的原北京白菊电器公司。1992 年，北京兰菊电器公司完成洗衣机产量 14.7 万台。1996 年，北京兰菊电器公司改名为北京威克特电器集团。结合引进先进技术，开发生产了多种型号的洗衣机系列新产品，受到消费者欢迎，并远销东南亚、俄罗斯等 20 多个国家和地区。

4.威力牌洗衣机

中山市威力洗衣机厂原名中山洗衣机厂，其前身是一家生产农机具的集体所有制小厂，1983 年开始筹建，1984 年落成，1985 年正式投产，当时设计生产能力为年产威力洗衣机 10 万台，实际产量达 19 万台，实现当年投资当年收回。1986 年，进行第二期工程技术改造，设计能力为年产洗衣机 60 万台。1990 年，产量达 110.33 万台，1991 年生产 128.26 万台，1992 年生产 133.35 万台，产品销往全国各地并出口东欧和东南亚各国，并返销到素有 "世界家电王国" 之称的日本，是中国洗衣机行业中唯一一家年产销量均超过百万台的企业，也是经济效益最好的企业。

该厂自 1985 年投产以后，一方面依靠技术进步提高生产率，一方面加强企业管

图 5-36　威力牌洗衣机

理，提高企业素质。从 1987 年至 1992 年，在实现企业管理现代化、提高产品质量、降低产品成本、增加经济效益等方面一直居全国 20 家洗衣机企业之首。1988 年，该厂所生产的威力牌双桶洗衣机被评为国家银质奖产品，并获 1985 至 1987 年度企业管理先进企业称号。1989 年，获国家一级节能企业称号。1990 年，获国家一级企业称号。同年 9 月，获"1990 年国家质量管理奖企业"称号，成为当时广东省获得这一荣誉的唯一一家工业企业。

5. 荣事达牌洗衣机

荣事达集团是中国知名的家电企业集团，是中国名牌和中国驰名商标品牌，品牌价值超过了 26 亿元，位于白色家电行业前列。荣事达集团旗下有几十家子公司，荣事达洗衣机隶属于合肥荣事达三洋电器股份有限公司。

荣事达集团成立的标志就是第一台洗衣机的诞生，所以洗衣机一直都是荣事达的主营品牌，有着悠久的历史文化和制造工艺。后来荣事达集团不断壮大，将洗衣机由专门的子公司制作，所以在设备和工艺上产品都是非常不错的。

1992 年，第一台荣事达牌洗衣机下线。20 世纪 90 年代，随着国家政策的调整，国外品牌纷纷进入中国，国内一些大型"黑电"企业如美的、TCL、新科、创维、春兰、

图 5-37　荣事达牌洗衣机

澳柯玛等也纷纷涌入洗衣机市场，而原有洗衣机厂家也迅速开展规模扩张，并带来了百姓家电消费的"井喷"。这一时期，国内洗衣机市场竞争加剧，品牌、资源、资本整合等现象频繁。从 20 世纪 90 年代中后期开始，中国有竞争力的洗衣机品牌从 80 个减少至 7 个。

6. 乐牌洗衣机

乐牌洗衣机由广州家乐洗衣机厂设计生产。广东最早的家用洗衣机是由广州星联白铁五金生产合作社于 1964 年研制成功的。当时，洗衣机的外壳、洗涤桶均由人工制成，三年多时间内只生产了百余台。1967 年，该厂受"文化大革命"冲击而停产。

1974 年，广州家用电器二厂参照外国洗衣机的样板，试制出套桶全自动洗衣机，但因当时市场销量有限，未有投产。1979 年，再次研制了一批单桶普及型洗衣机，又因场地小而转产。1976 年，广州家用电器八厂 (1981 年改名为家乐洗衣机厂) 研制出简易式单桶洗衣机。1979 年，生产得到迅速发展。1980 年，广州洗衣机厂生产单桶普及型洗衣机，因初期工效低、主配件靠进口、生产场地小等原因，每台机亏损 20 多元。1981 年，该厂与群力木箱厂合并，全厂占地面积达 3.9 万平方米，当年生产单桶洗衣机 4.5 万台。1982 年 2 月，广州洗衣机厂与市轻工业进出口公司、香港金源发展公司合作，有偿租用高宝牌商标，并开办了香港付款、内地提货业务，

图 5-38　乐牌洗衣机

当年外销 3 万台，创汇 150 万美元。同年，投资 463 万元进行技术改造。20 世纪 80 年代初，因洗衣机外箱体选材不当，容易生锈，后改用壁口镀锌钢板，并将单速洗涤改为强、中、弱三速洗涤，以适应不同衣料的洗涤要求。1983 年，将自动控制进水、洗涤、漂洗、排水的单桶半自动洗衣机投放市场。

针对单桶洗衣机结构简单、功能单一、产品大量积压等问题，该厂进一步改革产品构造，改进生产技术。1983 年，家乐洗衣机厂运用 "分体注射联装" 工艺，研制洗衣机装配生产线，向市场推出具有洗涤、脱水功能，外壳采用镀锌板喷涂、不锈钢、塑料等三种材料的双桶洗衣机。1986 年 10 月，经广州市政府批准，由广州洗衣机厂、广州市家电公司本部、广州家乐洗衣机厂组成广州市家电公司实体，调整生产布局。1989 年，家电公司加入万宝集团，其中一部分组成万宝集团洗衣机工业公司。1987 年，产量达 67.99 万台。1988 年，原材料价格上涨。 1989 年年末，家乐洗衣机厂转产吸油烟机。为适应新形势，已经并入万宝集团的洗衣机公司研制出万宝威格玛牌大容量、大波轮双桶洗衣机。同年，万宝威格玛牌全自动洗衣机获国家银质奖。

7. 白玫牌洗衣机

云南洗衣机生产始于 1980 年 6 月。当时的云南省电影机械厂以东北一厂家生产的内缸用镀锌板锡焊成形、无机头的洗衣机为样机，6天设计出零部件和工装模具图，15天生产出第一台洗衣机，在云南省轻工业展销会展出，深受群众欢迎，当即投入批量生产，当年生产700台，商标为白玫牌。1981年年初，全国洗衣机定点会上该厂被确定为洗衣机生产定点厂。1981年7月，云南省电影机械厂与云南省医疗器械厂合并，保留和发展了洗衣机生产，并增加云南洗衣机厂厂名。稍后，云南省政府发文规定，全省只定云南洗衣机厂一个主机总装厂。据此，云南省内原已试产洗衣机的昆明电机厂、省体委512厂停止了洗衣机的生产。

为支持白玫牌洗衣机生产发展，云南省财政厅、省经委于1981年7月拨给该厂技措费65万元，购置设备，改造厂房，完善洗衣机生产的钣金、喷漆、电镀等生产线，形成年产3万台的生产能力，并变单缸Ⅰ型为单缸Ⅱ型洗衣机。1982年年初，又由单缸Ⅱ型改为Ⅲ型，历经半年的多次改试，样机轻工业部家用科学研究所测定，各项指标全部合格。1983年6月，投入批量生产，数年来一直得到市场的好评。1984年，为满足各层次用户的需要，开始研制双缸半自动洗衣机。在主管部门和协作厂家的支持下，1985年样机试制成功，主要性能参数达到日本同类机器水平。经中国日用电器产品检测中心试验，全部指标符合标准。1986年7月，通过省级鉴定，

图5-39　白玫牌洗衣机

投入批量生产。1987 年 4 月，已建成年产 10 万台洗衣机的生产能力。白玫牌洗衣机自 1980 年 7 月生产以来，到 1987 年止共生产 222 569 台。其中单缸 182 877 台，双缸 39 692 台。为适应市场需求，及时更新换代，到 1987 年止，白玫牌洗衣机历经两次试制、两次改型后开始生产第四代产品。

1986 年 7 月，设计投产的白玫牌 XPB20-S 型双缸洗衣机，经中国日用电器产品测试中心试验，全部项目符合国家标准（GB 4288 ～ 4289—1984《家用电动洗衣机及其安全要求》）要求，并于同年 7 月通过省级鉴定。白玫牌双缸洗衣机整机设计指标先进，结构合理，功能齐全，款式新颖，外观美观，洗涤性能优良，如采用大波轮，低转速，线屑收集，双桶喷淋，高效波形脱水，耐磨损，耗能低，使用方便，安全可靠；成功地采用注塑内缸成形、机箱整体的先进工艺，主要技术参数到达日本同类机型水平，进入国内先行列。同年，获昆明市优秀新产品奖。

8. 小鸭牌洗衣机

1979 年 4 月，中央提出了"调整、改革、整顿、提高"的八字方针，国家轻工业部就中国轻工业发展进行产品结构调整，在全国设立六大洗衣机生产基地，济南市位列其中。经省、市有关部门的考察论证，把洗衣机项目安排到生产小型拖拉机的济南第二拖拉机厂。1979 年 8 月 30 日，经济南市经委批准，撤销济南家用电器厂，与济南第二拖拉机厂合并，定名为济南洗衣机厂，从此启动了洗衣机产业。广大工程技术人员克服无资料、无经验、无技术、无设备等困难，按照从国外购买回来的洗衣机成功手工仿制出第一台 1.5 千克单缸洗衣机，并起名"小鸭"，在国内刮起了洗衣机新风潮，产品受到广大消费者的欢迎，实现了从无到有的创新。

1984 年 3 月，济南洗衣机厂与中国信托投资有限公司合资从意大利引进了先进的滚筒式洗衣机技术、设备和生产线，生产制造出了亚洲第一台全自动滚筒式洗衣机，引导了消费观念的革命，闯出了一条引进、消化、再创新之路。从最初的引进到自主研发，小鸭迅速完成了技术升级，先后推出了 XQG50-831、TEMA832 型等系列全自动滚筒式洗衣机以及国内乃至亚洲的第一台冷热型滚筒式洗衣机、第一台节能型滚筒式洗衣机、第一台防皱型滚筒式洗衣机，率先一次性通过了 ISO 9001 国际质量体系认证，成为国内洗衣机行业唯一一家通过国内外两家体系认证企业，并在国内同行业中率先取得德国 GS、欧洲 CE、美国 UL 国际安全认证，获得了进军欧美市场的通行证。集团技术中心荣获"国家认定的企业技术中心"称号。滚筒式洗衣机项目的成功，使小鸭成为行业发展的一面旗帜，在取得良好经济效益的同时，为小鸭多元化发展创造了条件，并顺利实现了技术创新升级。

经过技术升级阶段的发展和积累，稍后成立的小鸭集团初步形成了以家用洗衣机为主导，向相关多元化发展的格局，产品延伸至工业洗衣机、商用冷柜、家用冰柜、空调器、热水器、商用快烤炉、小家电、燃气灶具、电子商务、纳米材料等12 门类、150 多个系列、2 000 多个规格型号。集团拥有山东小鸭电器股份有限公司等 14 家子公司，资产总值达到 38.9 亿元。集团先后推出了第一台喷泉型滚筒式洗衣机、第一台臭氧磁化型滚筒式洗衣机、第一台纳米洗衣机、第一台超声波式洗衣机，引领国内洗衣机消费潮流，连续 14 年销量稳居国内滚筒式洗衣机行业榜首。小鸭全自动滚筒式洗衣机被确认为首批"国家质量免检产品"，小鸭滚筒式洗衣机、小鸭热水器等产品先后荣获"中国名牌产品"称号。集团推出的"超值服务工程"荣获国家管理成果一等奖；小鸭牌商标被国家工商总局认定为"中国驰名商标"；1999 年，小鸭电器 A 股在深圳证券交易所成功挂牌上市。

根据济南市政府"关于进行两步重组实现小鸭洗衣机主业振兴发展"的决定，2004 年年底，小鸭集团控股的上市公司小鸭电器与中国重汽完成重组。2005 年，从重汽回购的小鸭洗衣机产业重组给南京斯威特集团实现民营。与此同时，集团进行了产业结构的战略调整，对家电类及非主营业务逐步有序退出。对集团主业定位于"商用电器、汽车配套"，经过艰难转型，逐步确立了主导产业在行业中的竞争优势，实现了制度创新、产业升级创新。

经过两次战略重组后，小鸭集团重新走上了"二次振兴"之路。集团产业定位从过去的以家电产品的生产销售为主导，转变为以家电为中心，以商用电器和汽车装备为两翼。按照集团"家用电器上规模，商用电器和汽车装备创名牌"的发展指导思想，以节能、环保、智能家电产品和高端装备制造为发展方向。

第六章　微型计算机

第一节　长城电脑

一、历史背景

《北京志·工业卷·电子工业志·仪器仪表工业志》记载：1979 年秋，国家第四工业机械部确定由清华大学、国家第四工业机械部第六研究所、安徽无线电厂、北京崇文电子仪器厂（北京计算机五厂前身）联合研制微型计算机。经过两年的努力，国内第一台微型计算机 DJS050 机诞生了，从此开始了中国微型计算机发展的历史。该机于 1977 年 4 月通过部级鉴定，1978 年获全国科学大会奖。1979 年至 1980 年，北京崇文电子仪器厂共生产 17 台。但由于技术落后，微处理器（CPU）用 31 块集成电路拼装而成，所以一直没能大批生产。

1978 年 4 月，国家第四工业机械部第 6 研究所开始研制微处理机通用过程输入 / 输出部件。这一项目后来演变为微型计算机系统 MDAC，这是一个工业用微机数据采集系统。该所引进先进的关键器件，采取一系列严格的质量保障措施，样机仅用 9 个月便研制成功，定名为 DJS–054 机，是国内最早投入使用的工业用微机。1979 年起，北京市计算机技术研究所先后从日本、美国引进四种不同类型的微机，组织科技人员解剖、学习、分析、比较，在对国外技术系统了解的基础上，首先研制出 BCM–Ⅰ 微型计算机系统，包括 BCT–1 汉字系统，小批量投产并投放市场。1981 年，对该系统做了较大改进，研制出 BCM–Ⅱ 微型计算机系统。后又引进国外新技术，研制出 BCM–Ⅲ 微型计算机系统，该系统比 BCM–Ⅱ 速度提高一倍，容量增大一倍，体积减半。1982 年 9 月，该所在日本神户开发个人计算机，采用国际上主流产品 IBM PC 规范，经过一年的努力开发出长城 100（按系列编号为长城 0520 微型计算机），该机与 IBM PC 兼容，并配有该所开发的 CCDOS 系统软件，成为国内微机市场上的主流产品，首先在中央国家机关中投入应用。当年 11 月，国家第四工业机械部第 6 研究所改名为电子工业部第六研究所。1983 年至 1984 年，该所在技术、性能、扩展应用上下功夫，形成 BCM 八位微型计算机系列。该系统技术先进，质量可靠，20 多个省、自治区、直辖市用户争相购买，并首创我国微机出口纪录。为扩大影响，增加产量，该所及时将 BCM- Ⅲ 微机技术转让给北京计算机三厂、五厂。 1984 年至 1985 年，国家计算机工业总局委派一批青年技术专家在电子工业部第六研究所、738 厂、中国计算机服务公司的共同支持下开发出与 IBM PC 兼容的 0520CH 微型计算机，并由 13 家工厂生产，产量突破万台，标志着中国微型计算机事业从科研迈入了产业化的进程，是中国计算机产业跨入市场的第一步。0520CH 微型计算机不仅是我国第一台商品化个人计算机，而且还催生了一个新兴的计算机产业，中国微机产业的高速发展从此开始。后来这个团队又开发了 0520CH-Ⅱ 机汉字显示系统，共生产 6 000 台。还开发了单色显示的 0520M 和 0520HM 等专用型机，至 1990 年共生产 0520 系列机 1.5 万台。相继开发投产的还有 0530A 至 0530HM 等系列微机。0530 系列微机属高档 16 位单用、多用户微机系统，广泛应用于工程设计、科学计算、事务管理、信息通信、办公自动化、CAD、CAM 等多任务、多用户领域。1987 年，738 厂开始研制 0540A 机，它是以 80386 为中央处理器的 32 位高性能通用 PC，1988 年 4 月试生产，1989 年通过鉴定。此后，相继研制出改进型 0540B、0540H 等多个型号。

　　1986 年，中国计算机发展有限责任公司成立，批量生产 0520CH 机。 1987 年 12 月 9 日，中国计算机发展公司更名为中国长城计算机集团公司，已经在深圳落户的公司名称相应由中国计算机发展（深圳）公司更改为中国长城计算机集团（深圳）公司，产品定名为"长城牌"。此后，长城更是在我国的微机发展中起到了决定性作用，连续创下了多个第一。1987 年，第一台国产 286 微机——长城 286——正式推出。1988 年，第一台国产 386 微机——长城 386——推出。1990 年，长城 486 计算机问世。微型计算机发展到后来被称作"电脑"，故在以下文中早期产品称呼前者，后期产品简化称为电脑。

图 6-1　长城品牌标志

　　1994 年 9 月，第一批高档金长城 S500 系列微机正式投产。同年 11 月 21 日，长城公司显示器年产量突破 10 万台大关。次年 3 月 22 日，长城公司生产出第 10 000 台金长城微机，即 S500 系列 486VDZ/66C 机，标志着长城生产的第 20 万台微机顺利下线。新华社第一时间以《中国计算机生产跨上新台阶 长城微机产量突破 20 万台》为题发出电讯。1995 年 6 月，长城公司迁入新建的生产基地——深圳长城科技园，并开始投入批量生产。同年 12 月 15 日，公司与 IBM 和深圳开发科技股份有限公司共同注册成立合资企业——深圳海量存储设备有限公司。1996 年 2 月 12 日，长城集团与美国微软公司在北京举行"长城集团与美国微软 Windows 中文版 OEM 签约仪式"。金长城微机成为 1996 年度第一个获得出厂预装视窗 Windows 中文版合法授权的国产微机品牌。

　　1997 年 1 月 8 日，英特尔公司向全球发布基于 MMX（多媒体扩展）技术的奔腾处理器——多能奔腾处理器——芯片的当天，长城公司同时向首都新闻界展示了两种基于"多能奔腾处理器"的金长城微机。金长城 MTV97 全能电脑是第一台符合国际通行 H.324 标准视频电话功能的国产电脑。同年 4 月 8 日，由长城公司与 IBM 中国公司、深圳开发科技股份有限公司三家企业共同投资建立的深圳海量存储设备有限公司正式营业。同年 6 月 20 日，中国长城计算机深圳股份有限公司成立暨首届股东大会召开。中国长城计算机（深圳）公司更名为中国长城计算机深圳股份有限公司。同年 6 月 26 日，中国长城计算机深圳股份有限公司股票在深圳证券交易所挂牌上市，证券简称为"长城电脑"。

　　1997 年 9 月，金长城 MTV 多媒体微机系统获得国家科委授予的 1997 年度国家级新产品称号。1998 年 6 月，长城公司、IBM 和深圳开发科技股份有限公司在人民大会堂签署协议，向深圳海量存储设备有限公司增加投资 7 685 万美元，用于扩大生产规模和引进新技术。

1999 年 11 月，长城公司斥资 3.13 亿元人民币，在深圳市宝安区建立长城电脑石岩高科技产业基地，引进发展计算机显示器和宽带卫星网络技术。

2000 年 10 月 13 日，长城公司与 IBM 的合资企业——长城国际信息产品（深圳）有限公司——正式注册成立福田保税区分公司并开业剪彩。2001 年 8 月 10 日，公司与世界最大的存储记忆体的独立制造商——美国金士顿科技有限公司——联合宣布：在中国成立金士顿科技电子（上海）有限公司。2002 年 9 月 8 日，长城服务器获得国家质量推进委员会颁发的"中国名牌产品"称号。同年 10 月 12 日，长城公司在深圳第四届国际高新技术成果交易会上推出国内第一款拥有完全自主知识产权的长城网络计算机。2004 年 8 月，长城笔记本电脑获得"广东省名牌产品"称号。2004 年 11 月，长城公司研制的"长城网络计算机网星系列"项目喜获深圳市科技进步一等奖。长城公司与 IBM 宣布共同投资组建长城国际系统科技有限公司（ISTC），携手打造 IBM 全球战略性生产基地。2005 年 6 月，中国长城计算机深圳股份有限公司在国内信息安全领域取得一项重大突破：第一款专门为高安全等级需求用户量身定做的专业化安全电脑问世。

2005 年 9 月 1 日，国家质检总局发布"中国名牌产品"评选结果，由中国长城计算机深圳股份有限公司生产的长城牌笔记本电脑荣登"中国名牌产品"榜。2006 年 4 月 20 日，长城电脑股权分置改革方案顺利通过。长城公司与全球著名的磁带备份设备专业制造厂商 Exabyte（安百特）公司签署战略合作协议，长城电脑将成为 Exabyte 磁带驱动器和自动加载机等系列产品在中国大陆地区的独家总代理。同年 6 月，长城公司联手国际芯片巨头英特尔公司在北京发布了国内首款酒店 PC——世恒 V 系列商用电脑。2007 年 4 月，长城 CRT、LCD 显示器成功入围 2007 年中央政府采购招标项目，成为 2007 年中央政府采购指定产品。随着中国电子北海产业园的正式开工建设，广西长城计算机有限公司正式成立。2007 年 8 月 8 日，公司推出了安全电脑二代产品：除 CPU 之外，全部硬件和软件均具有自主知识产权的电脑。2008 年 5 月，中国长城计算机深圳有限公司与桂林长海机器厂共同出资组建的长海科技有限责任公司宣告成立。2008 年 12 月 12 日，长城公司与中国航天基金会成功签约，成为"中国航天事业合作伙伴"。2009 年 7 月，长城电脑在湖南长沙新的生产基地正式落成并投入生产。

二、经典设计

1987年5月，中国长城计算机集团公司自主开发的第一台国产286多用户微机系统问世。该机采用了门陈列逻辑电路、高精度汉字图形中文信息处理技术、硬件接插板和软件操作系统兼容等国内领先技术，其速度比0520CH机提高5倍。在系统配套、汉字和图形显示、性能价格比等方面达到或超过国外同类产品。截至1990年，共生产 1 000 台。1988年4月20日，长城公司研制成功第一台国产32位微机。截至1990年，共生产1.5万台。1989年5月，长城公司参加了中国人民银行卫星通信专用网总体设计，承担全国电子联行长城计算机处理系统工程设计开发工作。1990年，

图 6-2　第一台国产 16 位微机：长城牌 0520（也称为 GW286）电脑

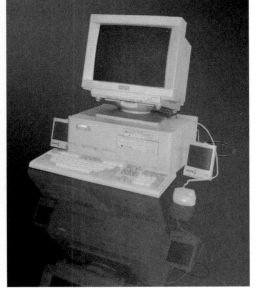

图 6-3　金长城 S500 型微机　　　　　图 6-4　金长城 S400 型多媒体教育微机

该系统正式投入试运行，到1994年扩展到全国约400个城市。

　　1993 年 2 月，该公司推出第一种采用先进局部总线技术的国产微机——GW486VESA/66 中文 / 图形微机，达到国际同期先进水平，属国内首创。1994 年 2 月，该公司作为工程总承包单位承担了"金税工程"中"全国增值税专用发票计算机稽核系统"的建设任务，仅用半年时间就开通了北京稽核总中心和 50 个城市分中心的卫星网络系统。同年 9 月 1 日开始稽核试运行，保证了国家税制改革的顺利进行。

　　1994 年 5 月，该公司开发的第一种 PCI 总线技术的第五代国产微机——金长城 GW586P/60C——问世，达到国际同期先进水平。1994 年 9 月，第一批高档金长城 S500 型微机正式投产。一年以后，该公司自主研发的第一种遥控多媒体国产电脑——金长城 MTV 多媒体电脑——在北京正式发布上市，在国内第一次实现了自有品牌微机 7 项全能：全能多媒体集成、全能中文操作、全能家电互联、全能多媒体遥控、全能安全防护、全能绿色节能、全能配置扩展，为计算机进入我国广大家庭开拓了新的局面。其中金长城 S400 型多媒体教育微机是应用十分广泛的机型。

图 6-5　金长城 MTV'97 全能电脑　　1997

　　1995 年 10 月，该公司开发的第一台国产 Pentium Pro 微机——金长城 Pentium Pro 微机——顺利通过整机性能测试。同年 11 月，Pentium Pro 样机问世。1997 年 1 月，该公司向北京新闻界展示基于"多能奔腾处理器"的金长城微机：S700 5166ATXM、商用高档微机；三电一体化的金长城 MTV'97 全能电脑。

三、品牌记忆

　　1982 年，《时代》杂志把 IBM 台式电脑选为"年度风云机器"。到 1983 年，其全球销量已超过 52 万台。为尽快打入中国市场，IBM 公司主动派人来洽谈成立合资企业业务。电子工业部计算机管理局原副局长（后任中国长城计算机集团公司总经理）回忆："我们的想法是，虽然中国在搞改革开放，但对外开放必须以我为主，不能被人家牵着鼻子走。所以，我们最重视的是通过办合资企业拿到 IBM 的技术，特别是高新技术。但这显然背离了 IBM 的初衷，他们看中中国的唯有市场，技术他们根本不会考虑给我们。"

　　谈判自然宣告破裂，但大家还是从和 IBM 专家的交流中获得了收益，并形成了一套完整的中国自主研发微机的清晰思路：引进国际先进技术、设备和器件，集中组织一批青年骨干，封闭开发。很快，计算机管理局便从科研经费中拨出 30 多万元的专项费用，并从电子工业部下属单位抽调了十几个平均年龄只有 24 岁的技术骨干，组成了"微机开发小分队"。当年只有 38 岁的卢明，成了这支小分队的队长。

"从 20 世纪 80 年代到 90 年代初，长城集团与英特尔公司合作的关系非常松散，只是买卖关系，而且长城集团是英特尔在中国唯一的 OEM 伙伴。到了 20 世纪 90 年代中期，在英特尔在中国的 OEM 合作启动后，长城集团与英特尔的关系变得越来越紧密，从买卖关系走向信息互通的经济合作关系。"

长城集团在与英特尔的合作中学会了技术、市场分析，还学会了从项目策划到全球分期分批运作。1996 年是长城集团与英特尔合作的转折点，5 月 7 日，长城集团获得英特尔最新母板设计技术。这次技术转让合作协议是 5 月 6 日英特尔与电子工业部签署的合作协议的子协议，是专门为在中国生产、销售奔腾微处理器的 PC 而签署的。当时英特尔副总裁兼亚太区总经理马宏升在签约仪式上说："PC 制造中，母板设计是至关重要的。我们与长城集团签署此次合作协议，是为了中国和世界 PC 业同步推出最新的 PC。"电子工业部计算机司代表讲话，称此次签约是强强联合，世界上最大的微处理器厂商与中国大的 PC 生产厂商的这一合作是中国和世界计算机业界的盛事。

长城集团与英特尔的第二次技术合作大约在 1997 年，当时英特尔公司在推出 MMXTM 毫米 XTM 之后，长城集团大力度地进行了推广，召开了视频会议。这次技术上的合作较母板转让更深一层。长城集团派人去美国英特尔实验直接开发、认证相关技术。可惜当时技术应用太超前，加上电话线路带宽不够，以不了了之而告终。当时我方与英特尔合作时最大的困惑是，英特尔公司对低端市场的做法太保守，几乎拱手相让给 AMD。

更加值得记忆的是中国第一台 IBM PC 兼容机——长城 0520CH——的诞生。1980 年，05 系列和 06 系列两个研究小组朝着两个不同方向开发中国自己的微处理机。那一年，在北京西苑大旅社召开了有 300 多人参加的全国性计算机会议。会上 05 系列研究小组公布了其研究成果 054 机。

第四机械工业部电子技术应用研究所（六所）有一个微处理机研究室，下设两个组：一个组为英特尔系列，即 05 系列；一个组为摩托罗拉系列，即 06 系列。这也是二三十种微处理器中最有名的两个系列。此时，六所从事微处理机的工程师必须既会设计硬件，又会设计软件，还要自己调试，自己画板子。进六所后需要学习的第一本书就是《微处理机芯片及外设芯片设计》。

1982 年年中，一个研究计算机单板机的小组被派到日本，他们的任务是在日本重新开发一个单板机，然后将单板机变成一个完整的机器。很明确，那时候搞计算机就是把小机器变成大机器。先弄一个主机板，然后接大一堆的外部设备，如大型打印机、光电输入机、穿孔机等。1982 年 11 月，这个小组从日本回来汇报工作。此时，四机部六所已经改称电子工业部六所。跟六所有合作的香港商人带来了一台 IBM PC。一个盒子，两个软盘，一个键盘，还带一个显示器，很小巧，真正有了点 Personal 的意思。六所负责人认为，这应该是将来微机的发展方向，他要求"照着 IBM 的 PC 做"，虽然没有任何设计图纸可参考。

1983 年 2 月，国家计算机工业管理局在酒仙桥召开全国计算机协调工作会议，把生产 IBM PC 兼容机定为发展方向。六所计划在 8 月的全国计算机展中拿出自己的第一台 PC，05 系列也已经被定为国家六五计划重大产品，计划经济的部署这时体现出了高效率。酒仙桥会议上当场开始落实这件事情：一是生产计划，二是研发计划。生产计划落实到全国各部门各个厂进行配套：这个厂子配套机壳，那个厂子配套电源……但是研发计划却遇到了困难。当时 IBM PC 用的是 IBM DOS，可是我们需要自己的中文系统。与会的 100 多家大专院校、研究机构没有一家敢承担，因为离全国计算机展只有 5 个月了，专家们认为在当时的条件下让 PC 在 5 个月之内具备汉字功能不大可能。六所的研究员从酒仙桥回来后很郁闷，她跟没有参加酒仙桥会议的同事严援朝说了这件事情："这个事情够难的，没有人敢提中文系统，8 月我们拿什么去莫斯科展馆（北京展览馆）。""那还不容易，汉字系统有什么难的。"严援朝一口大话。

1983 年 3 月的一天，电子工业部计算机工业管理局副总工程师来找老同事严援朝："小严，听说你对汉字系统有自己的想法，你能为我们自己的计算机做个汉字系统吗？"严援朝略微沉吟，一咬牙："我想我可以做。"副总工程师喜出望外："你要什么条件？"严回答："我要当头。"不久，六所收到了计算机局的命令，要求由六所来实施汉字系统研发并落实了两个课题组：一个是汉字系统课题组，由严援朝负责；一个是应用课题组，基于汉字系统。

次月，助理工程师严援朝领着四个刚毕业的三个大学生、一个中专生开工了。六所只有一台 IBM PC，严援朝只在每周星期二下午有四个小时的使用时间。严援朝跟领导打了个"小报告"："这活我没法干，没上机时间啊，除非反过来，给我5 天半的机时。"领导很痛快地答应了。4 月底，六所将这台机器调拨给严援朝的系统课题组，半个月之后再由电子部从香港进口一台机器给应用课题组。可是接下来，严援朝意想不到的事情发生了。第一天上机时，一个大学生把计算机接到了 220 伏电源，可是这台计算机用的 110 伏电源，机器烧了。严援朝急疯了，没有别的办法，只有再找领导。领导说："小严你别太着急，我来给你想办法。"他把计算机拿给738 厂，挨个部件测试。好消息传来，机器没坏，只是电源烧了。又过了二十天，电新源被从香港带回来了。

1983 年 5 月 20 日，计算机局在南京召开六五计划会，32 岁的严援朝很紧张，他做了一个关于汉字系统的报告，提出了"软方案和硬方案"两种方法，最后因为时间紧迫，所以计算机局确定实施软方案。1983 年 8 月，长城 100 在北京展览馆正式亮相了，当时这台彩色的、可以显示汉字的计算机很是吸引大家，展位附近人头攒动，很多人打听并且要求购买。

电子工业部给这台机器正式分配了序列号，0520 A，这是顺延英特尔 05 系列下来的，从 054、053 到 0520，其中的"20"表示是 16 位计算机。当时安排 738 厂生产，并规定，以后生产厂商可在 0520 前面加上自己的品牌。

1983 年 10 月 23 日，严援朝代表计算机局带着 0520 样机参加日内瓦的"国际电信展"。这是严援朝第一次出国。0520 也是第一次走上国际舞台，并且，把苏联的"054"比下去了。从日内瓦回来后，长城 0520 开始了"进海工程"。1983 年年底，中南海党政办公机构需要计算机，要求增加新的外部设备，需要增加 24 针打印机来打印汉字，需要 24×24 点阵。当时计算机服务公司有这个字符点阵，计算机局让严援朝要来这个点阵，把它配到其汉字系统里面去，使它能够打出字形比较好看的汉字。这样，中文操作系统 CCDOS 诞生了。

1984 年年初，严援朝圆满地完成了长城 0520 的工作，想着该干点别的了，于是他报了六所的一个日语学习班。有一天，领导打电话给严援朝说："一年前你提过两个方案，机器出来了，现在我们也生产了。小严，你看现在是不是把硬件方案也做出来？"同年 6 月，新的研究小组成立。8 月，从 738 厂调了三个工程师，从清华大学调了两位教师，再加上以前在日本研究过单板机的工程师，一行几人由严援朝带队到香港去研究长城 0520 的下一代机器。同时，卢明领导另外一个小组跟 IBM 合作，开发新的汉字处理软件 HW。

1985 年春节，严援朝带着两块图形板回到了北京。在内部展示时，大家嫌慢。于是，又从 738 厂调了两个工程师去香港，第一梯队的清华教师回北京后换了第二批两位教师。回香港之后，严援朝他们开始实现"自己认为最复杂的一个方案"。同年 5 月中旬，严援朝又一次回到北京，带着芯片上还打着线的样品。月底，在香港生产的第一台样机也回来了，国内一审查，专家们异口同声："通过。"一台软、硬件汉字系统配备周全的国产计算机出来了，那就是 0520 CH。

四、系列产品

1997 年，推出第一台国产具有英特尔 MMX 微处理器的微机、第一台国产使用英特尔 P Ⅲ 微处理器的微机、第一台国产使用英特尔 Pentium Pro 处理器（具有多处理器能力）的服务器。1998 年，推出具备先进的操作系统和完整功能的金长城"小神通"掌上电脑，开发了 MTV 时代先锋媒体电脑组合系统。1999 年，推出第一台国内预装 Linux 系统的台式品牌机——飓风 699 机型。

1999 年，自主研发 ADSL 调制解调器和 Cable Modem 正式介入宽带网络体系方案，开创性地提出了以 IP 网络技术为核心的长城宽带网络系列方案。

在 2005 年前后，长城推出了 E570 系列笔记本电脑，稍后推出了面向低端用户的、具有高性价比的 E530 笔记本电脑，配备了奔腾 M 735 处理器、910GML 芯片组、512 MB DDR2 内存。长城 E530 售价仅为 5 399 元，和之前评测过的长城 E570 相比，可以说长城 E530 是实用型笔记本电脑。这是一款定位于低端的商务笔记本电脑，它更多地体现了简单的设计理念，银色、黑色是商务人比较钟爱的两种颜色。E530 采用主流的 14 英寸宽屏设计，最佳分辨率达到 1 280×768 像素，比较遗憾的是长城 E530 的屏幕并非镜面屏设计。

长城 E530 的键盘在实际使用中感觉按键手感适中，键程较短，弹性一般。电脑键盘右下方键位设计比较独特，除了常见的方向键之外，还设计有两个功能键，可实现浏览网页时的翻页功能。

2006 年 6 月 29 日，我国著名的 IT 厂商长城电脑联手国际芯片巨头英特尔公司在京发布了国内首款酒店 PC——世恒 V 系列商用电脑。这是一款专门为酒店行业应用而量身定制的产品，无论是外观设计还是功能配置都充分考虑了酒店行业的应用环境和应用需求。酒店 PC 的推出填补了我国酒店行业信息化产品的空白，对于促进酒店向数字化、智能化发展，提升酒店在数字时代的管理、服务能力具有"里程碑式"的意义。这也是长城电脑继安全 PC 和网吧 PC 后推出的又一款具有行业针对性的商用 PC。它采用 15 英寸液晶一体机设计，英特尔赛扬 D 处理器，定制 Linux 无硬盘方案，电脑直接连接到酒店的服务器，安装电视卡后可以收看电视。

其后推出的世恒 9000 系列具有"安全、节能、抗耗、环保"四大特色且全线通过国家"防雷认证"，并在国家沿革的可靠性鉴定实验中，无故障使用时间达到了 70 000 小时，超出了国家标准 66 000 小时。

除上述保障外，为了更好地帮助企业管理人员和 IT 专业人员了解整体企业计算机环境，加速企业网络的运行效率，减少维护的时间和降低成本，世恒 9000 系列还添加了 PC 网络管理系统，可对远程客户机的软件、硬件及网络信息等进行集中管理与维护，具有资产管理、软件分发、OS 分发、软件审核、硬件锁定、远程网络配置、远程控制、AMT 主动管理（需硬件平台配合）以及客户端自主维护功能，能够高效、

图 6-6　长城世恒 9000-9050E 计算机

远程、自动地完成大批量客户机的日常管理与维护工作，全面、快速、智能化地管理与维护企业 IT 资产，追踪资产变更情况，审核软件使用权限。随机配备的救护中心软件，能够实现驱动程序智能部署、硬盘数据备份、硬件故障诊断修复和灾难恢复等功能。

　　面对行业用户使用强度大的特殊应用环境，世恒 9000 系列还对键盘、鼠标等易耗部件专门做了抗耗损处理，例如键盘可以抗击 500 万次的敲击，大大延长了使用寿命。这次与英特尔联手推出的酒店 PC，是以长城电脑强大的产业链整合能力、跨行业整合能力、完善的解决方案和上游厂商的支持为基础的，是长城电脑对市场需求的又一次快速反应。

第二节　联想电脑

一、历史背景

1984 年 11 月，中国科学院计算机所及其下属的公司成立不久便研制成功联想汉卡并投放市场，可以装在进口的计算机上实现拼音、区位、五笔字型等十余种字体的输入，具有灵活处理中文信息的功能。1988 年，北京联想计算机集团公司（以下简称"联想集团"）成立后开始研制联想系列微机。创始人柳传志带领 10 名中国计算机科技人员前瞻性地认识到 PC 必将改变人们的工作和生活。怀揣着 20 万元人民币（约合 2.5 万美元）的启动资金以及将研发成果转化为成功产品的坚定决心，这 11 名科研人员在北京一处租来的传达室中开始创业。

1990 年 10 月，首先研制的联想 286 微机通过部级鉴定，同时研制成功微机主机板、扩展卡、专用超大规模集成电路芯片（AISC）、自动测试卡和支撑软件在内的整套产品。以后联想集团相机开发出了联想 386SX、386DX、486、EISA486/50、66 系列微机和主机板。此时的联想集团已经由一个进口电脑产品代理商转变成为拥有自己品牌的电脑产品生产商和销售商。

1994 年，联想集团在深圳联合 21 家国有企业组建了国内最大的微机板卡出口生产基地。1995 年，在广东惠阳建成新的板卡生产基地，成为亚洲最大的微机板卡生产基地之一。在此期间，联想集团先后开发出包括"联想商用电脑""联想家用电脑""笔记本电脑""服务器""工作站""新概念电脑"等六大系列和"电脑小秘书""幸福之家""我的办公室"等软件产品及"商博士""网博士""电子教室"等应用产品共 600 余种型号。1992 年，联想集团率先在国内推出了适合中国国情的"1+1"

星座系列多媒体家用电脑，将多媒体技术、视频技术和通信技术引入电脑，并开发和配置了适合家庭使用的软件，成为国内家用电脑销量第一的品牌——联想系列微机。

1993 年，联想进入"奔腾"时代，推出中国第一台 586 个人电脑。

1995 年，产销量为 10.5 万台。1998 年，跃升至 76 万台。至 1998 年，累计产销量达 161.43 万台。联想微机板卡包括主机板、显示卡、扩展卡、电脑声效卡、电脑电视卡和 AV-LOCK 防病毒加密卡、二合一多媒体卡等。1998 年，第 100 万台联想电脑诞生时，英特尔总裁安迪·格罗夫出席典礼，并将这台电脑收为英特尔博物馆的馆藏珍品。当年公司更名为北京联想控股集团，其庞大的专卖店体系开始建立。

2003 年，联想集团宣布使用新标识"Lenovo"，为进军海外市场做准备。基于"关联应用"技术理念，在信息产业部的领导下，联想集团携手众多中国著名公司成立 IGRS 工作组，以推动制定产业相关标准。2004 年，联想集团成为第一家国际奥委会全球合作伙伴中国企业，为 2006 年都灵冬季奥运会和 2008 年北京奥运会独家提供台式电脑、笔记本电脑、服务器、打印机等计算技术设备以及资金和技术上的支持。同年，着重推出为乡镇家庭用户设计的圆梦系列电脑以开拓中国乡镇市场。

2005 年 5 月，联想集团完成了对 IBM 全球 PC 业务的收购，国际化新联想正式扬帆起航，这标志着全球第三大个人电脑企业的诞生。在海南博鳌隆重召开了联想集团历史上规模最大的一次合作伙伴盛会——2005 中国合作伙伴大会。

2010 年 9 月，联想集团在上海举办了 2010 年商用技术发展论坛。在这场主题为"以简驭繁、卓越之道"的论坛上，联想集团发布了商用技术发展策略。次月，联想集团与成都市政府举行签约仪式，宣布首期投资超过 1 亿美元，在成都建设集生产、研发、销售运营三个中心于一体的联想（西部）产业基地。同年 11 月，联想集团以"移动互联""一体台式机""云计算"三大主题产品和技术，亮相第十二届高新技术成果交易会。2010 年，移动互联开发者大会在北京举办，联想集团在会上公布了联想应用商店"乐园"的发展策略。联想集团还推出了 1 亿元人民币规模的"乐基金"支持中国本土应用开发企业快速、健康成长。

2011 年 1 月 27 日，联想集团与日本 NEC 公司宣布成立合资公司。联想集团控制合资公司 51% 股份，NEC 公司持有 49% 股份。并购后的联想 NEC 控股公司成为日本最大的 PC 厂商。当年联想集团凭借 216 亿美元的营业额再次入选《财富》世界 500 强，在《财富》2011 全球最大的公司榜单中位列第 449 位，这是继 2008 年首次入榜以后，联想集团再度跻身《财富》年度榜单。市场研究机构发布的市场报告显示，联想集团已超越宏基，重新登上全球第三大电脑制造商宝座。稍后一大批其他跨国公司的高管加盟，加快了其业务整合和国际化的进度。同年，市场研究公司发布统计数据表明，联想集团出货量已经超越戴尔，成为全球第二大 PC 厂商。

2011 年，创始人柳传志卸任董事长一职，担任联想集团名誉董事长，由 CEO 杨元庆兼任集团董事长。同年，联想集团在北京举行移动互联战略暨新品发布会，宣布启动"个人云"战略并推出覆盖智能手机、平板电脑、个人电脑和智能电视四大品类的全新一代乐终端。联想集团在北京举办第二届移动互联开发者大会，围绕"个人云"战略，向广大开发者推出技术、资金、平台及增值服务等一系列支持政策。

2013 年 1 月 5 日，联想集团宣布新的组织结构，建立两个新的端到端业务集团：Lenovo 业务集团、Think 业务集团。2014 年 7 月 24 日，联想集团在北京推出联想互联网创业平台 NBD（New Business Development），并发布了该平台"孵化"的首批三个创新产品：智能眼镜、智能空气净化器和智能路由器。

2014 年 9 月 29 日，联想集团宣布已完成收购 IBM X86 服务器业务的所有相关监管规定，10 月 1 日正式完成并购。2015 年 4 月 15 日，联想集团发布了新版标识图形以及新的口号"never stand still"（永不止步）。

二、经典设计

1998 年，联想集团的第一部液晶台式一体化电脑——联想天鹭一体化电脑——问世，将显示器、主机、驱动器等融为一体，考虑使用的整体性和品牌系列性，尽可能减少对空间的占用。同时发布的天琴 1+1 家用电脑则整合了当时 IT 产业的整体

图 6-7　联想天鹭一体化电脑

图 6-8　联想天琴 1+1 家用电脑

技术，创造和满足了当时中国家庭用户对家用电脑的功能需求和心理需求，在设计中综合考虑了企业品牌形象、用户满足、IT 科技和生产制造等多项因素。

　　1999 年，联想集团推出了一款"天禧"互联网电脑，当时很多国人还不太清楚互联网的具体概念。联想集团以让中国用户充分享受网络带来的便利为出发点，及时开发了提供全新易用体验的互联网电脑。这款电脑在以满足用户需求为焦点的同时，为联想集团带来了巨大的商业成功，并持续热销了 3 年之久。从 1999 年的天禧互联网电脑，到 2003 年的天骄电脑乃至 2005 年刚刚上市的天骄 A 电脑，联想集团把产品的软、硬件综合创新，将其作为重要的竞争力延伸到各个产品上代表品牌特征的创新语言，并持续深化和完善。

　　天骄 A 电脑是一款顶级多媒体家用电脑，拥有电脑和家电双重模式，且可无线与电视关联，使得用户不仅可在书房使用，还可以在客厅与家人分享多媒体信息。在造型上，摒弃了传统的立式机箱，借用青铜时代的"鼎"的形式，使产品成为独特的方形，使其更适宜在桌面放置。同时，通过将不同功能区域化、体块化分割，突出产品模块化的功能。利用镜面、珍珠漆、电铸等先进的材料工艺，体现产品的精致家电感。蓝色的十字灯效更加烘托出产品的高科技感，同时集团还形成了联想高端产品独特的识别符号。

第一代的联想 YOGA 于 2012 年 10 月 12 日正式发布，它用创新的 360 度翻转轴震惊了全世界。这款 13 英寸可触控型超级本，不仅符合超级本规范下的所有属性，同时还支持 360 度自由翻转屏幕功能，独特多样的使用形态吸引了不少人的眼球。它不仅是一款跨界新品，而更重要的是其装载了具备触控支持更好的 Windows 8 操作系统。第一代联想 YOGA 作为全球首款 360 度可翻转超级本，其设计灵感来自东方的"瑜伽柔术"，以此表现产品的活力以及应变性。

2013 年 11 月，第二代联想 YOGA 正式发布，YOGA 2 Pro 最直观的改变就是那块分辨率为 3 200×1 800 像素的 IPS 屏幕。在当时算是为数不多配备 3k 分辨率显示屏的产品，其厚度够薄且带触摸，可以说是大胆的设计，让人眼前一亮，也确实具备比肩苹果 Retina MacBook 的能力。

YOGA 3 Pro 可以说是联想集团在 2014 年年末最为重磅的一款产品，但它轻盈的产品形态却与"重磅"二字相去甚远，得益于英特尔酷睿 M 平台，YOGA 3 Pro 相对于前代而言，12.8 毫米的厚度实实在在让这款新产品更加轻薄，看上去更加具有科技感。使用者在触摸产品的瞬间，会有更好的手感，产生使用的冲动，由此导致购买行为的发生。早年中国台湾省一些从事电脑设计的设计师们在经历了与苹果电脑的合作，特别是具有了部分委托设计的经验后，曾经提出在设计中要善于创造"手

图 6-9　联想天骄 A 电脑

图 6-10　YOGA 2 Pro

感经济效应"的观点，YOGA 3 Pro 的设计可以理解为设计师为此所做出的努力。当然，除此之外，联想集团在品牌结构方面的改变也表现得十分明确。在此以前"联想"作为一个企业品牌与产品品牌所形成的是一个"拉"的关系，即用企业品牌去带动产品品牌，一如"联想 – 天鹭、联想 – 天骄"那样，而 YOGA 的出现一定具有更重要的使命。

　　第四代 YOGA 在 2016 年 11 月正式发布，最引人注目的是 YOGA 系列正式成为独立品牌，印在了产品的顶盖上。键盘设计是 YOGA 4 Pro 改变最多的地方。相对于前代产品来说，YOGA 4 Pro 的键盘整体进行了上移，所以可以看到顶部空间变小了不少。此外，其按键由前代的五排增加为六排，因而使得一些笔记本电脑常见的功能键得到回归，YOGA 4 Pro 的键帽区域也比前代更宽一些。通过设计的创造性呈现了产品四维全景应用：笔记本式 (Notebook)、平板电脑式 (Tablet)、立式 (Stand) 和帐篷式 (Watch)，实现了商务办公与生活娱乐的完美融合。

三、工艺技术

　　如果说第一代 YOGA 仅仅是用创新的 360° 翻转轴震惊了全世界，形成了强烈的产品"登场感"，第二代则在技术的诉求方面长袖善舞，屏幕采用了更细腻的

3 200×1 800像素分辨率，全高清 IPS 广视角炫彩屏，支持十点触控，扬声器全阵列式抗噪麦克风，支持立体声的耳机。产品厚度为 17.3 毫米，电池可续航 8 小时。硬件上则搭载了第四代英特尔酷睿超低电压处理器，运行 Windows 8.1 系统。对第一代的产品优化，在性能上的升级，目的是使其更适应当时主流的笔记本电脑需求。

2014 年，联想集团推出了一个全新的系列产品 YOGA 2，与之前的定位不同，在保持原有灵活性的同时在价格上更便宜。YOGA 2 提供有 11 和 14 英寸两个版本，性价比更高，面向的用户群体更加广泛。

第三代 YOGA 于 2014 年 10 月 10 日正式在国内发布，由 885 个零件组成全新的表链式转轴成为技术和工艺的亮点。每一个金属扣之间紧密相连，中间穿插着链状结构，给人极强的视觉冲击力。同时，在机械感、科技感方面，也有着鲜明的展现。这种设计在以往的科技产品中很少见。此外，屏幕铰链横亘整个机身与屏幕连接部分，为 360° 翻转提供了更加扎实稳定的支撑。设计背光键盘，电池可续航 9 小时。CPU则采用第六代智能英特尔酷睿 Skylake 双核处理器 i5-6200U。

YOGA 4 Pro 升级了性能更加强劲的酷睿 i 处理器，机身厚度有一定的增大，并且进一步优化了转轴的阻尼，开合体验更佳。上述技术与工艺有效地支撑了 YOGA成为独立品牌的诉求。

图 6-11　YOGA 3 Pro 14

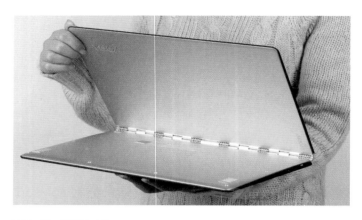

图 6-12　YOGA 4 Pro

四、品牌记忆

姚映佳是联想集团副总裁，设计与用户体验负责人。作为联想第一位创新设计人才，他从无到有地创建了一支跨专业、多文化、多地域的联想设计团队，参与、引导和支持了联想品牌从起步到腾飞的发展历程，带领联想集团设计团队成为引导全球创意潮流的重要力量。

关于设计如何为企业带来价值，他的回答是："从企业运作的角度来说，最终的目的是为用户、市场包括这个产业创造价值。当然在企业运营过程中，必然有很多的企业行为最终产生对用户有影响的服务，这些服务包括硬件产品、软件产品以及网上的服务等。为此，我们将其综合地称为用户体验系统，在这个系统中设计部门所能够带来的宏观上的价值包括当企业为用户提供一系列体验方案时，它必将会对消费者的生活形态和生活内容产生影响。换句话说，当我们提供一种更为时尚的移动类电子新产品时，会带来新的用户体验变化，同时这种体验变化也可能使其成为用户生活中必不可少的一个元素。所以从大的角度来讲设计能够切实带来生活方式的变化，这些都是宏观上为社会发展所带来的价值。"在他的领导下，为了实现更加具体的微观价值，联想的设计是围绕着 5 个方面展开的：为了产品的设计，为了人的设计，为了组织的设计，为了产业的设计，为了社会的设计。这 5 个方面的设计都能带来价值。联想集团所提供的产品或解决方案的细节，包括功能、形态、触感、视觉、味觉等，都是设计作为实现产品所带来的非常具体的价值，这些都可以视作更为微观的价值。

一般对于创新设计的理解往往是设计要走极端，但姚映佳认为"平衡"在设计创造价值过程中具有积极的作用。联想的设计提倡"没有最好的设计，只有更恰当的设计"的理念，所以产品的设计并没有一味地追求极致的方案，因为极致的方案会带来许多附加的成本以及其他的不可控因素的影响，在平衡技术、制造、成本、企业品牌以及用户需求、文化和大的消费趋势的过程中找到切入点，并且找到相应的解决方案才是设计的目标。同时，一旦锁定用户以及明确了商业定位，设计才能够有勇气去制造新的不平衡，也就是说可以在平衡的思考过程中，构建一个更加具有创造力的设计开发和解决过程。这可能会打破一种平衡，在某一方面为用户带来更为极致的体验。例如，我们让移动通信设备更为轻薄，同时解决了制造成本以及绿色环保的问题，这个时候看起来做了一个极致的、不平衡的追求，但实际上过程是平衡的。

他认为在未来最重要的是产品和用户体验开发过程的丰富化、更多的专业同时合作，这就需要非常顺畅的团队协作渠道，以实现多知识领域方面的协同，所以在

图 6-13　姚映佳（中）及 YOGA 概念笔记本设计团队

未来需要的是专业的通才。在将来无论是设计师还是其他领域的从业人员都要具备跨专业的思考能力，同时也要有自己非常清晰的专业价值，只有在这样的情况下才能更好地参与平衡的过程，在这个过程中凸显自身的价值。你可以将很多不相关的要素变成相关联的要素，我们可以将这个过程视为制造平衡的过程，也可以将其视为如何创造性地解决我们当前在提供卓越产品体验和设计方案过程中所带来的社会问题和公益问题的方法和过程。未来想要达到很好的"平衡"，这种多专业的协同非常重要。

他认为设计的价值需要进行管理，要将设计完全地融入消费者的习惯之中，借助科技让消费者享受全方位的使用体验。这一观点使得联想在电脑产品创新设计上一直处于领先地位，而 YOGA 概念笔记本设计团队则以自己的开拓性实践为这种观点做了更加准确的阐释，集灵活性、可用性、和谐性及个性等创意点于一体的笔记本电脑设计立足于人本及个性，并且拥有可以自动识别用户的视觉识别系统等要素成为全新用户体检的亮点，因而荣获了富有设计奥斯卡之称的德国红点设计至尊奖，同时也更好地锻炼了年轻的设计团队。

五、系列产品

1993 年，联想集团进入"奔腾"时代，推出中国第一台 586 个人电脑。1995 年，联想集团推出第一台联想服务器。1996 年，联想集团第一台笔记本电脑昭阳 S5100 问世。

2003 年，联想集团成功研发出深腾 6800 高性能计算机，在全球超级计算机 500 强中位居第 14 位。

2006 年 8 月，联想集团推出了两款面向中国大客户市场的商用台式电脑新品——新开天、新启天，联想新开天正式成为首款支持 2008 年北京奥运会的台式电脑。在本次发布会上，联想集团和北京奥组委举行了隆重的"首款奥运机型"赠机仪式，将首台新开天电脑赠送给北京奥组委。

图 6-14　联想 586 个人电脑

图 6-15　联想第一台笔记本电脑昭阳 S5100

2008 年 1 月，联想集团宣布首次在全球推出 IdeaPad 笔记本和 IdeaCentre 台式电脑系列产品，并宣布进军全球消费 PC 市场。联想 IdeaPad 系列笔记本电脑在美国第 41 届国际消费类电子产品展览会（简称 CES 展）中获得好评，其中 IdeaPad U110 获 "*Laptop*-CES 最佳笔记本" 及 "CES 电脑 / 硬件最佳展品（CNET Best of Show–Computer/Hardware）" 两项顶级荣誉。IdeaPad U110 是一款轻薄小巧的 11 英寸宽屏笔记本电脑。作为一款时尚、人性化的产品，它周身披着美丽的唐草花纹，通过金属蚀刻的方式，创造出高贵的凹凸触感，让使用者感到自然的愉悦。产品底部，

图 6-16　深腾 6800 高性能计算机

图 6-17　IdeaPad U110

图 6-18　ThinkPad X300

本来单调的散热孔被设计成具有中国特色的窗格，让用户携带时无论哪一面都可以欣赏。"小体积、大世界"是这款产品的杰出之处，整个产品小于一张 A4 纸，最厚处只有 22 毫米。打开笔记本，下沉轴的设计使它呈现出优美舒展的侧面曲线，增大了屏幕与用户的手、眼的距离，改善了小型笔记本的使用姿势。无边距整体屏幕的设计使用户有如同观赏宽银幕一样的感觉，同时屏幕周身整体简洁，对用户的视线没有任何干扰。

2008 年 3 月，联想集团在北京发布了 13 英寸全功能超轻薄的笔记本 ThinkPad X300，作为全球同类产品中最轻盈、功能最齐全的产品，联想在 ThinkPad X300 上集成了数十项业界最先进的技术，其最薄之处仅为 18.6 毫米，质量仅为 1.33 千克。

2010 年 1 月，联想在美国拉斯维加斯正式发布移动互联网战略，并推出其第一

图 6-19　智能本 Skylight

图 6-20　IdeaPad U1

图 6-21　IdeaPad U160

代移动互联网终端产品：智能本 Skylight、智能手机乐 phone 和全新创意的双模笔记本电脑 IdeaPad U1。其中联想 IdeaPad U1 双模笔记本电脑荣获 CNET 颁发的电脑和硬件类"CES 最佳产品奖"。2010 年 4 月，联想在北京举行了移动互联战略暨新品发布会，宣布在中国正式启动移动互联战略，并推出 Phone、Skylight、IdeaPad U160 等移动互联终端。2010 年 6 月，联想科技世博媒体探营暨服务器新品发布媒体沟通会在上海举行。会上，联想发布了科技助力世博的重点产品——联想 R680 G7 服务器，联想集团为乐 Phone 用户体验世博而量身定制的三款应用也在会上一并亮相。

2011 年 1 月 7 日，联想集团在国际消费电子展（CES）上向全球首次推出平板电脑乐 Pad，将平板电脑的移动性与主流笔记本电脑的强劲计算性完美融合。此外，

图 6-22　联想 R680 G7 服务器

图 6-23　联想首次推出平板电脑乐 Pad

图 6-24　平板电脑乐 Pad K1

联想集团在此次 CES 展上还推出了 Think 和 Idea 的丰富产品组合。同年 3 月 28 日，联想集团在上海宣布其首款平板电脑——乐 Pad——正式上市。这是联想移动互联及数字家庭业务集团成立后推出的首款精心研制的平板电脑，此次共推出 4 款不同配置的产品，分别为 16G 和 32G 的 WiFi 版和 3G 版。同年 7 月 20 日，联想集团在全球发布三款平板电脑：为消费者设计的平板电脑乐 Pad K1、为商务人士设计的 ThinkPad 平板电脑以及基于 Windows 操作系统为家庭和办公室使用的 IdeaPad 平板电脑 P1。2012 年 1 月 10 日，联想集团携智能电视 K91、一体台式机 A720 及混合架构笔记本电脑 YOGA 等 20 余款新品在美国举办的国际消费电子展（CES）亮相，一举斩获了 23 项大奖，领跑全球。

第三节　其他品牌

1. 四通中外文字处理机

四通中外文字处理机是一种小型电脑，它集键盘、液晶显示屏、中央处理器、字库和打印机于一体。就专业计算机而言，四通集团开辟了"傻瓜"机领域。1986 年，由四通集团研制开发的第一代 MS 系列文字处理机——MS-2400——诞生。

1984 年 5 月，一批科技人员借款 2 万元创立了北京市四通新兴产业开发公司，该公司成立之初主要业务是销售日本 Brother 公司的 2024 打印机。由于配备了汉字驱动软件，而且价格比官方进口的同类产品便宜一半以上，因此第一年就取得了 900 万元的销售收入。这是该公司掘到的"第一桶金"。次年该公司在对当时国内计算机市场进行调研之后得出两点结论：一是 80% 以上的计算机只是从事单纯的文字处理工作，二是用计算机来进行文字处理不仅操作烦琐，而且价格昂贵。于是，该公司便根据市场的这种需求，研制出一种专门用于文字处理的文字处理机。北京大学语言学专家王力教授之子，任职冶金部自动化所的王辑志因为创业无门，经该公司七董事之一王安时介绍加入四通开发中文文字处理机。为解决开发资金，他们通过北京三井事务所找到日本三井物产株式会社物资部部长石田邦夫，对方答应投入 100 万美元。开发小组由 4 个人组成：王玉钤负责打印驱动软件；孙强负责显示驱动软件；张月明作为大家的助手；王辑志负责总体设计，并负责文字处理软件和拼音输入法的开发。开发历时 8 个月，于 1986 年 5 月该公司成立两周年庆典上正式推出 MS-2400 中文电子打字机。M 代表三井（Mitsui），S 代表四通（Stone），24 是打印头的针数，00 表示第一代。

当时中国还没有能力自己生产电脑和打印机，都是购买进口的国外产品。由于关税过高，一台普通电脑售价通常高达 5 万元人民币，四通打字机将电脑和打印机的功能融为一体，售价却只有两件单独设备的十分之一左右。过去中文打字都使用

图 6-25 四通中外文字处理机

用字盘很大、使用很笨拙、只有一种字体的铅字打字机，电子打字机的出现是对传统打字机的颠覆和革命。1986 年，北京四通集团公司成立，20 世纪 80 年代的四通公司以每年 300% 的增长率高速发展，四通文字处理机国内的市场占有率达到 85% 以上，为中国办公自动化事业的进步做出了重大贡献。

四通中外文字处理机能在中国市场上畅销不衰，究其原因有以下方面：首先由于该产品的软件编排和硬件设计适合国内国情，所以刚一推出，便以自己特有的性能和先进的处理速度在中国文字处理机的市场领域里占领了先机，市场需求量与日俱增，很快就供不应求了。其次是专业化、规模化的生产。集团下属四通办公设备有限公司是四通中外文字处理机在国内的专业生产制造厂，由四通公司与日本三井物产株式会社合资兴办，年产四通中外文字处理机超过两万台，为其形成规模化的生产奠定了基础。再次是把产品质量作为企业的生命，四通的质量管理和质量检验部门拥有绝对的质量否决权，对所产生的四通中外文字处理机实行全员、全过程质量管理，认真检验，层层把关。在 1990 年进行的市场调查中，几乎百分之百的用户认为四通中外文字处理机开箱合格率达 99%。最后是注重高技术产品技术服务，使产品在用户手中最大限度地发挥效益。从销售第一台中外文字处理机开始，四通公司始终坚持对所出售产品实行免费培训和保修服务，并保证备品备件的充足供应。与此同时，四通公司还在全国各主要城市设立了 OA 教室和特约服务中心，负责四通中外文字处理机在全国的培训和维修，把服务工作推向了全国，形成了遍及全国的规模服务体系。

四通中外文字处理机一直畅销，但四通公司始终坚持以批发为主，扩大销售规模，占据市场份额的经营方针。1990 年的批发和零售比例为 95：5。四通公司在全国拥有几百家经销点，并初步建立起一个相互联系密切的、分层次的、强有力的现代销售体系。四通公司十分注重广告宣传，每年从销售额中提取相当数量的广告宣传费用，来进行高质量、高规格的广告宣传。当时四通中外文字处理机的知名度很高，有许多单位在购买文字处理机时都指名够买"四通牌"的。四通公司后续推出了 2400、2401、2403 和 2406 型产品。其中 MS-2403 中外文打字机当时是国内外第一台具有繁、简两种汉字并有相互自动转换功能，图形、图表可瞬间生成，可编辑国家机关标准公文格式和十种外文语种的文字处理机，具有高速输入、显示、记忆、编排、印字功能，标志着当时中国信息处理技术和办公自动化产业一个新的高度。1990年，由四通公司自行研制、生产的第十万台四通中外文字处理机诞生了。该产品多次获得大奖，包括首届北京国际博览会金奖。

2. 东海电脑

在国外微型计算机蓬勃发展、应用范围不断扩大的情况下，上海市从20世纪70年代中期起进行微型计算机技术的调研和资料的收集、消化等工作。1980年12月，上海长江电子计算机厂和上海工业大学合作，采用上海无线电十四厂研制生产的国产四片微处理器芯片，开发成功字长为8位的DJS-051微型计算机，这是上海地区开发成功的第一台自行设计和采用国产元器件组成的微型计算机，共生产134台，并率先在国防、工业控制中得到初步应用。1981年7月，上海电子计算机厂在电子工业部第六研究所和清华大学的支持下，研制成功以英特尔8080为CPU的DJS-054微型计算机。该机字长为8位，内存容量为48KB，采用S-100总线和CAMAC机箱结构，具有8级中断处理、实时时钟、DMA控制等功能，适用于科学运算、数据处理和工业控制等方面，当年生产116台。20世纪80年代初期，相继开发成功的还有上海计算技术研究所的DJS-056微型计算机、上海交通大学的DJS-053微型计算机、上海工业自动化仪表研究所的DJS-052E微型计算机。这些产品虽然生产时间不长，产量不多，但为上海微型计算机工业的发展，做出了重要贡献。

20世纪80年代初起，美国英特尔公司对其开发、生产的微处理器芯片做了新的安排，陆续发展和推出8088、80286等新一代的微处理器。美国IBM公司推出了系列化的IBM PC/XT个人微型计算机，影响了整个世界，它代表了国际计算机工业的发展趋势。上海计算机行业为适应这一趋势，把开发、生产与IBM PC/XT相兼容的系列化微型计算机作为企业发展的主要方向。

1985—1990年，上海电子计算机厂先后开发成功东海0520、0530、0540型3种型号、14个品种，且能够向下兼容的东海系列微型计算机。这类微型计算机的功能和水平比早期的微型计算机跃上了一个新的台阶。1985 年 12 月，上海电子计算机厂开发成功字长为 8/16 位的东海 0520C（最初命名为东海－I型）微型计算机。该机以英特尔 8088 为 CPU，主钟频率为 4.77 兆赫，基本内存容量为 256KB（可扩充至 640KB），配有二串一并接口，与 IBM PC/XT 相兼容，获 1985 年上海市优秀新产品一等奖。在该型号产品开发成功后，上海电子计算机厂围绕提高主钟频率、扩充内存容量和改变外围配置等方面，在东海 0520C 的基础上，相继派生和发展了东海 0520D、0520SD、0520F、0520DH 和 0520Z 等 5 个新品种。1985—1990 年，共生产东海 0520 微型计算机各种型号产品 8 142 台。

1987 年 7 月，上海电子计算机厂开发成功字长为 16 位的东海 0530B 微型计算机。该机以英特尔 80286-10 为 CPU，主钟频率由 IBM PC/AT 机的 6 兆赫 /8 兆赫提高到 8 兆赫 /10 兆赫，基本内存容量由 IBM PC/XT 机的 512KB 提高到 1MB（可扩充至 16MB），装有四串二并接口，配接 5.25 英寸 1.2MB 软磁盘驱动器、20MB（或 40MB）硬磁盘机、显示器和点阵式打印机，还可扩配光盘、激光打印机和数据流盒式磁带机，与 IBM PC/AT 微型计算机相兼容。东海 0530B 微型计算机具有硬件先进、软件丰富、性能稳定可靠以及符合国家和国际标准等特点，先后获 1987 年上海市优秀新产品一等奖、1988 年上海市科学技术进步二等奖和 1989 年国家科学技术进步三等奖。在 1990 年全国质量评比中获一等奖，并获国家质量银质奖。1988—1990 年，上海电子计算机厂针对不同的应用领域，在东海 0530B 微型计算机的基础上，相继派生和发展了东海 0530E、0530G、0530F、0530N 和 0530Z 等 5 个新品种。1987—1990 年，共生产东海 0530 系列微型计算机各型号产品 6 470 台。

1989 年 12 月，上海电子计算机厂开发成功字长为 32 位的东海 0540B 微型计算机。该新品开发项目属国家"七五"重点攻关、上海市科技结合生产重点工业项目会战和上海市经济委员会重点新品开发的计划项目。东海 0540B 微型计算机以英特尔 80386 为 CPU，字长为 32 位，主钟频率为 8 兆赫 /20 兆赫，基本内存容量为 2MB（可扩充至 16MB），所配外存容量大（硬盘可配到 300MB，且可另配 60MB 数据流磁带机），还可选配光盘和激光打印机等外部设备，系统配有高分辨率 CVGA 汉卡，中西文操作系统和丰富的中西文支撑软件，与国际主流机型 COMPAQ 386 微型计算机相当，且与 IBM PC 相兼容，获 1989 年上海市优秀新产品一等奖。1990 年，上海电子计算机厂在东海 0540B 的基础上，开发成功东海 0540B/C25 微型计算机。该产品的性能较东海 0540B 有一定提高，主钟频率从 20 兆赫提高到 25 兆赫，还带有 64KB 容量的在板缓冲存储器。截至 1990 年年底，共生产东海 0540B 和东海 0540B/C25 微型计算机 471 台。

3. 海尔电脑

海尔 H-12S 全球至轻 12 英寸光驱内置式笔记本电脑，极致轻薄，含光驱质量仅为 1.5 千克，仅 15 毫米厚；镁铝合金材质和表面处理工艺，坚固稳定；线性风扇控制和先进风道设计，急速散热系统稳定长寿。其他海尔 W-62 润清笔记本电脑、海尔 W-12 润清笔记本电脑基本上是按照这个思路来设计的。2005 年，海尔电脑开发了集"双核、润眼、极速、酷炫"于一身的海尔速启锋 V 系列电脑，其个性化的外观设计和卓越的性能享受，是海尔电脑速度与品质的集中体现。

雷神 911 系列游戏本凭借其时尚炫酷的外观设计以及极速提升的内部配置成为 2014 年笔记本电脑行业的惊世大作，其不断超越与自我超越的设计理念和全方位满足用户体验的服务宗旨激起了消费者的狂热。这款现象级的产品是海尔从封闭程制

图 6-26　海尔电脑

图 6-27　海尔速启锋 V 系列电脑

向开放创新平台转换以后的收获，平台上的样板小微企业雷神在找到商业感觉以后，设计了具有超级跑车个性的产品造型。

雷神 911 系列游戏本共有 5 款机型问世，其中最具瞩目的是旗舰版机型 911 Turbo，整机以耀眼的橙色为主，内部搭载酷睿 i7-4860 四核处理器，提供 256G SSD 固态硬盘，显卡方面采用了处理器自带的英特尔锐炬 Pro 与 NVIDIA GeForce GTX 870M 独立显卡。同样以橙色为整机主色调的至尊级高配版机型 911-T1，拥有 i7-4710 四核处理器、128G SSD 固态硬盘以及 GTX 870M 独立显卡，冷艳之姿不逊 911 Turbo。高贵级标配版机型为 911-S1，其外观色彩与以上两款不同，黑色为其整机主色调，内部搭配 i7-4710 四核处理器、128G SSD 固态硬盘以及 GTX 860M 4G 独立显卡。清新级均衡版 911-S2 同样以黑色为其主色调，搭配

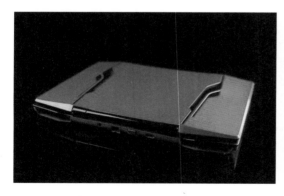

图 6-28　雷神 911 Turbo

图 6-29　雷神 911-S1 电脑

图 6-30　方正电脑

i7-4710 四核处理器、8G 内存及 GTX 860M 2G 独立显卡。此款雷神 911 游戏本以其神秘尊贵的气质成为笔记本电脑中的"暗黑骑士"。

4. 方正电脑

方正科技鼠米电脑 C100 系列是 2003 年方正科技、英特尔与 Liteon 通力合作的成果。产品结合三家企业的优势，从硬件到软件都很好地展现了儿童 PC 的概念，特别是液晶面板的细节处理和显示器支架的高度可以调节，同时满足家长和儿童的不同需求。另外显示器采用 Single Cable 结构，无须外接电源线的单线设计使用户的安装变得更加简洁。

5. 华硕电脑

华硕电脑股份有限公司创立于 1989 年，为全球知名的主板制造商，并跻身全球前三大消费性笔记本电脑品牌。华硕始终对质量与创新全力以赴，不断为消费者及企业用户提供崭新的科技解决方案。"华硕"之名来自该公司成为"华人之硕"的期望，而英文名 ASUS 的灵感来自希腊神话的天马 Pegasus，其象征着圣洁、臻美与纯真的形象，代表着华硕永不懈怠、追求卓越的精神。

1989 年 4 月 1 日，华硕的创业者们利用 1 000 万新台币（约合 250 万元人民币），开始了自己的创业之路。创业伊始，他们就将公司最初的突破点放在了并不被大多数人看好的电脑主板设计制造方面。

图 6-31 华硕电脑

在当时的市场环境中,电脑主板的设计和制造是许多大企业都不在意的小生意,人们并不看好它的未来发展。但华硕的创业者却从 PC 广阔的市场前景中,看到了电脑主板,尤其是高品质电脑主板潜在的巨大市场潜力。W1N 笔记本电脑 2004 年由华硕电脑股份有限公司设计生产,华硕 Zinc 项目的出发点是舒适、灵活和功能。其任务是建立一种主动、真实的用户体验,表达舒适、灵活和功能的真实含义以及包含的情感。设计直接回应了从媒体专业人士到 SOHO 用户的反馈,Zinc 笔记本电脑以一种舒适的方式提供了强大的功能和灵活性。

2011 年,华硕开启追寻无与伦比的全球任务,将精彩创新的品牌精神提升至更高层次。同年推出市场上叫好又叫座的变形平板,备受国内外专业人士激赏;10 月再推超轻薄笔记本电脑 ZENBOOK,除了将技术倾注于外形与轻薄的表现,更刻画出智能型笔记本电脑随开即用、绿色高效的新时代价值。2012 年,发布结合手机、平板、小屏幕笔记本电脑跨界功能的 PadFone,震撼市场,奠定华硕强大的研发创新实力,并取得多项国际肯定与认证,以设计体贴人性、感动人心的 3C 科技产品为初衷,持续为消费者带来出色的体验价值。2015 年,共获得 4 368 个全球专业媒体与评鉴机构奖项。

6. 宏碁电脑

1976 年宏碁创立,员工仅 11 人。1978 年,成立宏亚微处理机研习中心,推广微处理机应用。1981 年,成立宏碁电脑公司。1983 年,第一台与 IBM 兼容的 XT 个人电脑推出。1986 年成功开发 32 位元个人电脑。次年将品牌由 Multitech 更换为 Acer,通过并购美国康柏电脑公司迈出了全球化步伐。1988 年,宏碁电脑公开上市。

1991 年，在美国推出第二品牌 Acros 个人电脑。1992 年，推出多功能个人电脑 Acer PAC，次年成为全球七大个人电脑品牌。1995 年，推出渴望多媒体电脑，宏碁在新加坡上市。1997 年，成为全球第 6 大笔记本电脑厂商。1999 年，与 IBM 签订为期 7 年数百亿美元的策略联盟合约。2000 年，宏碁集团转型，业务划分为研制服务与品牌营运，结束自有品牌和代工业务的冲突。

2001 年，宏碁电脑公司与宏碁科技公司合并。次年宏碁集团分割为 Acer 宏碁电脑、Benq 明基电通、Wistron 纬创资通。2002 年，发布 Aspire 第二代家用电脑，设立宏碁价值创新中心，推出全球第一台双用平板电脑。2003 年，宏碁笔记本电脑在西欧地区全年销售排名第二。2004 年，宏碁笔记本电脑取代惠普成为欧洲第一笔记本生产商，宏碁个人电脑整体销售位居全球第五，西欧地区跃至第一。2005 年，Acer 宏碁在中国上海发布了其最新的法拉利 4000 笔记本电脑。该款笔记本电脑由宏碁和法拉利联合推出，选择在全球三大城市——纽约、蒙特卡罗和上海同步首发。法拉利 4000 选用的材质和工艺也蕴涵了更多的高科技元素。笔记本电脑的上盖使用了碳纤维材质，这是广泛应用于航空等行业的材质。

2006 年，宏碁推出体积仅 3 升的 Power 1000 电脑，打破了苹果 Mac mini 保持的世界最小电脑主机纪录。2007 年，宏碁宣布以 7.1 亿美元收购美国第三大电脑品牌 Gateway(捷威)，收购后年度营收将超过 150 亿美元，PC 销量超过 2 000 万台，成为全球第三大 PC 制造商。2007 年，宏碁宣布以 3 100 万欧元 (约合 4 580 万美元) 收购欧洲第三大 PC 厂商 Packard Bell。2008 年，宏碁宣布以 2.9 亿美元的价格通过换股的方式收购 PDA 和便携式设备厂商倚天信息股份有限公司。2010 年 8 月 4 日，宏碁负责运营方正 PC 的大部分业务。2011 年年底，开始销售平板电脑产品，推出超薄型笔记本电脑 Ultrabook，并以 3.2 亿美元收购美国云计算公司 iGware。2013 年，为了迎接云时代的到来，推出了 BYOC 自建云服务，公司定位为"硬件 + 软件 + 服务"。2014 年 5 月 29 日，宏碁开发云端平台 AOP，为用户实现跨平台、跨设备、跨网络的云端服务提供软硬件一体化服务。推出全球首款二合一混合笔记本电脑——AspireSwitch 10，首款智能可穿戴设备 LiquidLeap 问世。2015 年，宏碁的自建云分别针对企业和个人用户推出了不同的程序。针对个人用户，宏碁自建云利用用户本身的硬件建立云平台进行资料分享；针对企业用户，宏碁则提供相应的云端解决方案。宏碁还现场展示了智能汽车、智能家庭的解决方案。

宏碁的 BYOC 自建云建立在开放的平台（AOP）上，希望跨平台、跨产业地与各个伙伴结盟，共同建立一个 BYOC 生态圈。2015 年，Acer 宏碁于德国柏林消费性电子展 (IFA 2015) 发布多款新品，反响热烈。Predator 掠夺者专业级电竞游戏本以及平板产品，更是被国际媒体评为该展首选新品。其中科技媒体 *Digital Trends* 将 Predator 掠夺者电竞游戏本 G9-591G 和 G9-791G 评为 "Top Tech of IFA 2015"；电竞平板 Predator8 被 Tom's Guide 推荐为 "2015 IFA Best Tablet"。

此次 Acer 宏碁在柏林 IFA 推出专为电竞而生的副品牌——Predator 掠夺者，包含笔记本、台式机、平板电脑、显示器以及其他外部设备等一系列产品。Team Acer 电竞团队亦参与此次盛会，并在 Predator 系列产品的开发阶段中，分享他们的专业建议。

[1] 龚方雅 . 国产 552 型 5 灯交流收音、播放唱片两用机 [J]. 无线电，1956(2).

[2] 《无线电》记者 . 我国无线电工业新的一页 [J]. 无线电，1956(11).

[3] 桦羚 . 532 型 16 灯落地式三用机 [J]. 无线电，1959(6).

[4] 《无线电》记者 . 给工农群众生产更多更好的收音机、电视机 [J]. 无线电，1960(1).

[5] 孟津 . "飞乐" 261-A 交流六灯收音机 [J]. 无线电，1962(1).

[6] 予征 . "美多" 663-2-6 交流六灯收音机 [J]. 无线电，1962(2).

[7] 佚名 . "熊猫" 601-1 交流六灯收音机 [J]. 无线电，1962(3).

[8] 赵渊 . 电子管、晶体管混合式收音机 [J]. 无线电，1962(6).

[9] 吕继苏 . "上海" 160-A 交流六灯收音机 [J]. 无线电，1962(7).

[10] 宋道渊 . "凯歌" 593 型交流五灯收音机 [J]. 无线电，1962(11).

[11] 仲千，瀛柱 . 宝石牌 441 型交流收音机 [J]. 无线电，1964(1).

[12] 严一岩，尹维中 . "百灵" 4-62-1 型晶体管收音机 [J]. 无线电，1964(2).

[13] 瀛柱，广环 . 东湖 B-31 型半导体收音机 [J]. 无线电，1964(4).

[14] 朱永浩 . 宝石 4B2 型半导体收音机 [J]. 无线电，1964(6).

[15] 孙近士 . 美多 65A 型交流无灯中波收音机 [J]. 无线电，1964(8).

[16] 俞锡良，彭善安，夏妙鑫，等 . 牡丹 6204C、D 型六灯交流收音机 [J]. 无线电，1964(11).

[17] 上海圆珠笔心厂 . 钻石 701 型半导体时钟收音机 [J]. 无线电，1974(4).

[18] 上海玩具元件厂技术组 . 葵花牌 HL-Ⅰ型盒式磁带录音机 [J]. 无线电，1974(11).

[19] 上海无线电二厂 . 红灯 711 型 6 管交流收音机 [J]. 无线电，1976(1-2).

[20] 北京无线电厂 2241 设计小组 . 牡丹 2241 型全波段半导体收音机 [J]. 无线电，1978(6).

[21] 林伟武 . 红灯 753 型晶体管收音机电路特点与维修 [J]. 无线电，1981(5).

[22] 张家谋 . 怎样合理使用电视机 [J]. 无线电，1962(10).

[23] 邹家祥 . 黑白电视显像管 [J]. 无线电，1974(3).

[24] 彭国贤 . 平面电视 [J]. 无线电，1981(2).

[25] 中央广播事业局电视服务部 . 电视机旋钮的功用 [J]. 无线电，1976(7).

[26] 郭斯宏 . 大屏幕彩电电路结构及特点 [J]. 无线电，1992(7).

[27] 陈亚东 . 唱片是怎样记录和重放声音的 [J]. 无线电，1977(8).

[28] 唐启迪 . F-2011 立体声电唱盘 [J]. 无线电，1981(1).

[29] 伟明 . 国外组合音响发展动向 [J]. 无线电，1989(2).

[30] 黄良辅 . 回转压缩机将开创电冰箱新时期 [J]. 无线电，1985(1).

[31] 刘东 . 雪花牌电冰箱 [J]. 家用电器科技，1983(3).

[32] 黄良辅 . 高质量的诀窍——访青岛电冰箱总厂 [J]. 家用电器科技，1988(5).

[33] 李强北译 . 日本电冰箱的发展 [J]. 家用电器科技， 1986(5).

[34] 曹忠武 . 平背式电冰箱设计结构的探讨 [J]. 家用电器科技，1988(6).

[35] 郑祖华 . 水仙花金章牌电冰箱的制冷系统和电路——电冰箱维修技术参数资料 [J]. 无线电，1991(6).

[36] 周智莉、成正荣 . 新型间冷式冰箱的无霜系统 [J]. 家用电器科技，1992(2).

[37] 刘慎周 . 扇叶一次铆接工艺 [J]. 无线电，1984(1).

[38] 施一宏、朱孝业 . 提高扇叶效率的探讨 [J]. 家用电器科技，1984(5).

[39] 朱孝业 . 用风洞试验研究电风扇叶片的绕流 [J]. 家用电器科技，1984(5).

[40] 朱孝业 . 网罩对扇叶性能的影响 [J]. 家用电器科技，1986(5).

[41] 游玉梅 . 何处再闻捣衣声——浅谈机械洗衣 [J]. 家用电器科技，1980(11).

[42] 王英 . 白兰牌 XBB30-5S 型洗衣机 [J]. 无线电,1989(3).

[43] 彭一先 . 家用洗衣机造型和外观设计杂谈 [J]. 家用电器科技，1984(1).

[44] 伍维宪 . 洗衣机箱体涂饰工艺探讨 [J]. 家用电器科技，1984(5).

[45] 周德林 . 洗衣机上静电的产生及消除 [J]. 家用电器科技，1988(1).

[46] 游玉梅 . 滚筒式洗衣机结构参数设计——提高洗净度的途径 [J]. 家用电器科技，1986(1).

[47] 杨家骅译 . 回转桶式全自动洗衣机 [J]. 家用电器科技，1986(2).

[48] 钱灼 . 超声波洗衣机 [J]. 家用电器科技，1986(4).

[49] 刘福中译 . 洗衣机的油封装置 [J]. 家用电器科技，1980(11).

[50] 家用电器刊记者 . 技术改造推进技术进步——杭州洗衣机总厂正向现代型家电企业前进 [J]. 家用电器科技，1986(6).

[51] 周德林 . 对设计塑料洗衣桶的几点见解 [J]. 家用电器科技，1987(2).

[52] 张晨 . 浅谈洗衣桶增产 [J]. 家用电器科技，1987(2).

[53] 彭作新 . "旋转槽"式洗衣机流场之我见 [J]. 家用电器科技，1987(4).

[54] 黎正人 . 波轮式洗衣机主轴为什么出现不能同时穿入两个轴承孔的现象 [J]. 家用电器科技，1987(5).

[55] 周德林 . 洗衣机上静电的产生及消除 [J]. 家用电器科技，1988(1).

[56] 中国科学院数学研究所 . 长城 203 高级台式电子计算机 [J]. 无线电，1974(9).

[57] 王金荣 . 家用电器箱体喷淋磷化生产线 [J]. 家用电器科技，1983(5).

[58] 汤鹤年 . 塑料件组装技术 [J]. 家用电器科技，1992(6).

[59] 金磊 . 关于家用电器产品的可维修性设计 [J]. 家用电器科技，1987(6).

[60] 无线电杂志记者 . 争一流产品，创一流企业——"雪花"在改革中奋进 [J]. 家用电器科技，1987(3).

[61] 郭泽荣 . 家用电器表面"立体"纹样的设计加工 [J]. 家用电器科技，1987(3).

[62] 高国伟 . 家用电器与传感器 [J]. 家用电器科技，1987(2).

[63] 轻工业部家用电器产品市场调查预测组 . 全国电冰箱、洗衣机、电风扇市场调查和预测报告（续二）[J]. 家用电器科技，1984(3).

[64] 王慧镕译 . 聚丙烯板的拉伸造型 [J]. 家用电器科技，1980(11).

[65] 中国青年出版社 . 青年家用机械电器手册 [M]. 北京：中国青年出版社，1985.

[66] 曹和才 . 重庆市轻工业志 [M]. 成都：四川科学技术出版社，1995.

[67] 江苏省地方志编纂委员会 . 江苏省志：轻工业志 [M]. 南京：江苏科学技术出版社，1996.

[68] 山东省地方史志编纂委员会 . 山东省志：二轻工业志 [M]. 济南：山东人民出版社，1997.

[69] 青岛市史志办公室 . 青岛市志：二轻工业志 [M]. 北京：新华出版社，1999.

[70] "中国电子工业"编辑委员会 . 中国电子工业 [M]. 北京：中华书局，2000.

参考文献

[71] 浙江省轻纺工业志编辑委员会 . 浙江省轻工业志 [M]. 北京：中华书局 , 2000.

[72] 北京市地方志编纂委员会 . 电子工业志：仪器仪表工业志 [M]. 北京：北京出版社 , 2001.

[73] 中国工业设计协会 . 中国工业设计年鉴 [M]. 北京：知识产权出版社 , 2006.

[74] 中国创新设计红星奖委员会 . 中国创新设计红星奖年鉴 [M]. 北京：中国建筑工业出版社 , 2007.

[75] 中国创新设计红星奖委员会 . 中国创新设计红星奖年鉴 [M]. 北京：中国建筑工业出版社 , 2009.

[76] 中国创新设计红星奖委员会 . 中国创新设计红星奖年鉴 [M]. 北京：中国建筑工业出版社 , 2012.

[77] 曹和才 . 重庆市轻工业志 [M]. 成都：四川科学技术出版社 , 1995.

[78] 上海电视一厂 . 闪光的金星 [M]. 上海：上海三联书店 , 1995.

[79] 中国工业设计协会 . 中国工业设计年鉴 2006—2013[M]. 北京：知识产权出版社 , 2014.

后
记

电子与信息产品卷涉及的内容十分繁多，从工业设计的原则来看是相通的，也采用了许多通用的技术，但是落实到具体的行业，其产品设计的理念、方法都是有很大差别的，我们写作时碰到了很大的困难。设计行业的老前辈和资深设计师给我们提供了很大的支持，其中原中国工业设计协会秘书长叶振华先生特别为我们介绍了原南京无线电厂设计师哈崇南先生、原华生牌电风扇设计师吴祖慈先生、原轻工部北京家电研究所石振宇先生、原长城电扇厂设计师汪道武先生、联想集团李凤朗先生。他们为我们提供了大量的线索，青岛工业设计协会副会长王海宁先生在提供相关文字资料的同时为我们收集了实物。感谢江南大学设计学院院长、教授张凌浩在百忙之中抽空作序。同时，还有一批无名英雄在幕后默默无闻地做着资料整理以及写作的辅助工作，特别要感谢方梅为本卷资料整理工作所做出的努力，设计师许智翀、余天玮为修复、整理老图片以及相关图表制作十分辛苦地工作着，顾蔚婕为文字整理付出了大量辛苦的劳动。本卷中的产品图片由著名摄影师王元强先生精心拍摄，实现了我们力图把老产品通过照片在书中精美呈现的愿望，对于各位付出的辛勤劳动在此一并表示感谢。

与其他各卷相比，本卷的写作时间最长。虽然有中国工业设计博物馆收藏的实物可以让我们反复比对，但对于技术文献的读解耗费了我们大量的时间，其中还要不断地请教相关的专家。他们为我们解答了许多疑问，让我们能够避免流于一般的设计分析，为此我们觉得是十分具有价值的。

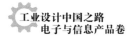
  由于近年来新型电子与信息产品设计理念急速变化，品种繁多，令人目不暇接，在这个过程中还夹带着许多市场推广的要素，所以对于最近几年大量出现的新产品、新设计我们都予以谨慎的评价，尽可能地引用企业、设计师的相关资料和采访资料。虽然我们力图排除各种表象而努力呈现其工业设计特征，但一定仍有不少缺失之处，谨请行业专家及读者批评指正。

沈榆

2016 年 10 月